U0384718

电线电缆专业系列教材

裸电线制造工艺学

主编　张改芬
参编　王新盛　王军棋　侯世全　李　明
主审　孙泽强

机 械 工 业 出 版 社

本书由经验丰富的裸电线产品工程师、技术专家和专业课讲师联合编写。本书内容与企业生产实践紧密结合，主要介绍了裸电线的发展史、分类、用途、型号、执行标准、所用金属材料，铜、铝杆制造工艺，拉线、线模、线材热处理、金属导体连续挤制、绞线等工艺过程的原理、所用设备、参数以及常见质量问题和解决方法，并对裸电线发展的前景进行了展望。

本书可作为技工院校、职业院校电线电缆专业教材，也可作为电线电缆制造行业工程技术人员、管理人员和技术工人，以及电力、轨道交通、能源等行业专业技术人员的参考书。

图书在版编目（CIP）数据

裸电线制造工艺学/张改芬主编 . —北京：机械工业出版社，2018.8
电线电缆专业系列教材
ISBN 978-7-111-60964-3

Ⅰ . ①裸… Ⅱ . ①张… Ⅲ . ①裸电线—制造—教材 Ⅳ . ①TM244

中国版本图书馆 CIP 数据核字（2018）第 218396 号

机械工业出版社（北京市百万庄大街 22 号 邮政编码 100037）
策划编辑：王晓洁 责任编辑：王晓洁
责任校对：肖 琳 封面设计：陈 沛
责任印制：张 博
河北鑫兆源印刷有限公司印刷
2019 年 1 月第 1 版第 1 次印刷
184mm×260mm · 15 印张 · 363 千字
0001—3000 册
标准书号：ISBN 978-7-111-60964-3
定价：49.00 元

前 言

　　裸电线也称为导线，是电线电缆产品中最基本的一大类产品。裸电线自 19 世纪 70 年代开始发展到现在，在电力、轨道交通、航空航天等行业得到了广泛的应用。架空裸导线在输配电网络中具有"动脉血管"的作用，同时也是电网的"骨架"。目前，从发电厂到用户的远距离输电主要还是由裸导线来完成的，并且其不断向更高电压、更大容量方向发展。

　　本书即是结合电缆行业的发展状况和本书编者多年的教学经验编写的。本书在内容安排上，以裸电线制造工艺为主，详细说明其所用材料、设备构成及原理、工艺技术原理、结构尺寸计算、生产及工艺记录、质量问题产生的原因及防止方法、产品应用及发展方向等，力求做到理论与实际相结合，工艺和材料及设备相结合，尽量反映最新科学技术内容，不仅满足教学需要，同时也兼顾广大工程技术人员的需要。

　　全书共分 10 章，第 1 章主要介绍了裸电线的发展史及产品分类、用途、标准及型号；第 2 章主要介绍了生产裸电线常用的金属材料；第 3 章详细介绍了用连铸连轧工艺生产电工圆铝杆的方法；第 4 章介绍了用连铸连轧工艺和上引-冷轧工艺制造电工圆铜杆的方法；第 5 章详细介绍了拉线设备及所用工艺；第 6 章主要介绍了线模的种类、使用寿命、检查及维护保养方法；第 7 章主要介绍了铜铝线材的热处理工艺；第 8 章详细介绍了金属导体的连续挤制工艺；第 9 章详细介绍了绞线工艺；第 10 章对裸电线的发展前景进行了展望。

　　本书由张改芬主编，参加本书编写的有中录科技有限公司技术总监王新盛，河南通达电缆股份有限公司总工程师王军棋，重庆泰山电缆有限公司铝线分厂技术总监侯世全，宝胜科技创新股份有限公司技术中心副主任、工艺研发部部长李明。全国裸电线标准化技术委员会委员、教授级高级工程师孙泽强同志审阅了全稿，并提出许多宝贵意见，在此致以衷心的感谢！

　　在本书编写过程中参考和借鉴了不少专家的相关著述，特别是原机械工业部郑州电缆厂教育培训中心的《裸电线制造工艺》培训教材，在此向他们表示真诚的感谢！书末对参考的文献做了列举，但难免有遗漏之处，敬请谅解。

　　由于本书涉及内容广泛，加之作者专业水平有限，书中难免有许多不妥或错误之处，敬请读者批评指正。

编　者

目　　录

第1章

裸 电 线 概 述

◇◇◇ **第1节　裸电线基础知识及发展概况**

裸电线也称为导线，是电线电缆产品中最基本的一大类产品。裸电线有多种用途，它的一部分产品，如圆线、扁线、铜绞线、铝绞线等，是提供给各种电线电缆作为导电线芯用的；而另一部分产品，如铜母线、铝母线、梯排、异形排和软接线等，在电动机、电器、变压器等装备中作为构件使用。此外，裸电线也可直接作为产成品使用，如铜绞线、铝绞线、合金绞线、扁线、电车线、双金属复合绞线、光纤复合绞线等，用于电力、通信、交通运输等方面传输电能或信息，近一百多年来逐步得到广泛应用。裸电线后来逐渐发展到以铜、铝及其合金为主要材料的多个品种，裸电线的第一大品种——架空导线的发展史基本上代表了裸电线的发展史。

裸电线主要应具有良好的导电性能和物理力学性能。高导电性能为有效地传输能量和节省材料所必需。对于各种用途的裸电线，分别有不同的物理力学性能要求，如架空输电线和汇流排，要求具有较高的抗拉强度、耐振能力和较小的蠕变性能，这样可以加大支撑物之间的距离，使投资减少，运行可靠；又如接触用裸电线除机械强度外，更主要的是要具有足够的硬度和耐磨性能；再如在要求柔软连接的场合使用的软接线，则主要要求具有良好的柔软性和良好的多次弯曲性能。此外，各种裸电线均要求不易受外界有害媒质的侵蚀，连接方便可靠。以上这些，就是对裸电线的基本性能要求。

在裸电线产品中，大力发展铝线产品，尽量节约用铜，是一项重要的技术政策。虽然铝的导电性能和机械强度低于铜，但由于铝的资源丰富，价格低、重量轻、加工方便，因此用铝作为导电材料有着明显的技术和经济上的优越性。多年来，在电线电缆行业和使用单位的共同努力下，这方面取得了可喜的成绩，如钢芯铝绞线和铝母线已在很大范围内取代了铜绞线和铜母线。同时我国已经研究和生产了多种铝合金导线和双金属复合导线，为扩大用铝的范围提供了有力的支持。

裸电线中的架空裸铝导线在电网线路中应用最为普遍，是构成电网的重要单元。

我国电网主要是在新中国成立后发展起来的。1952年自主建设了110kV输电线路，逐渐形成京津唐110kV输电网。1954年，建成丰满至李石寨220kV输电线，逐渐形成东北电网220kV骨干网架。1972年，建成330kV刘家峡—关中输电线路，全长534km，逐渐形成西北电网330kV骨干网架。20世纪70年代末开始研制铝合金导线。我国自主研制生产的高强度铝合金导线、耐热铝合金导线及大截面铝导线在20世纪80年代就开始广泛用于500kV输电线路、大跨越、防冰雪和高压变电站。1981年建成500kV姚孟—武昌输电线路，全长595km，逐步形成华中电网500kV骨干网架。1989年建成±500kV葛洲坝—上海高压直流输电线，实现了华中—华东两大地区的直流联网。2005年在西北电网建成官亭—兰州东第一回 750kV 输电线路。2009 年，第一条 1000kV 晋东南—南阳—荆门输电线路建成。

◇◇◇ 第 2 节　裸电线的分类及用途

裸电线的分类方法很多，如按产品结构分类，按产品材料分类，按产品用途分类等，但各有优点和缺点。由于裸电线用途广泛，新材料不断发展，为便于记忆和使用，一般按产品结构分类，可以分为圆线、型线、绞线等。

一、圆线

圆线是指断面形状为圆形的单根导线，包括硬和软的圆铝线；硬、软和镀锡的圆铜线；耐热铝合金圆线；高强度铝合金圆线以及铜包钢和铝包钢圆线等产品。圆线主要作为构成各种电线电缆和绞线的半成品，同时也可直接作为产品用于架空的通信明线、广播线和小容量的输配电电力线路中。

二、型线

型线是指非圆形断面形状的单线，包括母线、扁线、异形排及电车线等产品。母线又称汇流排，是集中分配传输大容量电能的，大量用于电站和工矿企业。扁线用于电动机和变压器中的线圈。异形排主要作为电动机电器中的构件的半成品。电车线用于城市电车、电气化铁路和工矿企业中电力牵引车辆的馈电网络中的接触电线。此外还有扇形线、空心线和各种矩形线、Z 形线、弓形线、双沟线等产品。

三、绞线

用绞制、束绞或编织方法制造的多根单线的组合体都列入此类，包括圆线同心绞架空导线、型线同心绞架空导线，以及各种空心绞线、铜绞线、铝合金绞线、铜编织线等。圆线同心绞架空导线、型线同心绞架空导线、硬铜绞线、扩径钢芯铝绞线、空心扩径导线等，主要用于架空电力线路。各种软铜绞线、编织线等用于要求柔软连接的场合，使用面较广。此外，还有用于各种电线电缆导电线芯的绞线。

◇◇◇ 第 3 节　裸电线的标准和型号

常见国际标准和国外先进标准有：BS——英国标准；IEC——国际电工委员会标准；DIN——德国标准；JIS——日本工业标准；ASTM——美国材料实验协会标准。

我国的电线电缆工业是新中国成立后才得到大力发展的。中华人民共和国成立初期，我国的电线电缆产品都采用仿苏的标准和型号。到 1962 年，我国才有了自己的标准和型号，经过多年多次修订和完善，已基本形成了完整的体系。现在，我国采用汉语拼音字母来表达标准的级别，如：GB——国家标准；TB——铁道行业标准；YB——黑色冶金行业标准；JB——机械行业标准；NB/T——能源行业推荐标准；Q/GDW——国家电网公司企业标准；Q/xx——企业标准。

一般在汉语拼音字母后面有两组阿拉伯数字，第一组是标准的编号，第二组是标准发布或开始执行的年份，斜杠后的 T 表示推荐标准。如：GB/T 1179—2017 表示 2017 年发布的第 1179 号国家推荐标准。

裸电线产品型号也是用汉语拼音字母表示的，各个字母有不同的含义，见表 1-1。

表 1-1 裸电线型号中字母的含义

字母	意 义	字母	意 义
A	A（型）、（级）、（软）、凹	O	Overhead（架空）
B	B（型）、（级）、扁（线）、包	P	排、Optical（光）
C	Copper（铜）、Clad（包）、（接）触（线）	Q	七（边型）
D	带	R	软、热
G	钢、Ground（地）	S	（电）刷（线）、Steel（钢）
H	Hard（硬或高强度）、合（金）	T	铜、梯（形）
J	绞（线）	W	Wire（线）、外
L	铝	X	型、锡
M	母（线）、镁	Y	硬、哑（铃）、圆（形）
N	内，耐	Z	（编）织、直

产品规格（如截面积、线径等）用阿拉伯数字表示，写在型号后面。

一个产品完整的表示方法是按如下顺序写出的，首先写出产品型号和规格，然后写出标准号。如：

JL/G1B—630/45—45/7　　　　GB/T 1179—2017

TY—0.20　　　　　　　　　GB/T 3953—2009

CY85　　　　　　　　　　　TB/T 2809—2005

LBR—2.24×5.6　　　　　　GB/T 5584—2009

将一般裸电线产品的名称、型号、规格范围、采用标准及产品主要用途，按第 2 节制定的分类方法进行综合整理，分门别类列出，见表 1-2～表 1-4。

表 1-2 圆线（断面形状◎）

名称	状态或型号	直径/mm	执行标准	主要用途
电工圆铝杆	O H12 H13 H14 H15 H16 H17 T4	9.5～14	GB/T 3954—2014	拉制铝单线
硬圆铝线		1.25～5.00	GB/T 17048—2017	架空输电线路
硬圆铝线	LY4	0.30～6.00	GB/T 3955—2009	电线电缆导体 电机电器的圆铝线原材料
	LY6	0.30～10.00		
	LY8	0.30～5.00		
	LY9	1.25～5.00		
软圆铝线	LR	0.3～10.0		

（续）

名称	状态或型号	直径/mm	执行标准	主要用途
硬圆铜线	TY	0.02～14.00	GB/T 3953—2009	电线电缆导体
特硬圆铜线	TYT	1.50～5.00		电机电器的圆铜线 电力及通信架空线路
软圆铜线	TR	0.02～14.00		电线电缆导体
镀锡软圆铜线	TXR	0.05～4.00	GB/T 4910—2009	电线电缆导体 电机电器的圆铜线
铝-镁-硅系合金圆线	LHA1 LHA2	1.50～4.80	GB/T 23308—2009	电力及通信架空线路
耐热铝合金线	NRLH1 NRLH2 NRLH3 NRLH4	2.60～4.50	GB/T 30551—2014	架空输电线路
铝包钢线	LB14	2.25～5.50	GB/T 17937—2009	大跨越及易腐蚀地区架空绞线用 载波避雷线及通信架空线
	LB20A	1.24～4.75		
	LB20B	1.24～5.50		
	LB23、LB30、 LB27、LB35、 LB40	2.50～5.00		
镀锌钢线	钢线强度等线：1～5 镀锌层等级：A、B	1.24<D≤5.50	GB/T 3428—2012	大跨越架空绞线用 载波避雷线及通信架空线
铜包钢线	CCS-21A、CCS-21H、 CCS-30A、CCS-30H、 CCS-30TH、CCS-40A、 CCS-40H、CCS-40TH	0.630～5.60	SJ/T 11411—2010	电力通信架空线

表1-3 型线

名称	断面形状	型号	规格	执行标准	主要用途
硬铜扁线		TBY1	$a=0.80～5.60mm$ $b=2.00～16.00mm$	GB/T 5584—2009	供电机、电器设备线圈、安装及其他电工方面使用
		TBY2			
软铜扁线		TBR			
硬铜带		TDY1	$a=0.80～3.55mm$ $b=9.00～100.00mm$		
		TDY2			
软铜带		TDR			
硬铝扁线		LBY2	$a=0.80～5.60mm$ $b=2.00～16.00mm$		
		LBY4			
		LBY8			
软铝扁线		LBR			

（续）

名称	断面形状	型号	规格	执行标准	主要用途
铜母线	圆角	TM			
银铜合金母线	圆边	TH11M	$a=2.24\sim50.00$mm $b=16.00\sim400.00$mm	GB/T 5585—2005	供电机、电器设备线圈、安装及其他电工方面使用
	全圆边	TH12M			
硬铝母线		LMY			
软铝母线		LMR	$a=2.24\sim31.50$mm $b=16.00\sim200.0$mm		
硬铝合金母线		LHMY			
软铝合金母线		LHMR			
梯形铜排		TPT			
		TH11PT	$t\leqslant24$mm $H\leqslant150$mm $H/t\leqslant50$mm	JB/T 9612—2013	供电动机换向器整流片使用
梯形银铜合金排		TH12PT			

（续）

名称	断面形状	型号	规格	执行标准	主要用途
七边形铜排		TPQ	规格用 H_1、H_2、L、a、b、c 表示。截面范围：$320 \sim 875 mm^2$	JB/T 9612—2013	供大型水轮发电动机线圈用
凹形铜排		TPA	规格用 $A \times B / a \times b$ 表示。截面：$150 mm^2$、$200 mm^2$		
凹形银铜合金排		TH12PA			
哑铃形铜排		TPY	$A/B = 9mm/18mm$ $12mm/23mm$ $16mm/30mm$ $24mm/36mm$		供电器开关触头用

（续）

名称	断面形状	型号	规格	执行标准	主要用途
圆形铜接触线		CTY	截面范围：50~110mm²	GB/T 12971—2008	供电气运输系统接触线用
双沟型铜接触线		CT	截面范围：65~150mm²		
钢铝复合接触线		CGLN	截面：250mm²、195mm²		

（续）

名称	断面形状	型号	规格	执行标准	主要用途
钢铝复合接触线	（图：铝、钢断面形状，标注 A、B、C、D、G、H）	CGLW	截面：215mm²、173mm²	GB/T 12971—2008	供电气运输系统接触线用

表 1-4 绞线

名称	型号举例	常用标称截面积/mm²	执行标准	主要用途
中强度铝合金绞线	JLHA3、JLHA4	25～800	GB/T 1179—2017	
铝合金芯铝绞线	JL/LHA1、JL1/LHA1、JL2/LHA1、JL3/LHA1、JL/LHA2、JL1/LHA2、JL2/LHA2、JL3/LHA2	25/20～1145/300	GB/T 1179—2017	高低压架空输配电线路用
复合材料芯导线	JLRX1/F JLRX2/F JNRLH1/F JNRLH1X1/F	150/20～800/95	GB/T 32502—2016	
防腐型钢芯铝绞线	JL/G1AF、JL/G2AF、JL/G3AF、JL1/G1AF、JL1/G2AF、JL1/G3AF、JL2/G1AF、JL2/G2AF、JL2/G3AF、JL3/G1AF、JL3/G2AF、JL3/G3AF		GB/T 1179—2017	

（续）

名称	型号举例	常用标称截面积/mm²	执行标准	主要用途
光纤复合架空地线	OPGW		DL/T 832—2016	高低压架空输配电线路用
钢绞线	JG1A、JG2A、JG3A、JG4A、JG5A	10～465	GB/T 1179—2017	
铝包钢芯铝合金绞线	JLHA1/LB14、JLHA2/LB14、JLHA1/LB20A、JLHA2/LB20A	15/3～1405/115	GB/T 1179—2017	
钢芯软铝绞线	JLR/G3A、JLR/G4A、JLR/G5A、JLRX1/G3A、JLRX2/G3A、JLRX1/G4A、JLRX2/G4A、JLRX1/G5A、JLRX2/G5A	150/25～800/100	NB/T 42061—2015	
钢芯型铝绞线	JLX/G1A、JLX/G1B、JLX/G2A、JLX/G2B、JLX/G3A		GB/T 20141—2006	
铝绞线	JL	10～1500		高低压架空输配电线路用
钢芯铝绞线	JL/G1A、JL/G2A、JL/G3A、JL1/G1A、JL1/G2A、JL1/G3A、JL2/G1A、JL2/G2A、JL2/G3A、JL3/G1A、JL3/G2A、JL3/G3A	10/2～1440/120	GB/T 1179—2017	
高强度铝合金绞线	JLHA1、JLHA2	16～1450		
钢芯铝合金绞线	JLHA1/G1A、JLHA1/G2A、JLHA1/G3A、JLHA2/G1A、JLHA2/G2A、JLHA2/G3A、JLHA3/G1A、JLHA3/G2A、JLHA3/G3A	10/2～1440/120		高低压架空输配电线路用
铝包钢绞线	JLB14、JLB20A、JLB27、JLB35、JLB40	30～800	GB/T 1179—2017	
铝包钢芯铝绞线	JL/LB14、JL1/LB14、JL2/LB14、JL3/LB14、JL/LB20A、JL1/LB20A、JL2/LB20A、JL3/LB20A	15/3～1225/100		
钢芯耐热铝合金绞线	LNRLH1/G1A、LNRLH1/G2A、LNRLH1/G3A	150/20～1440/120	NB/T 42060—2015	
软铜绞线	TJR1	0.10～1000		电气装备及电子电器或器件接线用
	TJR2	2.5～63		
	TJR3	0.025～500	GB/T 12970—2009	
镀锡软铜绞线	TJRX1	0.1～2.5		
	TJRX2	2.5～63		
	TJRX3	0.025～500		

（续）

名称	型号举例	常用标称截面积/mm²	执行标准	主要用途
软铜天线	TTR	1.0~25	GB/T 12970—2009	通信架空天线用
铜电刷线	TS	0.25~16		电机电器及仪表线路
	TSX			
	TSR	0.063~6.3		
硬铜绞线	JT	70~150	TB/T 3111—2005	电气化铁道接触网、城市轨道交通架空接触网
铜镁合金绞线	JTM	10~150		
高强度铜镁合金绞线	JTMH			
斜纹铜编织线	TZ-20	16~800	JB/T 6313—2011	输配电用电气装置及电子电器设备或器件用
	TZ-15	4~120		
	TZ-10	4~35		
斜纹镀锡铜编织线	TZX-20	16~800		
	TZX-15	4~120		
	TZX-10	4~35		
直纹铜编织线	TZZ-15	6~50		
	TZZ-10	4~35		
	TZZ-07	4~16		

思 考 题

1. 什么是裸电线？架空裸电线的敷设方式与其他电缆有何不同？

2. 裸电线的性能要求主要有哪些？

3. 裸电线一般按产品结构分类，可以分为_____、_____、_____等。

4. 请解释裸电线型号中如下字母的含义：T、X、L、Y、J。

5. 我国机械行业标准的代号是什么？

6. 请解释 GB/T 1179—2008 各部分的含义。

7. 请解释如下产品型号的具体含义：JL、JL/G1B、TR、LY9、LHA1、NRLH60、LB20A。

第2章

裸电线用金属材料

裸电线用原材料为导电金属材料，一般要求具有导电性能好、力学强度高、易加工等特点，目前用得最广泛的导电金属是铜和铝。随着科学技术的发展，越来越多的金属材料、合金材料以及复合材料在裸电线生产中得到越来越广泛的应用。

◇◇◇ 第1节 金属材料的一般特性

金属材料与非金属材料相比，有许多特性。目前，金属材料分为两大类：

（1）钢铁材料 指铁、锰、铬。

（2）非铁金属材料 除钢铁材料外的所有金属都是非铁金属材料，非铁金属材料又可分为轻金属、重金属、贵金属和稀有金属。

1）轻金属。密度小于 $4.5g/cm^3$ 的金属，如铝、镁、钠、钙、钾等称为轻金属。

2）重金属。密度大于 $4.5g/cm^3$ 的金属，如铜、镍、钴、铅、锡、锌、汞等称为重金属。

3）贵金属。包括金、银及铂族元素。

4）稀有金属。包括稀有轻金属（如钛、锂、铍等）、稀有难熔金属（如钨、钼、铌、钽等）、稀有分散金属（如镓、铟、锗等）、稀土金属（如钪、钇和镧系元素等）和放射性元素（如镭及锕系元素等）。

金属材料除了由于它本身结构不同而具有个别的特性以外，还具有许多共同的特性。

一、金属的形态

除汞以外，在常温下，所有的金属都是固体，具有特殊的金属光泽，除铜、金等少数金属以外，大多数金属都呈深浅不同的白色或灰色，金属材料都不能透过可见光。

二、金属的导电及导热性能

绝大多数金属都是电和热的良导体，有些金属的导电能力介于导体与绝缘体之间，称为半导体。在各种金属里，银的导电能力最强，其次为铜、金和铝。金属的导电性和导热性是一致的，导电性好的，导热性能也好。金属的导电性能随着温度的升高而降低。

三、金属的化学性能

一般活泼的金属都能与酸作用，置换出酸中的氢。按金属活动性顺序表，前面的金属能把后面的金属从它的盐溶液中置换出来。一般金属氧化物都能和酸起反应，电线电缆厂中酸洗工序就是利用了这个性能。

四、金属的力学性能

多数金属具有可塑性，用锻造、冲压、轧制、拉深等方法进行加工，可制成各种金属制品。金属在一定外界条件下，能改变和恢复原来的性能。

五、金属的结构

所有的固态金属都是由许多小晶粒组成的，称为多晶体。金属的晶格类型很多，常见的有以下三种。

（1）体心立方晶格　在立方体的中心和八个顶角各有一个原子，如图 2-1a 所示。属于这种晶格类型的金属有铬、钨、钒等。

（2）面心立方晶格　在立方体的八个顶角和六个面的中心各有一个原子，如图 2-1b 所示。属于这种晶格类型的金属有银、金、铝、铜、镍等。

a)体心立方晶格　　　b)面心立方晶格　　　c)密排六方晶格

图 2-1　三种基本的晶格类型

（3）密排六方晶格　在六棱柱的每个顶角和上下底面中心各有一个原子，如图 2-1c 所示。属于这种晶格类型的金属有镁、锌、铍等。

金属的性能与它的晶格类型有很大关系，如一般面心立方晶格的金属的塑性比密排六方晶格的金属好得多。金属的晶粒越细小，强度就越高，塑性就越好。

◇◇◇　第 2 节　铜及铜合金

铜是人类发现和使用最早的金属之一，铜的发现和使用在世界文明史上具有划时代意义。它标志着石器时代的结束和青铜时代的开始。

除青铜外，常用的还有黄铜、纯铜，另外还有白铜。

作为导体，目前铜是在实际生产中应用的最好的导电材料。

一、铜的结构和基本特性

铜属于重金属，密度为 $8.89 \times 10^3 kg/m^3$，熔点为 1084℃，具有紫红色的金属光泽。铜属于面心立方晶体结构，配位数为 12；晶格常数 $a = 0.36nm$，原子间距为 0.256nm，原子半径为 0.128nm。

铜与其他金属相比具有下列特性：

（1）导电导热性好　铜的导电性在所有金属中仅次于银，居第二位，其电导率为银的 93%。铜的导热性在所有金属中居第三位，仅次于银和金，热导率为银的 73%。

（2）化学稳定性高、耐蚀性好　铜的电极电位较高（$E_{Cu^{2+}/Cu}^{\ominus} = +0.34V$），不易发生电化学腐蚀。此外，铜氧化后形成的氧化膜也较完整、紧密，可以防止内部金属进一步氧化。铜在干燥的空气中是比较稳定的，在水中几乎无变化，但接触腐蚀性气体，也会发生腐蚀，如铜线长期在海洋性气氛中，表面会出现溃伤斑点。

（3）基本无磁性　铜又是反磁性物质，磁化率极低。

（4）力学性能较好　有较高的机械强度，抗拉强度为 200～240MPa，布氏硬度为

35HBN，可以满足制造电线电缆的需要。

（5）塑性好，易加工　铜具有很高的塑性变形能力，其断后伸长率可达 60%，首次加工量可达 30% ~ 40%，在退火状态，不经中间退火，可压缩 85% ~ 95% 而不出现裂纹；可以用压延、挤压、拉深等加工方法，制成各种形状和尺寸的成品和半成品。

（6）易于焊接　铜即使在高温下氧化速度相对也比较慢，在大气中其焊接性比较好。

作为电线电缆材料，通常使用铜的质量分数为 99.9% 以上的工业纯铜，如一号铜（铜的质量分数为 99.95%），在特殊情况下使用无磁性高纯铜。为了提高电导率和改进柔软性，广泛使用无氧铜，正在发展使用单晶铜。

导电用铜的品种、成分和主要用途见表 2-1。

表 2-1　导电用铜的品种、成分和主要用途

品种		符号	含铜量（质量分数,%）≥	杂质含量（质量分数,%）≤												主要用途
				Bi	Sb	As	Fe	Ni	Pb	Sn	S	P	Zn	O	总和	
普通纯铜	一号铜	T1	99.9535	0.002	0.0004	0.0005	0.0010	—	0.0005	—	0.0015	—	—	0.040	0.0465	各种电线电缆用导体
	二号铜	T2	99.95	0.0006	0.0015	0.0015	0.0025	0.002	0.002	0.001	0.0025	0.001	0.002	0.045	0.05	开关和一般导电零件
无氧铜	一号无氧铜	TU1	99.9925	0.002	0.0004	0.0005	0.0010	—	0.0005	—	0.0015	—	—	0.001	0.0075	电真空器件，电子管和电子仪器零件；耐高温导体
	二号无氧铜	TU2	99.95	0.0006	0.0015	0.0015	0.0025	0.002	0.002	0.001	0.0025	0.001	0.002	0.002	0.05	导线的复合基体和微细丝等；真空开关触头
无磁性高纯铜		—	99.95	0.002	0.002	0.002	0.002	0.002	0.005	0.002	0.005	0.001	0.005	0.02	0.05	无磁性漆包线的导体，用于制造高精密电气仪表的动圈

导电用铜的性能和主要工艺参数见表 2-2，在今后的实践中会逐渐熟悉这些性能及参数。

表 2-2 导电用铜的性能和主要工艺参数

项目	单位	状态	参数
熔点	℃	—	1084.5
密度（20℃）	g/cm³	—	8.89
比热容（20℃）	J/（kg·K）	—	385
比能	J/kg	—	212000
热导率（20℃）	W/（m·K）	—	386
线胀系数（20~100℃）	10^{-6}/K	—	16.6
电阻率（20℃）	10^{-2}Ω·mm²/m	软态	1.7241
		硬态	1.777
电阻温度系数（20℃）	10^{-3}/℃	软态	3.93
		硬态	3.81
弹性模量（20℃）	N/mm²	—	112770
屈服强度	N/mm²	软态	59~79
		硬态	294~372
抗拉强度	N/mm²	软态	196~235
		硬态	343~441
疲劳极限	N/mm²	软态	56~69
		硬态	108~118
蠕变强度	N/mm²	20℃	68
		200℃	49
		400℃	14
断后伸长率	%	软态	30~50
		硬态	>0.5
硬度	HV	软态	<48
		硬态	90~136

二、影响铜性能的主要因素

1. 影响导电性能的因素

铜的导电性可以用电导率或电阻率来表示，也可以用相对电导率（%IACS）来表示 [ρ=0.017241Ω·mm²/m 时相对电导率%IACS 为 100%]，极纯的电解铜的电导率很高，无氧铜的电导率可达 102%IACS。

许多因素影响铜的导电性：

（1）杂质 杂质对铜的电导率的影响是很大的，一切杂质元素或有意加入的合金元素都影响铜的电导率，使铜的电导率下降。杂质对铜的电导率的影响如图 2-2 所示。

从图 2-2 中可见，对铜的电导率影响较大的杂质元素有磷、砷、铝、铁和锑等。因此，应尽量减少铜中的这些杂质。微量的银、镉、碲对电导率影响不大，可作为铜的合金元素加入，提高铜的机械强度和耐蚀性。

如果在铜中加入两种以上杂质，只要它们的浓度不超过其溶解度，则电阻率与其浓度呈线性关系，并且几种杂质的影响是线性叠加的。

值得关注的是氧的影响。当含有少量的氧时，铜的电导率略有提高（无氧铜可达 102%IACS），但随着氧含量的增加，铜的电导率迅速下降。

（2）冷加工和热处理　铜导线一般经拉伸后使用（硬铜线），也可以经退火后使用（软铜线）。铜经过冷拉伸（冷加工）后，抗拉强度和硬度增加，但电导率和断后伸长率下降。当变形量不大时，对电导率影响不大，一般不超过 2%；但当变形量增大时，电导率下降可达 6.2%。

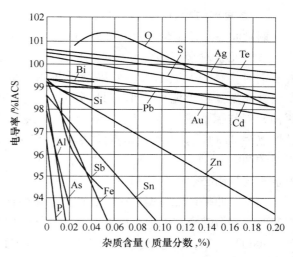

图 2-2　杂质对铜的电导率的影响

为了消除铜的冷作硬化，可以将铜退火（退火温度为 600～700℃），恢复铜的导电性，提高电导率和伸长率，但同时降低了抗拉强度和硬度（图 2-3、图 2-4）。

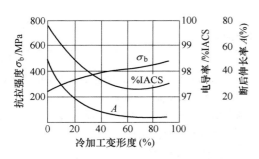

图 2-3　冷加工变形程度对铜的性能的影响

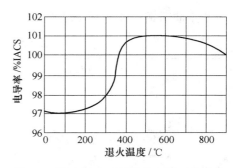

图 2-4　退火温度对硬铜线电导率的影响

（3）温度　铜在熔点以下时，其电阻率随温度升高呈线性增加，从固态过渡到液态，电阻率突然升高。

2. 影响力学性能的因素

铜的力学性能属于中等水平，经过拉伸，铜的抗拉强度可提高到 450MPa，但经过退火后，又可恢复到拉伸前的水平。铜的力学性能与温度的关系如图 2-5 所示。在 500～600℃附近，断后伸长率和断面收缩率骤然下降，出现"低塑性区"，这一现象与铜中的杂质有关，尤以铅和铋的影响最大。

铜中含有杂质元素，可使铜的力学性能提高，如铍、银、钙、镍和锌等，但也有一些杂质如氧，可以使其力学性能显著下降。

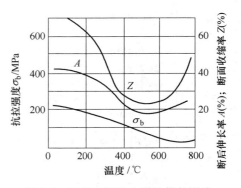

图 2-5　温度对铜的力学性能的影响

3. 影响铜的塑性变形能力的因素

铜是面心立方结构，具有很好的塑性变形能力。

杂质元素对铜的塑性变形能力的影响，主要取决于铜与杂质组成的结构。当杂质元素溶于铜时，影响一般不大；如果杂质与铜形成低熔点共晶体，则产生热脆性，也就是金属在共晶熔点以上温度变形容易开裂；如铋和铅对铜的热变形能力有严重影响，因为这两种元素与铜形成低熔点共晶体（Cu-Pb 共晶体，共晶熔点为 326℃；Cu-Bi 共晶体，共晶熔点为 270℃）。这些低熔点的共晶体冷却时最后结晶，在晶界面上形成极薄的膜，热加工（约 800℃）时，这些膜会熔化，使金属晶粒之间结合力下降而发生晶间破裂，因此对铜中杂质铋与铅必须严格控制。

相反，如果杂质与铜形成熔点较高的脆性化合物分布于晶界，则产生冷脆性，金属在冷作变形时容易破裂。铜中杂质氧、硫能与铜形成共晶体 $Cu-Cu_2O$、$Cu-CuS$，它们的共晶熔点高达 1060℃，不会引起热脆性，但这些化合物硬而脆，致使金属"冷脆"，使冷加工困难，因此也应严格控制。

根据铜的含氧量和生产方法，纯铜可分为工业纯铜（氧的质量分数为 0.02%~0.1%）、脱氧铜（氧的质量分数<0.01%）和无氧铜（氧的质量分数<0.003%），制造电线电缆最好采用无氧铜。

一些杂质对铜性能的影响见表 2-3。

表 2-3　杂质对铜性能的影响

杂质名称	在铜中存在的形态	主要影响
银	—	1）能提高再结晶温度，当含银量（质量分数）约为 0.24%时，再结晶温度可提高 100℃ 2）对导电性、导热性和工艺性能影响不大
铝	纯铜中不含铝；废铜线回炉时可能有铝掺入。铝可无限度溶于铜中，在固态时溶解度为 9.8%	1）显著降低导电性和导热性 2）影响焊接性，增加镀锡难度 3）提高耐蚀性，能显著减少常温和高温下的氧化程度
铍	—	1）导电性稍有降低 2）提高力学强度和耐磨性能 3）提高耐蚀性，显著减少高温氧化程度
铋	不溶于固态铜中	1）对导电性无显著影响 2）当含铋量很少（质量分数小于 0.005%）时，热加工时易破裂；当含铋量较高时，产生冷脆性
铁	在固态铜中溶解极少。在 1050℃时溶于固溶体中的铁达 3.5%（质量分数），在 635℃时则降到 0.15%（质量分数）	1）严重影响铜的导电性和导热性，显著影响耐蚀性 2）使铜具有磁性 3）使晶体结构细化而提高力学强度
铅	不溶于固态铜中	1）对导电性、导热性无明显影响 2）产生热脆性，增加热加工的困难
锑	在晶体（645℃）下，溶于固态铜中的锑可达 9.5%（质量分数）；但随着温度的降低，溶解度急剧减少	1）严重影响热加工性，易使铜杆脆裂 2）显著降低导电性和导热性
硫	以 Cu_2S 状态存在	1）对导电性、导热性影响不大 2）降低冷态及热态加工时的塑性

（续）

杂质名称	在铜中存在的形态	主要影响
硒	在固态铜中溶解很少（<0.1%，质量分数）。当硒含量（质量分数）为 2.2% 时，与铜形成熔点为 1063℃ 的共晶体	1）对导电性、导热性影响极小 2）急剧降低塑性，影响压力加工
砷	在固态铜中溶解度达 7.5%（质量分数）	1）显著降低导电性和导热性 2）能显著提高热稳定性；能消除铋、锑和氧等杂质的有害作用，显著提高铜的再结晶温度
磷	在固态铜中溶解有限 700℃ 时，磷在固溶体时的最大溶解度为 1.3%（质量分数）	1）严重降低导电性和导热性 2）能提高力学性能；有利于焊接
镍	固溶体	1）降低导电性 2）影响焊接性 3）提高力学强度、耐磨性和耐蚀性

三、铜合金

为了改善铜的力学性能，提高铜的耐蚀性、耐磨性、耐热性，人们研究制造了各种铜合金。电线电缆中使用较多的铜合金有以下几种：

1. 银铜合金

铜中加入少量的银，可以显著提高软化温度和耐蠕变能力，而导电性下降不多。电线电缆中通常用含银量（质量分数）为 0.1%~0.2% 的合金，其硬化的效果不显著，一般采用冷作硬化来提高强度。银铜合金的抗拉强度为 350~450MPa，断后伸长率为 2%~4%，硬度为 95~110HBW，相对电导率为 95%IACS，软化温度为 280℃，高温（290℃）下抗拉强度为 250~270MPa。

银铜合金具有很好的耐磨性、电接触性和耐蚀性，制成电车线寿命比硬铜线高 2~4 倍。除电车线外，它还可以用于通信线和其他高耐蚀性导线。

含银量增加，抗拉强度增高，而电导率下降，如含银量（质量分数）为 3.5%~4% 的银铜合金经冷加工后，抗拉强度可达 850MPa，相对电导率为 80%IACS。在银铜合金中加入少量的 Cr、Al、Cd、Mg 可进一步提高强度。

2. 镉铜合金

铜中加入 1%（质量分数）镉的合金，通过冷拉，具有较高抗拉强度（600MPa）、相对电导率（85%IACS）、耐磨性和硬度（100~115HBW）。镉铜合金中加入铬能提高时效硬化效果，显著提高耐热性。加入少量的锆、银、锌和铁可进一步提高强度。镉铜合金可用于制造大跨距架空导线、高强度绝缘线、通信线和滑接导线等。

3. 稀土铜合金

在铜中加入镧或混合稀土金属的铜合金，其性能可以与银铜合金媲美。铜中加入稀土元素，不仅可使晶粒细化，改善工艺性能，还可以提高铜的耐热性，同时具有较高的导电性。稀土铜合金的抗拉强度为 350~450MPa，断后伸长率为 2%~4%，相对电导率为 96%IACS，硬度为 95~110HBW，软化温度为 280℃，可用于制造高耐磨、耐热，具有高导电性的电线。

4. 铍钴铜合金

铍钴铜合金是时效硬化效果很好的一种铜合金。它具有高的强度、硬度和弹性极限，并且弹性滞后小，弹性稳定性好；同时还具有良好的耐蚀性、耐磨性、耐疲劳性，无磁性以及受冲击不产生火花等特点。

铍钴铜合金的抗拉强度为 1300～1470MPa，断后伸长率为 1%～2%，相对电导率为 22%～25%IACS，硬度为 350～420HBW，可用于制造大跨度的通信线和煤烟多的架空线。

含铍量（质量分数）大于 1% 的铍铜合金为高强度铍铜合金；含铍量（质量分数）小于 1% 的铍铜合金称为高导电性铍铜合金。铍铜合金在淬火状态下有极高的塑性，易加工成各种型材及复杂元件。

5. 锆铜合金

铜中加入锆可显著提高软化温度。锆铜合金也是一种时效硬化合金，淬火和时效处理并不能获得高的室温强度，必须在淬火后进行较大的冷变形，再进行时效处理，才能获得高的强度和导电性。它的主要特点是在很高的温度下（比其他高导电金属都高）还能保持冷作硬化的强化效果，并且在淬火的状态，具有普通纯铜那样的塑性，可用于制造耐热、耐磨导线。

6. 铜镁合金

铜镁合金具有优良的强度和抗高温软化能力以及相对较高的导电性能。镁元素的加入和含量的提高对铜镁合金电导率和抗拉强度均有显著的影响。随着镁含量的增加，铜镁合金的电导率迅速下降，抗拉强度逐渐上升。该合金主要用于铜接触线的制造。

7. 铜锡合金

铜锡合金是指含有 5%～15%（质量分数）Sn 以及少量 Zn 的铜合金，是最古老的合金（也称"青铜"），具有高的机械强度和硬度，良好的铸造性和可加工性，耐腐蚀，有很好的承载性能，适当的电导率和易于焊接等特性。该合金主要用于铜接触线的制造。

各种铜合金的种类、成分、性能和用途见表 2-4。

表 2-4　导体用铜合金的种类、成分、性能和用途

类别	合金名称	添加元素含量（质量分数,%）	室温性能				高温性能		用途
			抗拉强度/MPa	断后伸长率（%）	硬度 HBW	相对电导率/%IACS	退火温度/℃	高温强度/MPa	
中强度高导电	银铜	银 0.2	350～450	2～4	95～110	96	280	250～270（290℃）	换向器用梯形排
	稀土铜	混合稀土 0.1	350～450	2～4	95～110	96	300	—	换向器用梯形排
	镉铜	镉 1	600	2～6	100～115	85	300	—	高强度导线、接触线
	锆铜	锆 0.2	400～450	10	120～130	90	500	350（400℃）	换向器用梯形排
	铬镉铜	铬 0.9、镉 0.3	300（软）600（硬）	30 9	85～90 110～120	87～90 85	380	—	特种电缆、架空线、接触线

（续）

类别	合金名称	添加元素含量（质量分数,%）	室温性能				高温性能		用途
			抗拉强度/MPa	断后伸长率（%）	硬度HBW	相对电导率/%IACS	退火温度/℃	高温强度/MPa	
中强度高导电	锆铪铜	锆0.1、铪0.6	520~550	12	150~180	70~80	550	430（400℃）	换向器用梯形排
	铜镁	镁0.10~0.30	420~440	3	—	76.97	—	378~396（300℃）	电力牵引用接触线
		镁0.40~0.70	470~500	3		62.06		422~450（300℃）	高强度电力牵引用接触线
	铜锡	锡0.15~0.55	420~430	3	—	71.99		378~396（300℃）	电力牵引用接触线
高强度中导电	镍硅铜	镍1.9、硅0.5	600~700	6	150~180	40~45	540		通信电线、架空线、接触线
	铁铜	铁10~15	800~1000	—	—	60~70			高强度电线
特高强度低导电	铍钴铜	铍1.9、钴0.25	1300~1470	1~2	350~420	22~25	—	—	潮湿地区用电话线及多煤烟地区用架空线
	钛铜	钛4.5	900~1100	2	300~350	10			
		钛3.0	700~900	5~15	250~300	10~15			

◇◇◇ 第 3 节　铝及铝合金

在非铁金属材料中，铝和铝合金的产量占第一位，是应用最广泛的一种材料，在电线电缆行业中，广泛用于制造架空输电线用的钢芯铝绞线、铝合金绞线等。

一、铝的结构及基本特性

铝是银白色金属，熔点为 660℃，有很高的熔化潜热，约为 388J/g，比热容约为 1.289J/（g·K），密度为 $2.7×10^3kg/m^3$，属于面心立方晶格，晶格常数 $a=0.405nm$，原子半径为 0.143nm。

电线电缆用导线线芯，应采用铝的质量分数为 99.5% 以上的电工用铝，其化学成分应符合标准，重熔用铝锭 Al99.50、重熔用电工铝锭 Al99.65E、重熔用铝稀土合金锭的化学成分见表 2-5~表 2-7。

表 2-5　重熔用铝锭的化学成分

牌号	化学成分（质量分数）（%）									
	铝≥	杂质含量≤								
		Si	Fe	Cu	Ga	Mg	Zn	Mn	其他单个	总和
Al99.85	99.85	0.08	0.12	0.005	0.03	0.02	0.03	—	0.015	0.15
Al99.80	99.80	0.09	0.14	0.005	0.03	0.02	0.03	—	0.015	0.20

（续）

牌号	化学成分（质量分数）（%）									
	铝≥	杂质含量≤								
		Si	Fe	Cu	Ga	Mg	Zn	Mn	其他单个	总和
Al99.70	99.70	0.10	0.20	0.01	0.03	0.02	0.03	—	0.03	0.30
Al99.60	99.60	0.16	0.25	0.01	0.03	0.03	0.03	—	0.03	0.40
Al99.50	99.50	0.22	0.30	0.02	0.03	0.05	0.05	—	0.03	0.50
Al99.00	99.00	0.42	0.50	0.02	0.05	0.05	0.05	—	0.05	1.00

注：铝含量（质量分数）以100.00%减杂质总和来确定。

表 2-6　重熔用电工铝锭的化学成分

牌号	化学成分（质量分数,%）									
	铝≥	杂质含量≤								
		Si	Fe	Cu	Ga	Mg	Zn	Mn	其他单个	总和
Al99.7E	99.70	0.07	0.20	0.01	—	0.02	0.04	0.005	0.03	0.30
Al99.6E	99.60	0.10	0.30	0.01	—	0.02	0.04	0.007	0.03	0.40

表 2-7　重熔用铝稀土合金锭的化学成分

牌号	化学成分（质量分数）（%）								
	稀土总量 ΣRE	杂质含量≤					其他杂质		Al
		Si	Fe	Cu	Ga	Mg	单个	总和	
AlRE0.06	0.03~0.12	0.10	0.20	0.01	0.03	0.03	0.03	0.05	余量
AlRE0.15	0.13~0.20	0.13	0.20	0.01	0.03	0.03	0.03	0.05	余量
AlRE0.6	0.21~1.0	0.13	0.20	0.02	0.03	0.03	0.03	0.05	余量
AlRE2	1.0~3.0	0.20	0.45	0.20	—	—	0.05	0.15	余量
AlRE4	3.0~5.0	0.25	0.50	0.20	—	—	0.05	0.15	余量
AlRE6	5.0~7.5	0.25	0.50	0.20	—	—	0.06	0.20	余量
AlRE8	7.5~10.0	0.25	0.50	0.20	—	—	0.06	0.20	余量

注：1. 稀土总量指以铈为主的混合轻稀土。

2. 铝的质量分数为100%与等于或大于0.010%的所有元素含量总和的差值。

导电用铝的主要特点如下：

1. **导电性、导热性好**

铝的导电性仅次于银、铜，在所有金属中居第三位；导热性仅次于银、铜、金居第四位。铝的电导率为（60~62）%IACS。

2. **耐蚀性良好**

铝虽然化学活泼性高，标准电极电位低（$E^{\ominus}_{Al^{3+}/Al}=-1.68V$），但在大气中极易氧化生成一种牢固的致密膜，厚度为5~10nm，可防止铝继续氧化。因此，铝在大气中具有较好的耐蚀性。

3. 纯铝的机械强度一般

纯铝的力学性能较低，因纯度不同，波动范围较大。一般是纯度越低，抗拉强度和硬度越高而塑性越低。软态铝抗拉强度为 70~95MPa，硬态铝抗拉强度为 150~180MPa。

4. 塑性好

铝可用压力加工方法如轧制、拉深等，制成形状复杂的产品。工业纯铝中，经常含有铁和硅等杂质，这些杂质会降低铝的塑性。

纯铝的浇铸温度为 700~750℃，流动性不好，铝的线收缩率是 1.7%~1.8%，体积收缩率是 6.4%~6.6%，都较大，因此纯铝的铸造性能差，容易产生热裂等铸造缺陷，很少直接用来浇铸各种铸件。纯铝的线胀系数也较其他常用金属大。

5. 密度小

纯铝的密度约为铜的 1/3，价格便宜，来源可靠。

在传送相同功率，传送相等距离、不考虑线路损耗时，按体积计算铜的用量为铝的 60%~65%，但按重量计算，铜的用量约为铝的用量的两倍。这可以看出，铜、铝用作导体在不同的应用领域各有优势。

铝作为导电材料主要缺点是抗拉强度低，即使硬态铝也仅为 100MPa 左右，且不易焊接，对焊接设备要求较高。导电铝的主要性能及主要工艺参数见表 2-8。

表 2-8　导电铝的主要性能及主要工艺参数

项目	单位	状态	参数
熔点	℃	—	658
密度（20℃）	g/cm³	—	2.703
比热容（20℃）	J/(kg·K)	—	921
比能	J/kg	—	389000
热导率（20℃）	W/(m·K)	—	218
线胀系数（20~100℃）	10^{-6}/K	—	23
电阻率（20℃）	$10^{-2}\Omega \cdot mm^2/m$	软态	2.80
		硬态	2.8264
电阻温度系数（20℃）	10^{-3}/℃	软态	4.07
		硬态	4.03
弹性模量（20℃）	N/mm²	—	67000
屈服强度	N/mm²	软态	30~40
抗拉强度	N/mm²	软态	70~95
		半硬态	95~125
		硬态	160~200
疲劳极限	N/mm²	硬态	60
蠕变强度①	N/mm²	20℃	50
		150℃	24
		250℃	10
断后伸长率	%	软态	20~40

① 99.5%（质量分数）Al 软线，1000h 的断裂韧性。

二、影响铝性能的主要因素

1. 影响铝导电性的因素

（1）杂质　研究表明，铝的纯度对电导率的影响较为显著，如99.5%（质量分数）的铝的相对电导率为61%IACS，而99.996%（质量分数）高纯度铝的相对电导率为65%IACS。铝中所含杂质对铝的电导率的影响如图2-6所示。由图可见，镍、硅、锌、铁对铝的电导率的影响不大，杂质银、铜、镁对电导率影响较大，而钛、钒、锰将使电导率显著下降，应严加控制。一般其杂质总含量应低于0.01%（质量分数）。

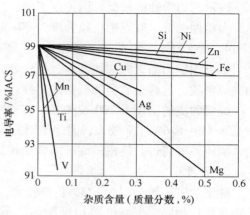

图 2-6　杂质对铝电导率的影响

对电工用铝，铁、硅是主要杂质，其含量虽对电导率影响不大，但其含量和比例对铝的物理力学性能、工艺性能都有较大影响，因此应严格控制。

（2）冷变形　铝在冷变形时，电导率下降不多，当压缩率达到95%～98%时，铝的电导率仅下降1.2%。硬态铝经退火后，其电导率得到恢复，但过高的退火温度又可使电阻略为升高。

（3）温度　温度升高时，铝的电阻随温度升高而增加。铝在熔点以下，电阻和温度基本呈线性关系。

2. 影响铝力学性能的因素

（1）杂质　常见杂质Fe、Si都使铝的抗拉强度增大、塑性降低。不同杂质对铝性能的影响见表2-9。

表 2-9　不同杂质对铝性能的影响

杂质名称	在铝中存在的形态	主要影响
铁	硬脆针状的独立相 Al_3Fe	降低导电性、导热性、塑性，影响耐蚀性，提高抗拉强度
硅	含量少时存在于 α 固溶体中，当含量（质量分数）大于 1.65% 时进入共晶体成分	降低导电性和塑性，抗拉强度稍有提高
铁+硅	三元化合物或三元共溶体	硅含量高于铁时，使铝变脆，压力加工困难，性能降低。铁硅比在一定范围内影响较小
铜	固溶体	严重影响导电性，影响导热性、耐蚀性和铸锭质量

（2）冷变形和热处理　对铝进行加工硬化可极大地提高铝的抗拉强度。当冷变形为90%时，抗拉强度可提高到180MPa，甚至更大，退火可使抗拉强度下降。控制冷变形及退火温度可以制成软、半硬、硬，具有不同力学性能的铝线。图2-7～图2-9所示为冷加工和热处理对铝的力学性能的影响。

经过激烈变形后的硬态铝，正常退火温度为300～350℃，温度过高，会引起晶粒粗大，力学性能变差。半硬铝线的退火温度更低，一般为240～260℃。

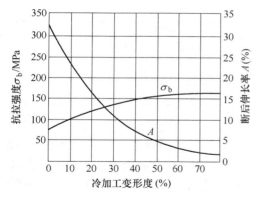

图 2-7　冷加工变形程度对铝力学性能的影响

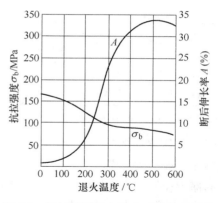

图 2-8　铝经不同温度退火后的力学性能

（3）温度　铝在低温时，抗拉强度、疲劳强度、硬度、弹性模量增高，而且断后伸长率和冲击韧度增高，无低温脆性，适合作低温导体。

由于铝的蠕变强度和抗拉强度与温度有关，铝长期使用温度不宜超过 90℃，短时使用不宜超过 120℃。

3. 影响铝耐蚀性的因素

铝和氧的亲和力很大，在室温下即能同空气中的氧结合生成极薄的 Al_2O_3 膜，膜厚约为 $2×10^{-4}$ mm，膜极致密，

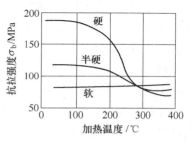

图 2-9　铝加热后抗拉强度的变化
（加热 1h，室温时测定）

没有空隙，与铝基体的结合力很强，能阻止氧气向金属内部扩散而起保护作用。保护膜一旦破损后，能迅速生成新的薄膜，恢复其保护作用，因而在空气中有足够的耐蚀能力。

（1）杂质　铝的耐蚀能力随杂质含量的增加而降低，特别是镁能严重破坏致密的 Al_2O_3 膜。铝的电极电位较低，因此铝的纯度对耐蚀性影响极大。

如纯度为 99%（质量分数）的铝在稀盐酸中的耐蚀性比 99.5%（质量分数）的铝要好很多。导电金属铝中的常见杂质，除铁、硅外，少量的铜对铝的耐蚀性影响显著。从表 2-10 中可看到，杂质铜、铁无论在哪种电解质（海水、HCl 等）中都有明显腐蚀。此外，在含 Cl^- 的电解液中，各种杂质造成的腐蚀都比较严重。

当铝中含铁量（质量分数）大于 0.1% 时，其腐蚀速度比 99.998%（质量分数）的高纯度铝大 160 倍。硅对铝的耐蚀性影响与铝中的铁含量有关，当铝中不含铁时，影响不大，当铁、硅同时存在时，则显著降低铝的耐蚀性（见表 2-10）。铜对铝的耐蚀性影响比铁严重，铝中含 0.1%（质量分数）铜比含 0.1%（质量分数）铁的腐蚀速度快 10 倍。

表 2-10　在电解液中杂质对铝的耐蚀性的影响

杂质	海水	HCl（10%）	H_2SO_4（20%）	HNO_3（25%）	NaOH（稀）
Cu	2	4	3	3	3
Fe	2	4	2	2	3
Si	2	2	1	1	1

（续）

杂质	海水	HCl（10%）	H_2SO_4（20%）	HNO_3（25%）	NaOH（稀）
Zn	2	3	1	1	1
Mg	1	1	1	1	1
Mn	2	2	2	1	1

注：1—耐蚀性好；2—稍有腐蚀；3—明显腐蚀；4—严重腐蚀。

（2）周围媒质的条件　铝在空气中与氧气反应，很快在其表面生成一层致密的氧化膜，因此铝在一般的大气中具有良好的耐蚀性，即使在高温或铝呈熔化状态时，氧化膜同样具有极好的保护作用，因而铝的退火或熔炼可在空气中直接进行。但如果大气中含有大量 SO_2、H_2S 或酸、碱等气体，或在潮湿的气候条件下，铝表面形成电解液易引起电化学腐蚀。另外，大气中的尘埃及非金属夹杂物沉积在铝的表面，也易引起腐蚀。

纯铝在冷的醋酸、硝酸和有机酸中，具有很高的耐蚀性，且酸的浓度越高、温度越低，其耐蚀性越好。浓硫酸和稀硫酸在低温中与铝的反应很慢，但热的浓硫酸却能与铝起剧烈反应，产生 SO_2 气体。

碱类、盐酸、碳酸盐、食盐等能破坏氧化膜，引起铝的强烈腐蚀。因此，烧碱（NaOH）往往用作铝或铝合金的宏观组织腐蚀剂。

在沿海地区，大气中盐雾所含的氯离子凝集在铝表面，易在表面的杂质和缺陷周围引起局部腐蚀，形成孔洞、沟洼和裂纹，因此必须采用高纯度铝，或采取特殊的防腐蚀措施。

三、铝合金

为了克服纯铝的缺点，扩大铝导体的应用范围，研究发展了铝合金。电缆线芯使用的铝合金就是在尽量不降低或少降低铝电导率的前提下，通过提高铝的抗拉强度和耐热性得到的铝合金。电工铝合金主要靠固溶强化和沉淀硬化来提高机械强度，晶粒细化、加工硬化及过相强化也有一定效果。

1. 铝镁硅合金

铝中加镁和硅，通过淬火时效处理，析出起强化作用的 Mg_2Si，可使铝的强度显著提高，制成高强度铝合金线，可使抗拉强度达 300MPa 以上，断后伸长率为 4%，相对电导率为 53%IACS，耐蚀性良好，适用于架空导线。

2. 铝镁合金

铝镁合金中镁的质量分数在 1% 以下，镁可固溶于铝，起固溶强化作用，再结合冷加工硬化可使铝的强度提高。铝镁合金成分简单、加工方便，提高了焊接性，耐蚀性较好，是用得较广泛的中强度铝合金。硬态铝镁合金适用于架空导线，软态铝镁合金适用于制造导电线芯。一般硬态铝镁合金抗拉强度为 260MPa，断后伸长率为 2%，相对电导率为 53%IACS。

3. 铝锆合金

在铝中加入少量的锆，可显著提高耐热性，如添加 0.1%（质量分数）锆时，铝的再结晶温度可提高到 320℃以上，相对电导率可达 58%IACS，仅比纯铝下降 3.5%~4%IACS。

铝锆合金使铝的耐热性大大提高，因此铝锆合金的长期使用工作温度为 150℃，短时可达 180~230℃，可提高导线的载流量，大量用于架空输电线。

4. 其他合金

上述合金中加入其他元素还可以进一步提高铝合金的性能，见表 2-11～表 2-14。

表 2-11 合金中其他元素的作用

铝、铝合金	添加元素	作　用
铝	铁	电导率几乎不变，可稍提高抗拉强度
	硅	提高强度和可加工性，可拉成细丝
铝-镁-硅或铝-镁	铁	可使合金电导率提高 3%～5%IACS，同时提高耐热性
铝-镁-铁	铜	可以提高合金软态抗拉强度
铝合金	稀土	抗拉强度、耐热性、耐蚀性均有一定程度的提高

表 2-12 导电用铝合金的主要性能和用途

类别	合金系列	特征	状态	性能指标					用途
				抗拉强度 /MPa≥	断后伸长率(%)≥	弯曲次数 /次≥	屈服强度 /MPa≥	相对电导率 /%IACS≥	
热处理	铝-镁-硅	高强度	硬	300	4	—	—	52.5	架空输电线
非热处理	含镁0.6%～0.8%	中强度	硬	260	2	4	—	52.6	架空输电线 接触线（电车线）
	含镁0.8%～1.2%		半硬	<180	3	3		49.3	
	铝-锆	耐热 高耐热 高强度耐热	硬	180	2	—	—	60	架空输电线。耐热性好，可提高导线使用温度和载流量；高强度耐热铝合金可满足电力系统的特殊需要
				160	2			58	
				230	1.4			55	
	铝-镁含镁0.65%～0.85%	柔软	软半硬	<110	16	14	—	56	电线电缆的导电线芯，电动机、电器线圈用电磁线等
				<150	5	13	—	56	
	铝-镁-硅-铁		软	<115	17		50	52.6	
	铝-镁-铁			<115	15		52	58.5	
	铝-镁-铁-铜			<115	15		52	58.5	
	铝-铁			<90	30			61	

注：1. 铝合金的加工工艺对其性能有直接影响。

2. 含量均为质量分数。

表 2-13 GB/T 30552—2014 电缆导体用铝合金线的化学成分

成分代号	化学成分（质量分数,%)									
	Si	Fe	Cu	Mg	Zn	B	其他		Al
							单个	合计	
1	0.10	0.55~0.8	0.10~0.20	0.01~0.05	0.05	0.04	0.03[①]	0.10	余量
2	0.10	0.30~0.8	0.15~0.30	0.05	0.05	0.001~0.04	0.03	0.10	余量
3	0.10	0.6~0.9	0.04	0.08~0.22	0.05	0.04	0.03	0.10	余量
4	0.15[②]	0.40~1.0[②]	0.05~0.15	—	0.10	—	0.03	0.10	余量
5	0.03~0.15	0.40~1.0	—	—	0.10	—	0.05[③]	0.15	余量
6	0.10	0.25~0.45	0.04	0.04~0.12	0.05	0.04	0.03	0.10	余量

注：1. 表中规定的化学成分除给定范围外，仅显示单个数据时，表示该单个数据为最大允许值。
  2. 对于脚注中的特定元素，仅在需要时测量。
  ① 该成分的铝合金中 Li 元素的质量分数应≤0.003%。
  ② 该成分的铝合金应同时满足（Si+Fe）元素的质量分数≤1.0%。
  ③ 该成分的铝合金中 Ga 元素的质量分数应≤0.03%。

表 2-14 GB/T 30552—2014 电缆导体用软铝合金的力学性能

状态	抗拉强度/MPa	断后伸长率（%)	20℃时直流电阻率 ρ_{20}/(Ω·mm²/m)
R	98~159	≥10	≤0.028264（≥61.0%IACS）

《8000 系列电工用退火态或中间态铝合金导线标准》中铝合金线的化学成分见表 2-15。

表 2-15 ASTM B800：05（R2011）8000 系列电工用退火态或中间态铝合金导线的化学成分

ANSI	UNS	Al	合金成分（质量分数,%)						杂质单项	杂质总量
			Si	Fe	Cu	Mg	Zn	B		
8017	A98017	余量	0.10	0.55~0.8	0.10~0.20	0.01~0.05	0.05	0.04	0.03[①]	0.10
8030	A98030		0.10	0.30~0.8	0.15~0.30	0.05	0.05	0.001~0.04	0.03	0.10
8076	A98076		0.10	0.6~0.9	0.04	0.08~0.22	0.05	0.04	0.03	0.10
8130	A98130		0.15[②]	0.40~1.0[②]	0.05~0.15	—	0.10	—	0.03	0.10
8176	A98176		0.03~0.15	0.40~1.0	—	—	0.10	—	0.05[③]	0.15
8177	A98177		0.10	0.25~0.45	0.04	0.04~0.12	0.05	0.04	0.03	0.10

① 该成分的铝合金中 Li 元素的质量分数应≤0.003%。
② 该成分的铝合金应同时满足（Si+Fe）元素的质量分数≤1.0%。
③ 该成分的铝合金中 Ga 元素的质量分数应≤0.03%。

◇◇◇◇ 第4节 其他金属

一、钢

钢是铁与其他元素构成的铁合金的总称。铁与碳构成的钢称碳钢或简称钢。碳钢有低碳钢、中碳钢、高碳钢之分，主要取决于含碳量。

低碳钢：含碳量<0.25%（质量分数）。

中碳钢：含碳量为 0.3%～0.55%（质量分数）。

高碳钢：含碳量为 0.6%～0.7%（质量分数）。

钢的电导率很低，约为铜的 17.75%，由于它是高导磁材料，用于交流高频电路中有显著的趋肤效应和磁滞损耗，因而交流时的有效电阻就更高。它还容易氧化，在 CO_2 和 SO_2 气体中更易腐蚀，但通过表面防腐蚀处理，如镀锌、镀锡，可部分避免和减弱腐蚀。钢的密度约为 $7.8g/cm^3$，熔点约为 1400℃。

钢在电线电缆工业中主要以钢线的形式应用，除少量低碳钢线用于农村低压输电线和简易的频率不高的通信线外，大量地用于增加强度和耐磨性能的场合，如钢芯铝绞线的钢芯，钢铝电车线的接触部分，电缆装铠的钢丝等。

钢芯铝绞线用镀锌钢丝应符合 GB/T 3428—2012《架空绞线用镀锌钢线》标准。

为满足绞线的需要，有三个强度等级的钢线可供选择：普通强度、高强度、特高强度，分别用 1 级、2 级、3 级表示。有两个级别的镀锌层可供选择：A 级、B 级。镀锌层应均匀，不应有裂纹、斑疤和未镀上锌的地方。

钢铝电车线用型钢是含碳量（质量分数）为 0.07%～0.14% 的低碳钢，抗拉强度≥540MPa，断后伸长率≥5%，表面不得有裂纹、折叠、结疤、气泡、夹渣及飞边，二端面不得有分层，表面允许有局部的气孔、凹坑及麻面，但不得超过钢材的允许偏差，并具有高温耐大气腐蚀的性能。其断面形状如图 2-10 所示。

图 2-10　钢铝电车线用型钢的断面形状

二、锡

锡在工业上具有重大作用，它的耐蚀性强，能很好地承受压力加工，广泛用于钎焊、镀锡等，还用于制造各种合金。

锡在大气条件下极其稳定，即使在滨海地区，腐蚀速度也不过 0.011g/（m²·d）。在有机酸中，当其浓度为 0.75% 时，锡的被腐蚀速度为 0.05～0.1g/（m²·d）。当酸中含有氧和空气时，腐蚀速度增加，油酸、硬脂酸特别是草酸对锡的腐蚀作用极强烈。它在强碱性和强酸性溶液中均迅速腐蚀。

因为锡有良好的耐蚀性能，所以电线电缆工业中常采用镀锡工艺，如船用电缆线芯镀锡，可以延长电缆的使用寿命。电线电缆线芯镀锡用锡应符合 GB/T 728—2010《锡锭》的要求，见表 2-16。

表 2-16　锡的化学成分（质量分数,%）

牌号	Sn≥	As	Fe	Cu	Pb	Bi	Sb	Cd	Zn	Al	总和
Sn99.90	99.90	0.008	0.007	0.008	0.032	0.015	0.020	0.0008	0.001	0.001	0.10
Sn99.95	99.95	0.003	0.004	0.004	0.01	0.006	0.014	0.0005	0.0008	0.0008	0.05
Sn99.99	99.99	0.0005	0.0025	0.0005	0.0035	0.0025	0.0015	0.0003	0.0005	0.0005	0.01

锡的熔点为 231.968℃，沸点 2270℃，密度为 $7.298g/cm^3$，断后伸长率达 45%～90%。在锡中加入铅可显著降低锡的熔点，当锡、铅含量（质量分数）各为 50% 时，它的结晶温

度范围为 183~214℃，当含锡量（质量分数）为 61.9%时，其熔点为 183℃。

三、银

银是优良的导体，在所有金属中其导电性居首位。但由于银稀有贵重，直接作为导体不多见，常用镀银或包银的工艺制造镀银线或银包铜线，要求含银量（质量分数）为 99.95%~99.99%，无其他特殊要求。银的熔点为 960.5℃，沸点为 2210℃，密度为 $10.49g/cm^3$，电阻率为 $0.015\Omega \cdot mm^2/m$。

四、超导体

超导现象是 1911 年荷兰人翁纳斯发现的。翁纳斯在研究汞的导电性时发现，当汞的温度达到 4.15K 时，电阻突然消失，汞环中在没有外加能源的条件下长时间流通着几乎恒定的电流，并产生一个连续不变的磁场，像一个低温下的永久磁铁。这种材料在超低温下具有的性质就是超导性，具有超导性的导体叫超导体。材料出现超导现象的温度称为临界温度（T_c），使材料由超导态转为常导态时的磁感应强度称为临界磁感应强度（B_c）。当超导体中通过的电流所产生的磁感应强度使超导体转化为常导态时，这时的电流密度称为临界电流密度（I_c）。由于超导体受 T_c、B_c 和 I_c 的限制，因此它们是评价超导体的基本依据。

由于超导材料和超低温技术方面的问题，超导体的实际应用还处在大力试验研究阶段。下面列出一些超导材料的基本参数值供参考（见表 2-17）。

表 2-17　几种超导材料的基本参数

类别	名　称	T_c/K	B_c/kGs	$I_c/(A/cm^2)$
纯金属	锡	3.72	0.306	≈10⁴
	汞	4.15	0.411	
	铅	7.18	0.803	
	铌	9.13	1.98	
合金	铌-锆	10.5	80	≈10⁵
	铌-钛	9.5	122	≈10⁵
化合物	钒三镓	16.8	210	≈10⁶
	铌三锡	18.2	245	≈10⁶
	铌三铝锗	≈20.7	410	

◇◇◇　第 5 节　双金属线

双金属线是指两种金属以包制或镀制的形式复合在一起的金属线材，常见的有铝包钢线、铜包钢线、铜包铝线等。镀锡铜线、镀锌钢线、镀银铜线等也属于这一类线材。在此，仅对铜包铝线、铜包钢线、铝包钢线分别做简单介绍。

一、铜包铝线

铜包铝线是在铝芯上同心地包覆铜层并使铜铝界面形成金属结合物的双金属复合导线，以代号 CCA（Copper Clad Aluminum）表示。铜包铝复合线材最早由德国在 20 世纪 30 年代推出，随后在英国、美国、法国等国得以推广。将铜与铝的功能优势相结合，采用铜包铝或者铜包铝/铜复合导体的措施，在一定程度上减少了铜的用量。铜包铝线缆是指以铝芯线代替铜成为线缆主体，外面包一定比例的铜层的电线电缆产品。目前，铜包铝线主要用于高频通信线、电视电缆、电磁线做导电材料，裸线中主要做汇流排。

铜包铝线按铜层体积比（铜层体积占铜包铝线的体积百分比）不同分为两种：铜层体积比在 8%～12% 的为 10% 级（简记为 10）；铜层体积比在 13%～17% 的为 15% 级（简记为 15）。铜包铝线按软硬状态不同又分为两种：拉拔后未退火者为硬态，以 H 表示；拉拔后退火者为软态，以 A 表示。因此铜包铝线可分为四类：10H、10A、15H、15A。

10H——铜层体积比为 10% 的硬态铜包铝线。

10A——铜层体积比为 10% 的软态铜包铝线。

15H——铜层体积比为 15% 的硬态铜包铝线。

15A——铜层体积比为 15% 的软态铜包铝线。

各类铜包铝线又可拉拔成不同的标称直径。

铜包铝和纯铜的比较：力学性能方面，纯铜在力学性能方面比铜包铝好，铜导体强度、断后伸长率比铜包铝导体大。铜包铝导体比纯铜轻很多，因此铜包铝的电缆在整体重量上比纯铜导体电缆要轻。电气性能方面，因为铝的导电性比铜差，因此铜包铝导体的直流电阻比纯铜导体大。

铜包铝线的标称密度及其偏差、20℃时的电阻率见表 2-18。

表 2-18 铜包铝线的标称密度及其偏差、电阻率

类别	标称密度/(g/cm³)	标称密度偏差值（%）	最大电阻率（20℃）/(Ω·mm²/m)
10H、10A	3.32	±3	0.02743
15H、15A	3.63	±3	0.02676

铜包铝线由铝芯线和紧密包覆其外的铜层构成。铜层应均匀连续地包覆在铝芯线上，其表面应光滑圆整，不得有凹痕、裂纹、露铝及明显锈斑等缺陷。直径小于 0.3mm 的铜包铝线，其偏差不超过 ±0.003mm；直径大于或等于 0.3mm 的铜包铝线，其偏差不超过标称直径的 ±1%。

对于 10H、10A 铜包铝线，铜层厚度最薄点 ≥ 线半径的 3.5%，铜层体积比应 ≥8% 且 ≤12%；对于 15H、15A 铜包铝线，铜层厚度最薄点 ≥ 线半径的 5.0%，铜层体积比应 ≥13% 且 ≤17%。

铜包铝线目前采用的生产工艺大多是固体压接成型法，包括轧制压接法、包覆焊接法、静压挤压法。

二、铜包钢线

铜包钢线（Copper Clad Steel Wire，CCS 线）是国际上近几十年开发的新产品，发达国家已广泛使用。

铜包钢线：由钢芯线和与之牢固结合的、均匀连续的铜包覆层构成的线材。

铜包钢线属双金属复合线材，是利用两种金属各自的优点，通过特殊的生产工艺而制成的。在 20 世纪 30 年代，铜包钢线最早由德国发明，随后在美国、英国、法国等先进国家迅速推广，并广泛地应用于各种领域，包括电力传输系统。

铜包钢线是以钢线为芯体，在其表面上覆一层铜的复合线材，如图 2-11 所示。铜包钢线在性能上兼备了钢的高强度、耐高温软化的力学性能和铜电导率高、接触电阻小的电性能，因而具有传导效率高，材料成本低，抗拉断力大，重量轻，耐磨损的特点，且便于自动化操作。因而，通常被应用在 CATV 电缆上，也被广泛用于电子元器件的引线、避雷器用接地线等。铜包钢线镀银后有更强的导电性和导热性，且耐腐蚀性和高温下的抗氧化性也有提高，可用作射频电缆的芯线，在航空器和医疗器械设备中用作连接线。

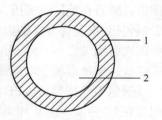

图 2-11　铜包钢线结构
1—铜层　2—钢芯

1. 铜包钢线的分类

铜包钢线按相对电导率的大小以及软态（A）、硬态（H）和特硬态（TH）的不同分为以下 8 种：

1）21A——相对电导率为 21%IACS 的软态铜包钢线。

2）21H——相对电导率为 21%IACS 的硬态铜包钢线。

3）30A——相对电导率为 30%IACS 的软态铜包钢线。

4）30H——相对电导率为 30%IACS 的硬态铜包钢线。

5）30TH——相对电导率为 30%IACS 的特硬态铜包钢线。

6）40A——相对电导率为 40%IACS 的软态铜包钢线。

7）40H——相对电导率为 40%IACS 的硬态铜包钢线。

8）40TH——相对电导率为 40%IACS 的特硬态铜包钢线。

注：IACS 指国际退火铜标准（IACS）规定的退火铜的电导率。

2. 型号

铜包钢线的型号由产品代号（CCS）（Copper-Clad Steel 的第一个字母）、类别代号（21A、21H、30A、30H、30TH、40A、40H、40TH）及其标称直径（mm）组成。

表示方法：

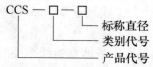

CCS — □ — □
标称直径
类别代号
产品代号

示例：CCS-30H-1.80 表示标称直径为 1.80mm、相对电导率为 30%IACS 的硬态铜包钢线。

3. 铜包钢线的具体技术要求见相关标准

铜包钢线常用的技术规范有：

1）ASTM B 227：拉制硬态铜包钢线。

2）ASTM B 910：退火态铜包钢线。

3）ASTM B 452：电子产品用铜包钢线。

4）ASTM B 869：CATV 同轴电缆用铜包钢线。

5）SJ/T11411—2010：铜包钢线。

三、铝包钢线

铝包钢线（Aluminum Clad Steel Wire）：由一根圆钢芯外包一层均匀连续的铝层构成的

圆线。

　　铝包钢线是在 1956 年由日立（Hitachi）电缆有限公司研制成功的。铝包钢线的出现，对架空用的导电材料是一种很好的补充，如在铝包钢芯铝绞线、铝包钢芯铝合金绞线和 OPGW 等方面的应用越来越广泛，在架空输电线路中做地线用。铝包钢线的生产工艺复杂，国内外先后出现了几种不同的生产方法，大致可分为如下几种。

　　（1）铝连续挤压包覆法　在钢芯上连续地、均匀地挤压包覆一定厚度的铝层，再进行同步变形拉伸而成为铝包钢线（本部分内容详见第 8 章金属导体连续挤制工艺）。

　　（2）热浸镀铝法　用热浸镀铝法生产的铝包钢线，一般镀层厚度不均匀，且镀层硬脆，不宜再加工，不适合应用于架空输电线路中。

　　（3）铝粉挤压烧结法　将铝粉挤压包覆在钢芯上，经烧结成为铝包钢坯，再经加工而成为铝包钢线成品。

　　铝包钢线的强度高、耐热性极好，因为其主体是钢材；铝包钢线的耐蚀性能优良，因为其表面有铝层保护；铝包钢线可以根据需要在较大范围内调整强度和电导率，因为铝连续挤压，可以在钢芯外包覆不同厚度的铝层。在同步拉伸的条件下，铝包钢线的铝/钢结构比、电导率、密度等基本参数是固定不变的。

　　1. 等级

　　铝包钢线定义为"LB14""LB20""LB23""LB27""LB30""LB35""LB4"七个等级，其相应的相对电导率为 14% IACS、20.3% IACS、23% IACS、27% IACS、30% IACS、35% IACS、40% IACS。

　　2. 铝包钢线的标称密度及截面标准比（见表 2-19）

表 2-19　铝包钢线的标称密度及截面标准比

等级	型式	20℃时标称密度/（g/cm³）	截面标准比（%）	
			铝比	钢比
LB14	—	7.14	13	87
LB20	A	6.59	25	75
	B	6.53		
LB23	—	6.27	30	70
LB27	—	5.91	37	63
LB30	—	5.61	43	57
LB35	—	5.15	52	48
LB40	—	4.64	62	38

　　3. 标称直径的偏差

　　铝包钢线直径与标称直径之差应不大于表 2-20 规定的数值。

表 2-20　铝包钢线直径偏差

标称直径	偏差
≤2.67mm	±1.5%
>2.67mm	±0.04mm

4. 最小铝层厚度

铝包钢线在任一处的最小铝层厚度应符合表 2-21 规定的要求。

表 2-21　铝包钢线任一处的最小铝层厚度

等级	最小铝层厚度
LB14	5%铝包钢线标称半径
LB20	标称直径在 1.8mm 以下，为 8%铝包钢线标称半径 标称直径在 1.8mm 及以上，为 10%铝包钢线标称半径
LB23	11 %铝包钢线标称半径
LB27	14%铝包钢线标称半径
LB30	15%铝包钢线标称半径
LB35	20%铝包钢线标称半径
LB40	25%铝包钢线标称半径

5. 抗拉强度

铝包钢线的抗拉强度应符合表 2-22 规定的要求。根据抗拉强度计算单根铝包钢线拉断力时，应使用成品线的实测直径。

表 2-22　铝包钢线的抗拉强度和电阻率要求

等级	型式	标称直径 d /mm	抗拉强度（最小值）/MPa	1%伸长时的应力（最小值）/MPa	20℃时的电阻率（最大值）/nΩ·m
LB14	—	$2.25<d\leqslant3.00$	1590	1410	123.15（对应于 14%IACS 电导率）
		$3.00<d\leqslant3.50$	1550	1380	
		$3.50<d\leqslant4.75$	1520	1340	
		$4.75<d\leqslant5.50$	1500	1270	
LB20	A	$1.24<d\leqslant3.25$	1340	1200	84.80（对应于 20.3%IACS 电导率）
		$3.25<d\leqslant3.45$	1310	1180	
		$3.45<d\leqslant3.65$	1270	1140	
		$3.65<d\leqslant3.95$	1250	1100	
		$3.95<d\leqslant4.10$	1210	1100	
		$4.10<d\leqslant4.40$	1180	1070	
		$4.40<d\leqslant4.60$	1140	1030	
		$4.60<d\leqslant4.75$	1100	1000	
		$4.75<d\leqslant5.50$	1070	1000	
	B	$1.24<d\leqslant5.50$	1320	1100	
LB23	—	$2.50<d\leqslant5.00$	1220	980	74.96（对应于 23%IACS 电导率）
LB27	—	$2.50<d\leqslant5.00$	1080	800	63.86（对应于 27%IACS 电导率）
LB30	—	$2.50<d\leqslant5.00$	880	650	57.47（对应于 30%IACS 电导率）

（续）

等级	型式	标称直径 d /mm	抗拉强度（最小值）/MPa	1%伸长时的应力（最小值）/MPa	20℃时的电阻率（最大值）/nΩ·m
LB35	—	2.50<d≤5.00	810	590	49.26（对应于35%IACS电导率）
LB40	—	2.50<d≤5.00	580	500	43.10（对应于40%IACS电导率）

6. 断后伸长率

铝包钢线应符合断后伸长率≥1%或总断后伸长率≥1.5%的要求。标距为250mm，在断裂后无负荷条件下或断裂时使用合适的引伸仪进行测量。

7. 电阻率

铝包钢线20℃时的最大电阻率应符合表2-22规定的要求。

8. 扭转性能

在100倍标称直径的长度上，铝包钢线应能经受≥20次的扭转而不断裂。

试样扭转断裂后，用肉眼或正常的矫正视力观察，铝层不应从钢芯上脱离。

9. 物理常数

铝包钢线的物理常数见表2-23。

表 2-23 铝包钢线的物理常数

等级	LB14	LB20		LB23	LB27	LB30	LB35	LB40
型式	—	A	B	—	—	—	—	—
最终弹性模量实测 /GPa	170	162	155	149	140	132	122	109
线胀系数 /(K^{-1})	12.0×10^{-4}	13.0×10^{-4}	12.6×10^{-4}	12.9×10^{-4}	13.4×10^{-4}	13.8×10^{-4}	14.5×10^{-4}	15.5×10^{-4}
电阻温度系数（α）/(℃$^{-1}$)	0.0034	0.0036	0.0036	0.0036	0.0036	0.0038	0.0039	0.0040

思 考 题

1. 金属材料分为哪两大类？非铁金属材料是指哪几种金属？
2. 随着温度的升高，金属的导电性能如何变化？
3. 铜、铝、铁的密度各是多少？
4. 影响铝导电性能的因素主要有哪些？
5. 什么是双金属线？举例说明其在裸电线行业中的应用特点。
6. 什么是超导体？超导体有哪些特点？
7. 什么是铝合金？架空裸电线中一般用哪些铝合金？
8. 请解释如下代号的含义：CCS-20A、LB20A。

第 3 章

铝杆制造——连铸连轧工艺

铝杆生产是裸电线及电缆导体制造的第一道工序。铝杆质量、产量、材料消耗量、能源耗费量等都直接关系到裸电线制造的综合经济效益。因此，铝杆的生产在电线电缆行业中的地位是很关键的。

铝导体的生产，自 1948 年意大利 Continuus 公司建立了世界上第一条用 Properzi 连铸连轧法生产铝杆的生产线以来，经过几十年的发展，目前世界各国铝杆生产几乎全部采用了连铸连轧法，并广泛应用于生产导电铝合金杆。主要设备制造厂有意大利的 Continuus 公司、法国的 Clecim 公司及美国的 Southwire 公司，这些公司已向世界各国出售多条连铸连轧生产线，用于生产铜、铝及其合金杆，这些设备均已形成系列。

我国在 20 世纪 70 年代初诞生了第一条用于铝杆连铸连轧的生产线，并迅速发展至遍及全国各地，先后已有数百条生产线，它对发展我国电线电缆用铝杆的制造，起到了举足轻重的作用。

我国现已掌握了电工铝杆制造的各项技术，并能在连铸连轧机组上生产电工铝杆及铝合金杆。

◇◇◇ 第 1 节 铝和铝合金的熔炼

一、熔炼工艺原理

1. 氢的溶解及氧化夹杂物的生成

（1）气体的溶解 铝及铝合金生产过程中对质量影响较大的气体主要是氢。氢的溶解称为吸氢。

在熔炼铝的过程中由炉气、炉料、耐火材料、熔剂、工具等带入铝液中的水分、乳浊液和碳氢化合物等都会使熔液中的含气量增加。气体溶于铝中会影响材料及其制品的质量，因此在铝熔炼末期要进行除气精炼。

（2）非金属夹杂物及金属夹杂物的生成

1）非金属夹杂物的生成。液态铝与 O_2、N_2、S、C 等元素发生化学反应而生成的化合物及混入的其他夹杂物，统称为非金属夹杂物。其中以三氧化二铝（Al_2O_3）的危害最大。

在搅拌与扒渣过程中，熔体表面形成的氧化膜受到破坏，混入熔体中形成夹杂物。因为氧化膜的密度与熔体的密度差不多，但表面积大，所以沉降速度慢，在铸造过程中随时都可能进入铸件中。

2）金属夹杂物的形成。炉衬的耐火材料化学成分一般为 MgO、Al_2O_3、SiO_2、Fe_2O_3、Cr_2O_3 等。在熔炼温度下金属与炉衬作用，不仅降低耐火材料的寿命，某些杂质还会与铝发生置换反应，污染熔体。

在一定温度下，铁制工具也会被熔体熔解。

各种原材料都含有一定数量的金属杂质，在生产过程中对原材料管理不当，造成混料、配料和补料等错误，也会导致金属的污染。

2. 精炼

精炼的目的在于控制金属的化学成分，提高制品的质量。

在熔化过程中，金属的污染是不可避免的，如氧化、吸气、混入夹杂物等，这些都是造成制品质量问题的根源。因此精炼过程中必须最大限度地消除或降低这些污染，保证铝液的净化度。

精炼分为物理精炼和化学精炼两类。

物理精炼是依靠物理作用达到精炼目的的精炼方法，它对全部铝液有精炼的作用，因此效果较好。物理精炼具体又可分为真空精炼法、超声波处理法、凝固法等。

化学精炼是依靠精炼剂产生的吸附作用来达到去除氧化夹杂、气体的效果，因此也称吸附精炼。化学精炼作用仅发生在吸附的液面上，不能对全部铝液发生作用，其效果受到一定的限制。化学精炼具体又可分为气体精炼法、熔剂精炼法、熔体过滤精炼法三种。

连铸连轧生产工艺中多采用化学精炼。

（1）气体精炼法

1）惰性气体吹洗法。所谓惰性气体，是指不与熔体发生化学反应而又不溶解的气体。生产中经常使用氮气（N_2）。

实践证明，通入氮气精炼的效果并不显著，为提高铝液质量，最好采用氯气与氮气混合进行精炼。

2）混合气体吹洗法。与惰性气体吹洗法相对应，有活性气体（能与金属熔体发生化学反应而生成不溶于熔体的气体）吹洗法，经常通入氯气（Cl_2）来进行除气，其精炼原理与氮气吹洗法相同。但由于氯气有毒并对环境有污染，因此在实际生产过程中多采用混合气体吹洗法。

所谓混合气体，就是惰性气体与活性气体混合使用，既克服了两者的缺点又发挥了优点，除气效果好，成本低，是值得大力推广的方法。

经常使用 N_2+Cl_2+CO 的混合气体进行除气处理，在铝液中有如下反应：

$$2Al+3Cl_2=2AlCl_3\uparrow$$

$$2Al_2O_3+6Cl_2=4AlCl_3\uparrow+3O_2$$

$$O_2+2CO=2CO_2\uparrow$$

反应物和生成物 N_2、CO、CO_2、$AlCl_3$ 等气体都有精炼作用，还能熔化部分 Al_2O_3，明显提高了精炼效果。这一方法比单独使用某一种气体除气的效果要好，且对环境的污染小。三气精炼所需时间比单一气体吹洗法所需时间可缩短一半。

3）氯盐除气法。这种除气方法主要通过反应产生的气体进行除气，但有些氯盐与铝液反应后生成的金属，作为有害杂质存在于熔液中，这是对熔炼不利的，因此要有选择地利用。

4）无毒精炼。近年来，国内外使用和推广无毒精炼剂已取得很好的效果。科研人员提出了下述方法：将 $NaNO_3$（42%，质量分数）、石墨粉（8%，质量分数）、耐火砖屑（50%，质量分数）混合制成块状的无毒精炼剂，使用时用钟罩将其压入铝液中。其反应式为：

$$4NaNO_3+5C=2Na_2CO_3+2N_2\uparrow+3CO_2\uparrow$$

N_2、CO_2 在上浮过程中起精炼作用。精炼结束后，$NaNO_3$ 和石墨粉全部燃烧，只留下带有空洞并烧结成块的耐火砖残渣，完整地上浮至铝液表面。

（2）熔剂精炼法　在熔融金属表面覆盖熔剂或在金属熔体中加入熔剂是去除固体杂质和氧化炉渣的主要方法。熔剂除渣是金属精炼的重要方法之一，尤其对不宜采用氧化精炼的铝及铝合金比较适用。

根据氧化夹杂物密度与金属密度之间的关系等情况，可采用上熔剂法、下熔剂法和在整个金属熔体内使用熔剂的处理法。若轻金属及其合金的密度小，则采用后两种方法。

1）熔剂精炼机理。熔剂除气、除渣功能是通过使气和渣与熔体中的氧化膜及非金属夹杂物发生吸附、熔解、化合造渣等作用实现的。

①吸附作用。熔融的熔剂在固相（夹杂物）界面及液相（熔融金属）界面上的表面张力决定了熔剂的吸附能力。熔剂在金属液面上的表面张力越大，越容易和金属液体分离。熔剂在夹杂物界面上的表面张力小时，熔剂便能最大限度地湿润和吸附夹杂物。夹杂物进入熔剂后便比处理前有更大的上升或下降的能力，从而将它们从金属液体中除去。

②溶解作用。熔剂与氧化物的分子结构和某些化学性质接近时，则在一定的温度下就可能互溶。如阳离子相同的 Al_2O_3 和 Na_3AlF_6 就有一定的互溶能力，随冰晶石含量的增加，氧化铝的溶解能力将加强。所以在熔剂中加入冰晶石后，熔剂就具有溶解夹杂物的能力。

③化学造渣。在铝精炼过程中，常用氯盐作为熔剂，熔剂与铝液将发生置换反应：

$$3MeCl+Al=AlCl_3\uparrow+3Me$$

生成的 $AlCl_3$ 可对铝液产生除气作用；被置换出的金属元素进入合金，成为杂质，但有些被置换出来的金属元素对合金起细化晶粒的作用。

有些和铝不起置换反应而生成 $AlCl_3$ 的氯盐，特别是碱性金属的卤素化合物，与 Al_2O_3 结合后非常稳定，往往是铝及铝合金熔炼时最好的除渣剂，除渣的同时具有一定的除气效果。

为了降低熔剂的熔点和获得良好的工艺性能，需配置多种成分的熔剂。如 KCl、NaCl 组成的低熔点二元熔剂，其共晶成分的熔点只有 650℃，表面张力小，是常用的覆盖剂。有时为使熔剂具有溶解氧化物的能力，在易熔的氯盐混合物中加入氟盐，一般加入 CaF_2 或 Na_3AlF_6 等。

关于熔剂的除气机理大致可理解为两个方面：一方面熔剂对氧化铝膜有溶解、吸附等作用，从而改变了铝液表面氧化铝膜的性质或摧毁了表面氧化铝膜的完整性，促进了周围介质中氢与熔体中氢之间建立平衡的过程，使除气效果大大增加；另一方面氟盐及冰晶石的存在，使得一部分表面的氧化铝被还原：

$$6NaF+Al_2O_3=2AlF_3+3Na_2O$$

在氧化膜被摧毁的情况下，氢就可以向空气中自由扩散，从而达到除气的目的。

可以认为在铝及铝合金的熔炼过程中，熔剂具有覆盖、除渣及除气的功能。

2）对熔剂的要求。

①能溶解和吸附氧化夹杂物，特别是 Al_2O_3，并能促进金属液中气体成分的去除。

②吸湿性小，没有含氢的物质。

③熔剂不应与金属液及炉衬发生化学反应，即使与金属液起化学反应，也只能产生不溶

于金属的惰性气体，但熔剂也不能溶解在液体金属中。

④熔剂的溶解温度应低于金属的溶解温度。

⑤在溶解温度下，熔剂的密度应低于金属液的密度。

⑥有良好的流动性，容易在铝液表面形成连续的覆盖层。

（3）熔体的静止和过滤精炼法　熔体的静止也是一种提高铝液质量的方法。静止就是利用熔体与夹杂物之间的密度差，使夹杂物上浮或下降而达到净化的目的。夹杂物在金属液中上浮或下沉所需时间，即静止时间，取决于金属液的黏度、夹杂物的形状尺寸及相对密度。静止时间一般以 20~40min 为宜。随着静止时间的延长，金属会继续氧化、吸气。

对于颗粒微小、分散度高的氧化夹杂物，仅靠静止时间的延长是无济于事的。可通过中性或活性材料制成的过滤器，使熔体中处于悬浮状态的夹杂物受到机械阻隔或与材料起化学反应而达到分离排除的目的。

1）网状过滤。让熔体通过网状过滤器（通常由玻璃丝或耐热金属丝制成），使夹杂物受到机械阻隔从而与熔体分开。该方法对分离颗粒较大的非金属夹杂物较为有效。

2）块状过滤器。这种过滤器通常由不同的块状材料组成。它的过滤效果可比网状过滤器高 2~4 倍。这是因为熔体与过滤器间有较大的接触面积，当通过具有变化截面的细长孔道时，熔体在其中以不同的速度流动，形成了低压涡流，提高了过滤效果，同时也为可能的化学反应创造了条件。

（4）稀土优化综合处理　稀土优化综合处理技术由稀土优化处理、硼化处理、控铁处理组成。

1）稀土优化处理。常用稀土含量（质量分数）为 10% 左右的铝-混合稀土中间合金对铝液进行处理。

稀土元素在电工铝中可降低硅对电导率和工艺性能的有害影响。是否采用稀土和采用多少稀土要由原材料成分和配料结果而定。稀土的加入量要和配料中的 Si、Fe 等的含量相匹配，以保证导体性能，特别是电导率。一般硅含量高，加入的稀土量要大，硅含量（质量分数）在 0.09%~0.13% 时，用稀土处理效果最好。稀土的加入量不仅与硅的含量有关，而且和稀土的含量也有关。

在连铸连轧工艺中，采用稀土优化处理方法还可以细化晶粒，改善材料对热裂的敏感性。

2）硼化处理。在铝液中加入氟硼酸钠或氟硼酸钾进行精炼处理称为硼化处理。

硼在铝中可以降低 Ti、V、Mn、Cr 微量元素杂质对电导率的影响。在熔炉和保湿炉之间设有预处理装置，在 700℃ 左右时加入硼合金，硼-铝合金应均匀地熔于铝液中，同时应使硼化剂和 4 种微量元素有足够的反应时间和沉淀时间。硼化剂的加入量与 4 种微量元素的含量有关。生产实际中，4 种微量元素含量（质量分数）总和大于 0.01% 时需进行硼化处理。微量元素含量越大，硼化剂加入量应越多。硼化处理除能提高铝材的电导率外，细化晶粒的作用也很明显。

3）控铁处理。控铁处理的目的是在尽量少降低铝电导率的条件下增加铝导体的强度，在铝中加入少量铁，虽然热轧铝杆强度提高并不明显，但经过冷拉的硬铝线可以增加强度。另外，在稀土存在的条件下，铁硅比对热裂的影响并不敏感，因此无须强调铁硅比不小于 1.3 的传统观念。可更多地在热轧铝杆和冷拉硬铝线时调整工艺参数以控制成品线的抗拉强度，这对拉制粗的硬铝线更有意义。

将铝稀土、铝硼和铝铁中间合金作为辅助材料加入，根据原材料和可能的配料结果，可以采用一种或几种处理方法，以保证取得最佳的技术经济效果。

3. 熔化

熔化过程中温度的控制是实现物理和化学变化的必要元素。熔炼过程必须有足够的温度，以保证各种金属元素充分熔化。温度越高熔化速度越快，同时也使金属与炉气、炉衬间的作用时间缩短。可见，金属在炉气中暴露时间与金属内部的气孔等缺陷的形成是有关的。

另外，过高的温度容易发生过热现象，特别是使用火焰炉熔化，由于火焰直接接触炉料，导致气体侵入的机会增加。同时温度越高，使金属与炉气（炉衬）等相互作用的反应也越快、越安全，这就造成了金属的损失及质量的降低。

熔炼铝及铝合金，一般倾向于在较低的温度范围内进行。实际生产中，熔化温度控制在 ≤760℃ 为好。因为温度越高，气体在金属中的溶解度也越高。

由于在导体铝合金中有合金金属存在，所以在熔化过程中会造成合金元素的氧化烧损。烧损不但取决于合金元素本身的氧化性，而且与所用材料种类和加料方法有关。为平衡损失量，配料时多取成分的上限。为减少烧损，一方面在熔炼过程中使用覆盖剂，并增加取样次数，随时添加补料；另一方面应尽量缩短熔炼时间。

4. 搅拌及扒渣

熔炼铝及铝合金时，为使其成分均匀，搅拌是非常重要的。而利用冲天炉快速熔化时，在精炼过程中要进行充分的搅拌，以保证成分均匀。

熔化后表面漂浮有大量的氧化渣，这些浮渣必须在熔炼过程中除去，以免进入制品内造成缺陷或废品。

二、熔铝炉设备

1. 熔铝炉的种类与结构

常用的熔铝炉有火焰反射炉、冲天炉（竖炉）、坩埚炉和电炉。火焰反射炉和冲天炉主要用作熔铝炉；电炉主要用作保温炉。

（1）火焰反射炉　燃料燃烧产物在炉内部的炉顶、侧墙和金属表面自由流过（刚装完料时，炉气不穿过炉料），由于炉气的导热能力差，在某种程度上可由炽热的炉顶及侧墙的辐射热所补偿，即利用其反射热，故称其为火焰反射炉。火焰反射炉的主要特点是靠辐射传递热量，实际炉内是以辐射和对流给炉料传热的，再以传导方式由表及里传热至熔池底部金属。图 3-1 所示为火焰反射炉的结构简图。

（2）冲天炉（高速熔炉）　冲天炉的特点是热效率高，一般火焰反射

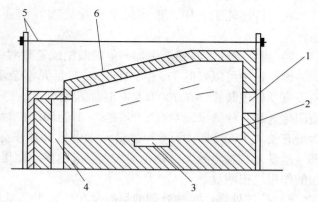

图 3-1　火焰反射炉的结构

1—扒渣口（装料口）　2—炉底　3—出铝口

4—烟道　5—铁板及钢槽　6—炉顶

炉的热效率仅为 15%~20%，而冲天炉的热效率可达 50%~60%。

冲天炉熔化速度快，能连续作业。加料以后，由于热烟气从炉料空隙流过，对炉料进行预热，故熔化炉料所需热量大大减少。另外，炉料所携带的水分也可在炉料熔化前干燥，进一步改善铝液质量。冲天炉通过流槽与保温炉相连，熔化后的铝液自动注入保温炉。冲天炉提高了熔化速度，减少了烧损（氧化）与夹杂物，提高了效率，因此已被线缆行业广泛采用。图 3-2 所示为冲天炉结构简图和实物图例。

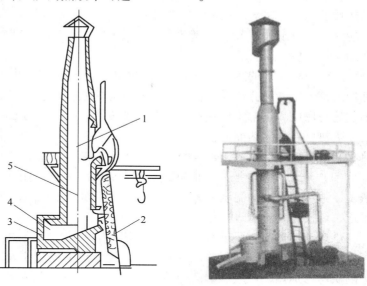

图 3-2　冲天炉结构和实物
1—投料口　2—装料机　3—烧嘴　4—前床　5—炉膛

（3）电炉　电炉又称电阻反射炉，是利用通电的悬挂在炉顶的电热体的热辐射来加热和熔化金属的，通常做保温炉使用。

电炉按结构可分为固定式和倾转式两种。图 3-3 所示为倾转式电阻炉的结构简图。

电炉的优点是容量大；炉气稳定，金属液吸气少，操作简便，炉温控制方便，适合大批量生产。但电炉在生产过程中耗电量大，生产效率低；电热体的使用寿命短，维修费用高。

2. 炉体材料及炉体加工

熔炉、保温炉在生产过程中要承受较高的温度及压力，因此对筑炉材料结构有较高的要求。

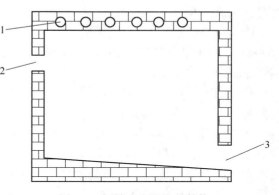

图 3-3　倾转式电阻炉的结构
1—电热体　2—进铝口　3—出铝口

筑炉材料主要有隔热材料和耐火材料。

（1）耐火材料　耐火材料是能够承受高温及高温下产生的物理化学作用的一种特殊的建筑材料。耐火材料按耐火度（材料在高温下抵抗熔化的性能）可分为普通耐火材料（耐火度为 1580~1770℃）、高级耐火材料（耐火度为 1770~2000℃）和特高级耐火材料（耐火度大于 2000℃）。

熔铝炉常用耐火材料主要有黏土砖、高铝砖、轻质黏土砖等。总的来说，为保证耐火材料的使用寿命，要求耐火材料符合"三耐""三小""两好"的要求：三耐，即耐高温（包括温度波动）、耐侵蚀、耐压；三小，就是气孔率小、残存收缩小、尺寸公差（指耐火砖的尺寸公差）小；两好，指耐火砖的外形好（无缺角、缺边），断面好（组织结构均匀）。

（2）隔热材料　由于耐火砖具有导热能力，所以通过它的传导，使炉的热损失约占炉总热量的 10%~20%。为减少炉热损失，必须在耐火材料的外层加砌隔热材料。隔热材料不仅能够降低热损失，节约能源，而且有利于保证炉内的温度、热功工作制度，并能改善炉周围的工作环境。

隔热材料对炉的热功工作制度是有利的，能提高整个耐火层的平均温度，因此对高温熔炼炉的砌体寿命又会造成不利的影响。因为炉渣、炉气等对砌体的侵蚀是与温度成正比的。不过这与保证炉正常工作获得良好的产品质量，改善劳动强度是相符合的。

隔热材料的导热能力很低，其气孔率一般为 70% 以上，体积密度在 0.5g/cm³ 以下；隔热材料的机械强度很低，砌筑时必须留足膨胀缝，以免高温下砌体膨胀而破裂。

（3）烘炉　烘炉按一定的规则砌筑好之后，应连续进行烘烤、加热，使砌体中的水分蒸发，并达到一定的温度后方可投入生产；若烘炉不能立即投入生产，则应先烘烤，使砌体干透，待投产时，再进行加热。

烘烤与加热前，要进行试运行和调整，检验炉门闸板、开闭器和阀门等；检查供油和供气系统；对冷却系统试压并供给循环水；检查热工控制仪表。检查调整合格后才可以加温。炉的烘烤与加热，一般从烟囱开始，然后是烟道和其他部位，最后烘烤炉膛。

3. 附属设备

（1）装料机　冲天炉的装料形式有提升式中心装料和提升式翻斗装料两种。前者对装大块料较好，可避免砸伤炉膛内壁，但机构复杂，需一套辅助的横向进给装置。

（2）供气设备　供气设备的主要作用是将燃烧所需的空气供入炉内，以满足炉连续生产对空气流量和压力的要求。

1）离心式风机。离心式风机可分为低压（小于 1000Pa）、中压（1000~3000Pa）、高压（3000~15000Pa）风机，风量调节范围广。此种风机结构简单，维护方便，但风量不稳定，随管道阻力变化而变化。

2）定容式风机。定容式风机由机壳及截面为 8 字形的两个柱体（转子）组成。风机外壳为两个半圆形的金属壳，而两个柱体呈互相垂直状态安装在两个平行轴上（一个主动，一个从动），借助一对等速齿轮带动以等速反方向转动。两柱体之间及两柱体与机壳间均保持很小的间隙。当两柱体转到直立位置时，就将一部分气体封闭在机壳与左柱体之间。定容式风机的最大特点是风机出口处的风压随管道的阻力增加而升高，但风量保持不变。定容式风机的风量、风压可在大范围内调节，适于供风稳定的冶金炉等设备。

（3）排烟装置　排烟装置将炉内产生的烟气及时排到大气中去，以保证炉子的正常连续生产和保护工作环境卫生。排烟装置包括烟道、烟囱等。

1）烟道。烟道起连接炉和排烟的作用。在烟道上设有闸板，可调节炉内压力，以保证炉在正常压力下工作。

2）烟囱。由于烟囱内存在着较轻的热烟气，外部存在着较重的冷空气，这样就形成了空气的对流，烟囱底部的烟气就会自动地向上流动，排入大气。烟囱的抽力与高度成正比，通过增加烟囱的高度来增大抽力是有效的。夏季空气的气压低，烟囱的抽力会降低 15%~30%，因此设计烟囱高度时，应根据夏季最高气温进行。同样，阴雨天的气压下降，烟囱的抽力也会降低 10%~15%。

（4）燃烧装置　国内线缆行业熔炼中多以重柴油和煤气为主要燃料。为适应不同的燃料，应使用不同的燃烧装置。

1）重柴油燃烧装置。重柴油又称渣油或燃料油，是原油经蒸馏、分离出沸点较低的汽油、煤油等后剩下的残渣油。

重柴油燃烧装置为燃油喷嘴，其主要作用是雾化，在雾化的基础上实现重柴油与空气的混合、点火及燃烧反应。重柴油喷嘴的结构原理基本上相同，实际上就是两根同心管，重柴油通过里面的细管流出，而雾化剂通过内、外管子之间的环形截面喷出，与重柴油相遇，由于相对运动的结果，重柴油被分散割裂成颗粒细小的油雾。雾化剂喷出的速度越快，则雾化颗粒越细小。转杯式喷油器对油的种类、炉型的适应性较强，这是因为其杯口断面大不会被阻塞，故对劣质油的适应性较强。同时炉内辐射给转杯的热量可使重柴油得到进一步加热，有利于油的雾化与蒸发，故油的加热温度可适当降低。转杯式喷油器的油量、风量调节比较简单，开炉点火容易，火焰稳定，燃烧充分，不冒黑烟。与其他类型的喷油器相比，其雾化所需的动力比较小，能进一步达到节油省电的目的。

2）煤气燃烧装置。煤气是多种气体成分的机械混合物。气体燃烧的特点是气体以分子状态游离存在，故燃烧时易与空气混合，燃烧温度、炉内气氛、火焰长度和燃料消耗都易于控制，且输送方便、干净，因此气体燃料优于固体和液体燃料。

①煤气燃烧装置的分类。煤气燃烧装置为煤气烧嘴，煤气烧嘴分两大类：有焰烧嘴与无焰烧嘴。有焰烧嘴的特点是煤气与空气边混合边燃烧，混合速度慢，故火焰传播速度也较小，产生较长的火焰，并有明显的火焰轮廓。供应这种烧嘴的煤气压力较低（0.0067~0.04MPa），所以又称低压烧嘴。无焰烧嘴的特点是煤气与空气在燃烧装置内部预先混合好再进行燃烧，燃烧能在很短的时间内完成，故生成的火焰很短，甚至没有火焰。这类烧嘴要求煤气具有很高的压力（0.1333~0.2MPa），又称为高压烧嘴。

②煤气燃烧的安全防范。煤气成分中含有剧毒的 CO 气体，使用过程中必须注意防止中毒；此外，煤气燃烧过程中存在着爆炸的危险，故进行燃烧操作应高度重视安全。

预防爆炸的措施：注意易引起煤气爆炸的操作。煤气爆炸事故多发生在点火的时候，所以点火时应高度注意安全。

（5）保温炉　保温炉容量采用 10t 或 20t，同时配置两个，相当于 2~3h 轧完一炉，这样做既可保证正常的连铸连轧，又可保证铝液不在炉内停留过长的时间，避免造成成分偏析。

保温炉采用不粘铝浇铸料，可以保证在热态下能较干净地清理熔池，不会给下一炉造成成分交叉污染及给下一炉的重量评估造成影响。老式的保温炉采用高铝砖砌筑，铝渣会渗透进砖缝挂在墙上，在热态下无法清理，时间一长，熔池的容量就会变小。

保温炉采用液压倾动式，这种方式的优点是在放流时不会像固定炉一样产生翻滚，造成二次吸气及夹渣，有利于提高熔体的质量；同时倾动炉配上激光控流装置可以实现铝液流量的恒定及压力的恒定，具有优质的铸造效果。

保温炉采用自动烧嘴（烧热煤气不行），能有效地控制铝液温度的恒定，给铸造提供恒定的铝液温度，便于铸造温度的控制。

（6）永磁搅拌机　它是利用磁场使铝液产生圆周搅拌运动（也会有翻滚）达到使铝合金成分均匀的目的。由于炉的工作环境温度高，传统的靠人工搅拌是很难保证成分均匀性的，永磁搅拌机可自动搅拌且成分均匀，实际使用效果较佳。

（7）过滤装置

1）网状过滤器。大都采用玻璃丝网，也有利用陶瓷纤维布与耐热金属丝的，一般网孔面积不能小于 $0.55mm^2$。

2）块状过滤器。大都采用刚玉氯化物、氟化物等，经破碎后直径大小为 5~10mm，在700℃以上焙烧，排除湿气。滤层厚度在 80~100mm。这种方法比网状过滤程度可提高 2~4 倍。

3）除气与除渣联合处理装置。该装置是联合使用气体吹洗法与块状过滤器的装置，即熔体在通过熔剂和包覆熔剂的块状过滤器的同时，还要经气体的吹洗除气处理。具有代表性的是英国的 FILD 装置与美国的 Alcoa "469" 装置。

三、操作工艺

1. 熔炉铝液配比

配料时一般选择符合国家标准的材料，电线电缆生产一般以铝含量（质量分数）为99.7%及以上的重熔用铝为基础，并限制硅及其他有害杂质的含量。理论上难以将高含硅量的铝直接用作电工用铝料，必须在成分上进行适当的调配或在工艺上适当改善，降低含硅量至最低值，然后调整铁硅比。在配料过程中可以适量地加入废铝线、废铝铸条等，其加入量一般不超过炉料总量的 10%（质量分数）。

稀土及硼化处理过程中，稀土及硼元素要以合金的形式加入，有利于加入元素均匀分散到熔体中。

配料时要进行细致的计算，保证铝料的纯度：同时要保持较低的含硅量，并控制铁硅比在 1.4~2.5，因此铝锭与废料的成分分析就显得十分重要。

2. 熔炼温度、速度

熔炼过程中温度的控制是实现金属物理和化学变化的必要条件。熔炼过程中必须有足够的温度，以保证金属中各元素充分熔解。温度越高熔化速度越快，同时也使金属与炉气、炉衬间的作用时间缩短。

一般熔化铝时多倾向于使用较低的温度。实践证明，熔化温度以≤760℃为好，通常控制在 720~750℃。

3. 静置

铝液精炼后，需静置 20~45min 才能出炉，同时要进行化学成分的快速分析，一旦成分合格，就要调整好出炉温度，一般应控制在≤740℃。

必须指出，随静置时间的延长，金属会继续氧化，熔体会逐渐变稠，结晶颗粒也会增大，所以静置一般不得超过 1h。如需较长时间静置，应在铝液表面覆盖一层熔剂。

4. 搅拌、扒渣

连铸连轧生产线一般采用竖炉熔化铝，这种炉的优点是热效率高，熔化速度快，但由于熔化温度难以精准控制，会造成熔化质量不高，氧化损失较大，因此在熔化过程中要定期进行扒渣（前床部位）。另外，由于这种炉对熔化后的炉料没有混合作用，所以在流入保温炉时要进行充分搅拌，以保证铝液成分的均匀性。

连续生产时前床每隔 2h 扒渣一次，同时要经常注意调整炉内火焰，以保证炉内具有微氧化性气氛，要求凭经验控制炉内气氛，即控制炉内为乳白色没有明亮火舌的火焰。

5. 操作过程中的注意事项

炉料的成分、几何形状、装料方式不仅关系到熔炼的时间、金属的损耗、热量的损耗，还会影响到金属的熔炼质量。

竖炉熔化由于边熔边流入保温炉而不加搅拌，其混合效果不好，因此对原材料要求成分一致。如果混装成分不同的炉料，在精炼过程中必须进行很好的搅拌，否则铸锭成分不一，性能差别较大。

竖炉的特点之一是料层能充分预热，提高了热效率，因此要求料块不宜过大，应具有良好的封火性，保证炉内的微正压，使废气充分利用，提高熔解速度及质量。

在铝合金的熔炼过程中，所遇到的第一个问题是合金元素的烧损，损失量不仅与合金元素本身的性质有关，也与加料的方法有关。为平衡损失量，配料时应多取上限成分。为减少烧损，在熔炼过程中应用覆盖剂覆盖，并增加取样分析次数，随时加入补料。

◇◇◇　第 2 节　连续浇铸

一、设备

铝杆连铸连轧的浇铸过程是在连铸机上进行的，连铸机是连铸连轧生产线上的关键机构。这种机构通常为轮带式连铸机。

1. 连铸机

轮带式连铸机主要有两轮式、三轮式、四轮式、五轮式。连铸机由结晶轮、张力轮、压紧轮、钢带、冷却装置、中间浇包及送锭滚道等构成。

结晶轮的凹槽与钢带组成的空间就是铸条的形状，铝液不停地浇铸在这个空间中，同时结晶轮内侧和钢带外侧均能进行强迫水冷，铝液快速冷却结晶，结晶轮与钢带在电动机的带动下不停地转动，铝铸条在钢带与结晶轮分开的地方引出，经引锭装置和导卫板进入连轧机。铸机与轧机之间的速度配合由速度调节装置予以控制。

结晶轮的结构及冷却装置：结晶轮一般是直径为 1.4～2.5m 的纯铜轮。结晶轮两侧做成锯齿形状，以利于散热。这种独特的结晶轮结构有如下优点。

1）强度大，刚性好，不易变形。

2）采用螺栓和碟形弹簧等紧固件，故安装、拆卸都很方便。更重要的是，碟形弹簧的使用，可使结晶轮受热时不产生内应力，延长了使用寿命。

3）冷却效率高，以侧面冷却取代内冷却。由于结晶轮截面呈 Y 形，所以冷却区表面冷却均匀，无死角。

2. 浇包

浇包是法国 SECLM 公司最早采用的方法。敞开式浇包用钢板做成，其浇口形状与结晶轮槽形相似，并以氧化铝板做内垫层，在浇口及靠近浇口处的厚度为 1mm，向后逐渐加厚至 3mm。在浇包浇口与结晶轮槽底相交处，放置有 1mm 厚的氧化铝纤维垫层，借以密封，防止铝液沿结晶轮边缘倒流。

浇包的浇铸方式直接影响铸件的质量。最早采用倾斜浇铸，后改为垂直浇铸和多工位浇铸。现在应用较广范的是水平浇铸。由于铝与氧的亲和力较强，采用水平浇铸，铝液能很平稳地注入结晶轮铸槽中，不会产生破坏铝液表面氧化膜的湍流，提高了铸件的质量。

3. 辅助装置

（1）钢带　钢带的主要作用是覆盖在结晶轮上，形成铸槽。钢带的材质为低碳钢，厚度为 2mm 左右。钢带的接头要切成 30° 的倾角，通过电弧焊进行错缝焊接。

（2）双浮阀液位控制装置　浇铸液位的高低影响着铸件的质量。液位过高，金属液容易倒流，严重时会造成铸件表面产生飞边，进入轧机会影响铝杆质量；当液位过低来不及补充时，则会出现空心锭，严重影响铸件的强度，造成裂纹甚至断裂。目前普遍采用双浮阀系统来控制浇铸的液位。浮子的重量为重锤所平衡，当浇包的液位变动时，随着浮子的升降，便可以关闭或开启下流槽的浇口，并自动调节铝液的流出量。通过两套浮阀可以控制结晶轮铸槽中的液位。上流槽中铝液的补充是通过浮子和接触器的作用，由液缸将保温炉调整一定的角度，以控制保温炉供给上流槽的铝液量。

（3）线速调节装置　线速调节装置主要通过一个线速传感器来控制铸机与轧机之间的速度是否同步。其工作原理为通过一个杠杆，一端装有导轮，轮子压在铸件上，另一端装有重块，杠杆的转动轴心与一个调整机构相连接。铸机与轧机之间的铸件由重力形成弧形，因而两设备之间的速度差将会形成铸件的张紧与松弛。张紧则反映轧机速度大于铸机速度，而杠杆压在铸件上的一端抬起，随之调整机构调整电压下降，这样轧机速度放慢，使轧机速度接近铸机速度；反之，当铸件松弛时，调整轧机速度，使轧机速度稍快，达到速度同步。在杠杆的上、下两极限位置处配有两个极限开关，以便在失控时停机，保护设备不被损坏。

（4）液压剪　由连铸机铸出的铸件，在进入轧机前，必须将其由于工艺尚未稳定而造成的质量缺陷剪掉。另外，当轧机出现短时故障时，也可用液压剪剪断铸件，而不致使铸机与炉因短时间停机和堵流，造成不必要的损失。液压剪中的液压油经液压泵泵出后，经过滤装置，通过一个三位四通电磁阀进入液压缸，当油正向进入液压缸时，推动活塞向前运动，并带动活塞端部安装的剪刀片定向移动，进行剪切；剪切完毕后，操纵电磁阀使液压缸中的液压油换向，液压油即反向进入液压缸的另一侧，使剪刀片退回原来的位置。

液压剪属于压力设备，使用前应对液压剪的软管进行检查，防止漏油或崩开，特别是当液压剪工作压力较大时，应注意安全。

二、操作工艺

1. 浇铸温度与浇铸速度

浇铸温度与浇铸速度是浇铸过程中的两个重要参数。一般浇铸温度应控制在 690 ~ 710℃。流槽不宜太长，一般不大于 4m。一般需测定流槽降温的具体数据，以确定保温炉的温度。

浇铸速度必须与冷却强度很好地配合。铝液通过结晶轮进行热交换，所以结晶轮的导热能力直接影响浇铸速度的确定。纯铜结晶轮是很理想的，但由于其铸造加工与切削加工都比较困难，因此向铜内加入少量的磷元素以改善其制造工艺。

关于浇铸速度，由于结晶轮材质和结构已经确定，冷却水进水温度一般也是固定不变的，而冷却水出水温度，由于热交换时间很短，温升很小，因此其变化也不大，所以提高浇铸速度的主要方法是增大冷却水量或提高热交换系数。提高热交换系数是主要的，由于结晶轮表面与冷却水接触，热交换过程会在结晶轮表面形成一层蒸汽膜，影响热交换的正常进行。为了提高热交换速度，应加大冷却水压力，改变冷却水的喷射方向，来冲破这层蒸汽膜，提高浇铸速度。

浇铸速度一般控制在 9～12m/min。由于铝液在结晶器中收缩较大，因此在浇铸开始阶段不宜强烈地急冷，急冷的冷却区应在结晶轮上钢带包角的中部，因为尽管急冷的冷却水喷向结晶轮与钢带，但由于铸件的收缩，其与结晶器内壁形成空隙，降低了导热能力。当铸件快要离开结晶器时是根据铸件给定温度来进行调节水量的，即保证铸件离开结晶器的温度保持在 510～530℃，水压一般为 0.5～0.6MPa。

2. 液位控制

在连铸连轧生产中，铸机的液位控制是非常重要的，它影响铸件质量和整个流水线的正常运行。如果采用人工控制，由于操作条件恶劣，会人为带来浇铸条件的变化，影响正常生产。现在线缆行业已普遍采用双浮阀液位控制系统，通过液位的自动控制来保证浇铸的稳定性。

3. 操作注意事项

1）干净的铝液流经或接触的浇包、流槽、工具必须用涂料涂好并干燥，表面必须光滑，避免铝液再次被污染。

2）浇铸过程中流股要稳定，不能破坏流股表面的氧化膜。

3）浇铸温度必须控制在 700℃±10℃，液面必须保持稳定，上下波动不超过 20mm，严防断流及湍流。

4）根据铸条温度随时调节好水量，以保证铸件温度在 490～520℃。

5）铸槽表面应涂覆动物油，禁用其他油类。

6）铸槽表面必须保持光滑，不准有裂痕、凹凸现象，以防在冷却收缩时产生裂纹。

7）钢带必须平直，保证不漏铝液、不渗水。

8）冷却水嘴要经常清理，以免堵塞，硬水应进行软化，减少结垢等现象的发生。

三、故障及防治方法

常见故障如下：

1）液位控制失灵造成锭块有大的飞边，此时不能继续铸造，需用滚剪机或液压剪剪断铸条，重新生产；若飞边较小，则用手持刮刀削去飞边，可连续生产。

2）钢带跑偏，严重变形造成漏水无法继续浇铸，此时需用滚剪机或液压剪剪断铸条，重新生产；若飞边较小则用手持刮刀削去飞边，可连续生产；漏铝液严重则需停止放铝液，重新处理好铸机部分，待故障排除后方可重新浇铸。

其他质量故障及防治方法如下：

1. 疏松

疏松是一种最常见的缺陷，它以极细小的针孔状态存在，一般借助于显微镜做低倍放大观察即可发现细点状的小孔。

疏松的成因大致有两种：一是铸件凝固收缩时造成的缩孔；二是金属内所溶解的气体在铸件降温结晶过程中析出而生成气眼。缩孔与气眼可从外观加以区分：缩孔呈多角形且发暗，而气眼多呈圆球形而发亮。

气眼是产生疏松缺陷的主要原因，而在连续铸造过程中，铸件的缩孔对产品质量的危害也是不容忽视的。缩孔的产生与浇铸温度、速度以及冷却效果等条件是密不可分的。

为防止疏松，在减少熔体气体含量的同时，应选择适当的浇铸温度、速度，提高冷却效果。

2. 裂纹

浇铸后的铸件可能产生两种裂纹：表面裂纹和内部裂纹。按裂纹产生的原因又可分为热裂纹和冷裂纹。

热裂纹是在温度较高的结晶过程中，在金属供流不均，冷却水流变化较大时，在水流较弱处可能产生连续性的热裂纹。冷裂纹一般发生在铸锭温度较低的弹性状态，收缩应力集中到某些薄弱处（如夹渣、成层热裂纹处），超出金属的强度或弹性极限，造成冷裂纹。

裂纹的排除方法是适当降低浇铸速度和金属温度；冷却水必须喷射均匀；控制浇铸工艺参数，包括浇铸速度、金属液温度、冷却水温度、水量、水压；经常检查冷却水喷嘴，发现问题及时清理。

3. 偏析

偏析是合金凝固后，铸件中各区域化学成分的差异。偏析大致有三种形式：晶内偏析、重力偏析和区域偏析。无论哪种形式的偏析，都会对铸件质量产生极坏的影响。

目前偏析缺陷只能通过工艺的改善来解决，主要有以下几种方法：

1）加强冷却。任何有利于加强金属在凝固过程中的激冷强度的条件，都有利于减少偏析倾向。如选择适当的浇铸速度、合理的冷却速度等，都有利于减少偏析的倾向。

2）加入晶粒细化剂。通过加入微量元素的方法来消除或减轻偏析倾向也能获得良好的效果。对于铝及铝合金通常加入硼来细化晶粒，使铸件的偏析倾向大大减少，并使其机械强度趋于均匀。

3）采用振动结晶器的方法及采用卧式铸造等都可有效地解决偏析，改善铸件表面质量。

◇◇◇◇ 第 3 节　连续轧制

轧制是金属塑性加工方法之一。轧制与其他加工方式（锻造、挤压、拉伸）相比，具有一系列的优点，首先是生产效率高，其次是成本低（材料消耗少、能量消耗少等），特别是连铸连轧的应用，使其优点更加突出。

轧制过程是借助于旋转轧辊与轧件间的接触摩擦，将轧件带入辊缝间隙中，在轧辊压力作用下，使轧件在长、宽、高三个方向上产生塑性变形。

轧制的方式目前大致分为三种：纵轧、斜轧和横轧。

纵轧，即金属在相互平行且旋转方向相反的轧辊间通过，产生塑性变形，其长度的增加最为显著，这正是我们所需要的，因此纵轧在线缆行业中得到了广泛的应用。

根据轧件的温度状态，轧制又可分为热轧和冷轧。线缆行业所用的铜、铝杆材大都由热轧制得。热轧不但具有大的加工量，而且在热轧过程中，铸造组织中的缩孔、疏松、空隙、气泡等缺陷得到修复，被压密和焊合，能有效提高组织的均匀性，改善金属的强度和韧性。

一、工艺原理

1. 变形区及变形区参数

在纵轧过程中，塑性变形并非在轧件的整个长度上同时产生，而是任一瞬间的变形仅产生在轧辊附近的局部区域内，轧件中处于变形阶段的这一区域称为变形区。变形区的基本组成部分是由轧辊和轧件的接触弧及出入断面所限定的区域（图 3-4 中的阴影部分），该区域称为几何变形区。实际上，在几何变形区前、后的局部区域内，也有少量的塑性变形产生，这两个区域称为非接触变形区。

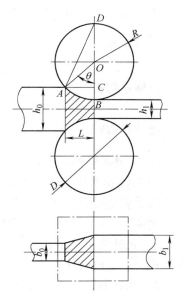

图 3-4　轧制几何变形区及参数示意

变形区的主要参数：

（1）咬入角 α　咬入角是指轧件开始进入轧辊时，轧件和轧辊最先接触的点与轧辊中心连线与轧辊中心线所构成的圆心角。由图 3-4 所示，可求得

$$\alpha = \sqrt{\frac{\Delta h}{R}} \tag{3-1}$$

式中　Δh——绝对压下量，$\Delta h = h_0 - h_1$，h_0、h_1 为轧件轧制前、后的高度；

　　　R——轧辊半径。

（2）变形区长度 L　接触弧的水平投影叫作变形区长度，可近似用下式表示为

$$L = \sqrt{R \Delta h} \tag{3-2}$$

（3）变形指数

1）绝对变形量。绝对变形量分别用下式表示为

压下量：$\Delta h = h_0 - h_1$

延伸量：$\Delta L = L_1 - L_0$

宽展量：$\Delta b = b_1 - b_0$

式中　h_0、h_1——轧件轧制前、后的高度；

　　　L_0、L_1——轧件轧制前、后的长度；

　　　b_0、b_1——轧件轧制前、后的宽度。

2）相对变形量。绝对变形量不能确切地表示变形程度，仅能表示轧件外形尺寸的变化，为此常用相对变形量表示变形程度。

相对变形量用绝对变形量与轧件原始尺寸比值的百分数来表示

压下率：

$$e_h = \frac{h_0 - h_1}{h_0} \times 100\% \tag{3-3}$$

延伸率：

$$e_b = \frac{b_0 - b_1}{b_0} \times 100\% \tag{3-4}$$

宽展率：

$$e_l = \frac{L_0 - L_1}{L_0} \times 100\% \tag{3-5}$$

截面收缩率：

$$e_F = \frac{F_0 - F_1}{F_0} \times 100\% \tag{3-6}$$

式中　F_0、F_1——轧制前、后轧件截面积。

表示相对变形量的还有变形系数。

压下系数：
$$\lambda = \frac{h_1}{h_0} \times 100\% \tag{3-7}$$

宽展系数：
$$\beta = \frac{b_1}{b_0} \times 100\% \tag{3-8}$$

延伸系数：
$$\mu = \frac{L_1}{L_0} \times 100\% \tag{3-9}$$

2. 轧制变形的特点

（1）体积不变定律　金属在轧制过程中，当产生一定的压下量之后，则在高度方向被压缩的金属部分将流向纵向和横向，流向纵向的金属使轧件产生延伸，流向横向的金属使轧件产生宽展。在金属轧制过程中，其体积总有一些变化，这是因为：

1）在轧制过程中，产生塑性变形的同时总是产生弹性变形，而产生弹性变形时，物体的体积有一定的变化，不过这种变化是极其微小的，并且卸载后将消失。

2）在轧制过程中，金属内部的缩孔、气泡和疏松被压合，密度将提高，从而改变了金属的体积，对铸件来说，这种体积的变化是比较大的。

3）在轧制过程中，金属因温度变化而产生内部微观结构的改变，也会引起金属体积的变化，不过这种变化引起的体积变化是极其微小的。

工程上为方便计算而假定轧制前、后的体积不变，则有
$$V_1 = V_0$$
式中　V_0、V_1——轧制前、后的体积。
$$h_0 b_0 L_0 = h_1 b_1 L_1$$

根据变形指数，可知存在下述关系：
$$\lambda \beta \mu = 1$$

因此，已知 λ、β、μ 三个变形系数中的任意两个，即可根据体积不变的假定计算出轧制过程中第三个变形系数。

（2）最小阻力定律　金属体积在延伸和宽展两个方向上的分配，除了在一定的条件下服从体积不变的假定外，还与轧件和轧辊接触表面上纵向和横向产生的摩擦阻力以及轧辊的形状等条件有关。哪个方向上的阻力小，金属流向哪个方向的体积便增加，而流向另一个方向的体积就相对减少。这种规律可概括为最小阻力定律，即当物体在变形过程中，其质点有向着各个方向移动的可能性时，则每一个质点总是向着阻力最小的方向移动。

（3）孔型轧制中的不均匀变形　在孔型轧制过程中，沿轧件宽度方向的压下量是不均匀的，当方坯进入椭圆孔型时，压下量沿宽度方向的分布是不均匀的。

3. 连轧的基本原理

一件轧件同时在两个或两个以上的机架中轧制称为连续轧制，简称连轧。在连轧过程中，任何一个机架内的轧制条件都要受到相邻机架轧制条件的影响。反映这种关系的是轧制常数。轧制常数表明在连轧过程中，任意一个瞬间通过各轧辊的金属体积流量应保持是一个常数，即遵守体积流量相等的原则，可用公式表示为

$$F_1U_1 = F_2U_2 = \cdots = F_nU_n = F_{n+1}U_{n+1} = 常数$$

式中　F、U——轧件的截面积和水平速度，下角标表示连轧生产线上各机架号。

实际上，在生产中是保持不了体积流量不变原则的，而是存在着以下三种状态：

1）自由轧制状态（无张力、无推力），即，$U_n = U_{n+1}$，第 n 道轧制速度等于第 $n+1$ 道的咬入速度，在连轧中不存在速度差，称无速差轧制。

2）推力轧制状态，即，$U_n > U_{n+1}$，第 n 道的轧出速度大于 $n+1$ 道的咬入速度，这种轧制状态将在两机架间产生堆料现象。

3）张力轧制状态，即，$U_n < U_{n+1}$，第 n 道的轧出速度小于第 $n+1$ 道的咬入速度，这种轧制状态下将在两机架间产生张力。

理想的自由轧制状态，在实际生产中由于设备、工艺、轧件、孔型等因素的影响是无法实现的。因此，连续轧制是在三种状态下交替进行的。而后两种轧制状态的堆拉值，即张力系数（或堆拉系数），是保证连续轧制正常进行的关键。如果堆拉值超过允许值，则会造成挤线或拉断轧件情况，破坏正常轧制状态。在实际生产中，为保证正常生产，一般采用微张力轧制状态。

二、连轧机设备

线缆行业中使用的杆材一般是经热轧而成的规格较小的圆截面产品，它具有制造成本低，生产效率高和产品性能稳定等显著特点。轧制生产杆材的设备称为轧机。在杆材轧制生产中，主要生产设备的排列布置方式的变化，以及各种形式、结构轧机的出现，都标志着轧制技术的发展。

从轧制生产的发展史来看，轧机由最早的两辊式单机架逐步演变成三辊多机架横列式（回线式）、半连轧以及连续式轧制。由于连续式轧制生产的出现，特别是把连续式铸造与连续式轧制结合起来以后，形成了一个完整的连铸连轧生产体系，从而使杆材轧制水平达到了一个新的高度。

目前国内连轧生产线主要有 Y 型连轧机和两辊式连轧机。

1. Y 型连轧机

Y 型连轧机即 120°三辊杆材轧机。这种轧机出现在 20 世纪 50 年代，是由钢管张力减径机发展而来的。就一个机架而言，有三个互成 120°的圆盘状轧辊，当采用下传动时，三个轧辊的布置与字母"Y"相似，由若干机架紧凑、连续地排列组成连轧机组，故称这种连轧机为 Y 型三辊连轧机，简称 Y 型轧机。

一般情况下，Y 型轧机由 13～15 副机架组成。奇数架次机架与偶数架次机架分别布置成下传动与上传动，上、下传动的交替布置使轧制过程中轧件本身无须扭转，这不仅为高速轧制创造了条件，还相应提高了产品的质量。

Y 型连轧机采用成组传动，齿轮按工艺要求调整好速比，使各机架都能得到符合工艺要求的转速。此外，Y 型轧机采用整体机架加工孔型的方法，机架在每次换辊或修、磨孔型时都必须拆下来。采用整体更换轧辊是 Y 型轧机的显著特点，因此在生产中就需配备一套供更换用的轧机架，以便提高工作效率，减少停机时间。

Y 型连轧机的孔型结构，一般采用弧三角-圆孔型系统。在轧制过程中金属处于三向压缩状态，这是弧三角-圆孔型系统区别于其他轧机所特有的优点。因为这种轧机的孔型是由三个互成 120°中心角的片状轧辊轧槽组成，轧件在交替轧制过程中受六个方向的压缩，因此变形及其周边冷却都比较均匀，对保证成品质量极为有利。尤其是用于轧制合金及特种合金杆材时，其优点更为突出。弧三角-圆孔型系统的另一个优点是使用不同机架数时，可以在中间环节轧制出规格不同的成品。

2. 两辊式连轧机

两辊式连轧机按其机架组合形式可分为45°杆材连轧机和平-立辊杆材连轧机。

（1）45°杆材连轧机　该设备是机架与传动系统安装在同一底座上组合而成的轧制设备，因其机架轧辊轴线呈45°倾角而得名。其两轧辊轴线呈90°交叉，机架及传动系统分列两排。

45°杆材连轧机按其机身结构类型有框架式和悬臂式两种。

45°框架式连轧机的特点是，辊身长且多轧槽。轧机的装置与普通两辊式轧机相似，轧槽最多可达12个。轧辊的传动由机架一侧的两个变速机分别完成。整个机组可分成几组，分别由电动机驱动。每组轧辊都装在整体铸造成的刚性较强的闭口式框架中，各对轧辊互成90°，与X形相似。

悬臂式45°轧机是单盘形、双孔槽、齿轮箱式轧机，其机架结构完全打破了旧式两辊轧机的结构形式，从外表看好像一台齿轮箱，两个轧辊安装在机架前端，呈悬臂状，因而称其为悬臂式45°轧机。

（2）平-立辊杆材连轧机　平-立辊杆材连轧机与悬臂式45°轧机的结构无大的区别，只是机架布置与转动部分的位置有较大改变。平-立辊杆材连轧机结构坚固，在粗轧部分可发展大轧径，进行大压下量轧制，对改善铸件组织有很大的优越性。

3. 辅助设备

为保证轧制设备的正常运行，还必须配备润滑系统、冷却系统、电气控制系统以及安全保护装置。只有在各组成设备均处于正常完好的状态下，连轧机才能进行正常的工作。

（1）传动系统　连轧机传动系统由直流电动机拖动，经齿轮减速器，以左右两个低速轴（输出轴）分别传动奇数和偶数机架，直流电动机、齿轮减速器和各机架之间均采用齿轮联轴器相联接。各轧制道次的轧辊转速均按工艺设计要求，按各机架间1∶1.25的速比搭配而成。主电动机采用晶闸管实现无级调速，以适应轧制条件的变化和连铸机的浇铸速度。

（2）润滑系统　油箱中的润滑油在润滑油泵的作用下，经过滤器和冷却器被输送到各需润滑的部位（减速器、机架），润滑后的油经油管流回油箱，以实现循环。润滑系统油路中装有压力继电器和压力表，以调节和指示润滑油的正常工作压力，还装有溢流阀（安全阀），当油压超过许用值时，将部分润滑油溢流回油箱，以达到减压保护作用。

（3）冷却系统　冷却系统的设置与润滑系统的设置相似，其中油箱改为水池，齿轮油泵改为离心式水泵，过滤器采用简易的过滤网，安装在水池和水泵的吸水口处。

常见的冷却液有水和乳化液两种。乳化液的配方为5%乳化液+95%水。

（4）导卫装置　导卫装置是为了把轧件正确地送入孔型中，以及消除轧件在孔型中的扭转或轧件缠辊而采用的专门工装。

在连轧机中，导卫装置的主要作用是：正确地引导轧件连续地进、出轧辊孔型，进行稳定的轧制，并防止一旦轧件产生堆挤现象时，不致使其进入机架轧辊内部。为更安全起见，在导卫装置入口上端，接近轧件表面处（即高于轧件表面，但低于入口导板喇叭口）安装有电气保护装置，一旦发生堆挤，碰到保护装置，立即自动停机。Y型连轧机的导卫装置，奇数机架采用滑动式，偶数机架采用滚动式。

两辊式连轧机的导卫装置，最重要的道次是椭圆形轧件进入圆孔型，往往由于轧件倾倒造成孔型过充满，或几何形状不正，而影响产品质量，严重时会造成挤线事故。因此，对该道导板形状与结构应高度重视。

（5）收线装置　为便于长途运输，要求轧制后的杆材重量与体积的比值越大越好。为达到这个目的，国外公司研究开发了双盘绕杆机。双盘绕杆机的两个线盘分别布置在轧制中心线的两侧，并且线盘的中心线在同一水平线上，通过线盘的移动来完成排线。

1）排线。排线过程中，重达 5t 的线盘及其底座来回运动，进行收线，其排线采用分配阀和步进电动机操作。液压缸的活塞通过一精密丝杠与步进电动机轴的联轴器相联，因此步进电动机的往返运动，将带动活塞杆一起伸缩，以控制液压缸中的液压油进出液压缸，从而实现收线盘排线的往返运动。

2）电动机传动方式。目前，普遍采用两种传动方式：直流电动机恒转矩传动和恒功率传动。采用恒转矩传动的绕线张力比较均匀，但也不够理想。随着线盘上绕杆材量的增加及线盘转速逐渐变慢，在恒功率传动中绕线张力越来越大（越绕越紧）；在恒转矩传动中绕线张力则趋于下降。因此目前普遍倾向于采用介于两种传动方式之间的中间规律传动。双盘绕杆机与轧机之间一般装有连续冷却装置，冷却装置一般由喷水装置、水冷却装置、水回收装置三部分组成。压力水沿杆的运动方向，通过水槽喷到杆上。冷却后的杆材经压缩空气吹干，使杆材的温度由 300℃ 降到 150℃ 以下再进行收线，以改善在绕线过程中由于自退火效应而产生的抗拉强度不均匀。

（6）飞剪　飞剪是配有双盘绕杆机的连铸连轧机组不可缺少的。其主要功能如下：

1）当绕杆机满盘后要自动换盘时，必须将轧制中的铝杆在换向前迅速剪断，由换向机构将其端头快速引入到第二个线盘的捕捉器内，以便继续收线。

2）当轧制出不合格铝杆，或正常绕线过程中发生停机时，则需将轧出的杆定尺剪断，以便重新回炉。

三、操作工艺控制

1. 孔型

轧辊孔型是由上、下两个轧辊上的刻槽所合成的空间。刻在每个轧辊上的槽称为孔槽。两个和三个轧辊上的孔槽所围成的空间，就构成了孔型。孔型的断面积不等于轧件的断面积，因为在热轧过程中有断面收缩，冷轧过程中有轧辊的弹性变形等。

在轧制过程中，铸件通过一系列端面逐渐减少的孔型，最终获得符合尺寸要求的制品。把这些不同尺寸形状的孔型，按工艺要求组合成一定数量的孔型系列，叫孔型系统。

（1）孔型的分类　孔型按用途可分为以下种类：

1）粗轧开坯孔型：主要用于开坯和压缩断面，增大长度。

2）延伸孔型：用于减小轧件端面。

3）成品前孔型：用于使轧件形状尺寸更接近于成品孔。

4）成品孔型：是确定轧件最终尺寸的孔型。

（2）孔型结构　以箱形孔型为例，其结构如图 3-5 所示。

1）辊环。在一对轧辊上可以有若干个孔型排列其上，把两个孔型所形成的邻孔型之间的轧辊凸台，称为辊环。其大小以保证使用强度为准，同时也要考虑导卫装置的安装位置。

2）辊缝。两轧辊辊环之间的间隙，称为辊缝。在轧制过程中，轧辊、机架、轴承、压紧螺钉等在轧制压力的作用下发生弹性变形，使辊缝增大，这种现象称为辊跳。设计孔型时要留有大于辊跳值的辊缝，这样便于轧机的调整并消除因轧辊互相接触而产生的轧辊磨损和附加能量损耗。辊缝的存在造成轧槽深度减小，从而提高了轧辊的强度和刚度。

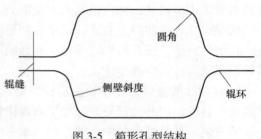

图 3-5　箱形孔型结构

3）孔型圆角。在孔型的各过渡部分都采用圆弧连接，以防止轧机尖角部分冷却过快造成尖角部分裂纹和孔型磨损不均；尖角部分往往会造成应力集中，削弱轧辊强度，同时，当孔型充满时，尖角部分会造成尖锐耳子，继续轧制时将形成折叠。

4）侧壁斜度。侧壁斜度就是孔型侧壁对轧辊轴线的倾斜度，其值等于孔型侧壁与轧辊轴线的垂线之间夹角的正切值（图 3-6），即

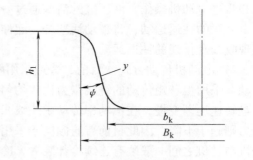

图 3-6　孔型侧壁斜度

$$Y = \tan\phi = \frac{(B_k - b_k)}{2h_1} \times 100\% \tag{3-10}$$

在有侧壁斜度的孔型中，孔型的进出口呈喇叭形，从而保证了轧件的顺利咬入与脱槽。

5）轧辊工作直径。轧辊工作直径是轧件与轧槽各接触点处的轧辊直径。在轧制过程中，轧槽各点的工作直径是不相同的。轧辊平均工作直径 $\overline{D_1}$ 是在不考虑前滑的情况下，与轧件出口速度相对应的轧辊直径，即

$$\overline{D_1} = \frac{60v_1}{\pi n} \times 100\% \tag{3-11}$$

式中　v_1——轧件出口速度（mm/s）；
　　　n——轧辊转速（r/min）。

一般根据轧槽平均深度来计算轧辊平均工作直径，即

$$\overline{D_1} = D_0 - 2\overline{C} \tag{3-12}$$

式中　D_0——轧辊外径（mm）；
　　　$\overline{C}$——轧槽平均深度（mm）。

$$\overline{C} = \frac{H - S}{2} \tag{3-13}$$

式中　H——孔型的平均高度（mm）；
　　　S——辊缝（mm）。

2. 宽展

1）在不同的轧制条件下，坯料在轧制过程中的宽展形式是不同的。宽展可分为以下种类。

①自由宽展。指坯料在轧制过程中，被压下的金属体积可以自由宽展的量。此时金属的流动除受来自轧辊的摩擦阻力外，不受其他的阻碍和限制。

②限制宽展。指坯料在轧制过程中，被压下的金属与具有变化辊径的孔型两侧壁接触，孔型侧壁限制金属沿横向自由流动，迫使金属变成孔型侧边轮廓的形状。在这样的条件下，轧制得到的宽展是受到孔型限制的，如图 3-7 所示。此外，宽展可能出现负值，如在斜配孔型轧制时，如图 3-8 所示。

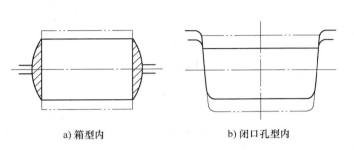

a) 箱型内　　　　b) 闭口孔型内

图 3-7　限制宽展　　　　　　　　图 3-8　斜配孔型内的宽展

③强制宽展。在坯料轧制过程中，被压下的金属体积受轧辊孔型凸峰的限制而强制金属沿横向流动，使轧件的宽展增加，这种变形叫作强制宽展，如图 3-9 所示。

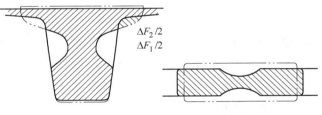

a) 钢轨底层的强制宽展　　　b) 切展孔型的强制宽展

图 3-9　强制宽展轧制

2）影响宽展的因素。

①在其他条件不变的情况下，在轧制开始时，随着轧件宽度的增加，宽展达到一定值时，再增加宽度则宽展量相对减少，如图 3-10 所示。根据实验得出，宽展量最大时的宽度大致等于变形区的长度，此外宽度较大的轧件，其宽展可忽略不计。

②轧辊直径的影响。宽展量随着轧辊直径的增加而增加，如图 3-11 所示。

③摩擦因数的影响。宽展随摩擦因数的增加而增加，图 3-12 所示为润滑剂（摩擦因数）与相对宽展

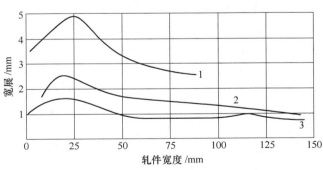

图 3-10　轧件宽度与宽展量的关系
1—MBi 合金，轧制温度为 450℃，$\varepsilon=30\%$
2—纯铝，$t=20℃$，$\varepsilon=40\%$　　3—2A12，$t=20℃$，$\varepsilon=30\%$

的关系。轧制温度对轧制宽展的影响，主要是通过摩擦因数而起作用的。

④轧制道次与道次加工率的影响。由图 3-13 可知，塑性越低的合金材料，其宽展也越小。在道次加工率小于 20% 时，其对宽展量的影响普遍不显著。

a. 轧制道次的影响。当总加工率相同时，绝对宽展量随着轧制道次的增加而减小，尤其在前五道最为显著，超过五道以上时，再增加轧制道次，对宽展量的影响则不明显，如图3-13所示。

b. 道次加工率的影响。相对宽展随道次加工率的增加而增加，如图3-14所示。

⑤孔型形状的影响。平辊轧制时（图3-15a），金属的横向流动阻力只受轧件与轧辊间的摩擦力影响，而在孔型轧制时（图3-15b、c、d、e），金属横向流动的阻力除轧件与轧槽摩擦力的水平分力外，还有轧制压力的水平分力，因此轧件的宽展较平辊轧制时小。这是由于孔型侧壁的作用，侧壁斜度越小限制宽展的作用越大。

3. 前滑和后滑

轧件在轧制时，高度方向受压缩的金属一部分流向纵向，使轧件伸长；另一部分流向横向，使轧件展宽。轧件纵向伸长时被压下的金属向轧辊入口和出口流动的结果，造成轧件进入轧辊的速度 U_H 小于轧件与轧辊接触点处线速度的水平分量 $U\cos\alpha$；而轧件的出口速度 U_h 大于轧件与轧辊接触点的线速度 U。这种 $U_h > U$ 的现象叫作前滑；而 $U_H < U\cos\alpha$ 的现象叫作后滑。前滑值是用轧辊出口断面上的轧件速度与轧辊速度的相对差值来表示，即

$$S_h = \frac{U_h - U}{U} \times 100\% \quad (3\text{-}14)$$

式中　S_h——前滑值；

　　　U_h——轧辊出口截面处轧件的速度（m/min）；

　　　U——轧辊圆周速度（m/min）。

后滑值用轧辊入口截面处轧件的速度与轧件与轧辊接触点的水平分速度差的相对值来表

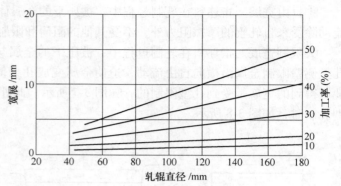

图3-11　宽展与轧辊直径的关系

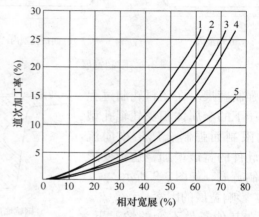

图3-12　润滑剂（摩擦因数）与相对宽展的关系
1—干辊　2—煤油　3—锭子油　4—乳液　5—动物油

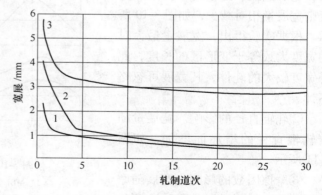

图3-13　轧制道次与宽展的关系
1—2A12，$t=20℃$　2—纯铝，$t=20℃$
3—MBi合金，$t=440℃$

示，即

$$S_H = \frac{U\cos\alpha - U_H}{U\cos\alpha} \times 100\% \qquad (3\text{-}15)$$

式中　S_H——后滑值;

　　　U_H——轧件进入轧辊的速度(m/min)。

将式(3-14)中的分子与分母各乘以轧制时间t,则得

$$S_h = \frac{U_h t - Ut}{Ut} \times 100\% = \frac{L_h - L_H}{L_H} \qquad (3\text{-}16)$$

式中　L_h——轧制后轧件的刻痕距离(mm);

　　　L_H——轧辊表面上刻痕的距离(mm)。

(1) 前滑值的测定　如果事先在轧辊表面上刻出距离为L_H的两个刻痕(图3-16),则测量轧制后轧件上的刻痕距离L_h,根据式(3-16)即可用实验的方法计算出轧制时的前滑值。由于实测时测量的L_h是冷尺寸,为提高准确度,可根据金属的线胀系数加以修正,即

$$L_H = L_h [1 + \alpha(t_1 - t_2)] \qquad (3\text{-}17)$$

式中　L_h——轧制后轧件上的刻痕距离(mm);

　　　α——金属线胀系数;

t_1、t_2——轧件轧制时的温度和测量时的温度(℃)。

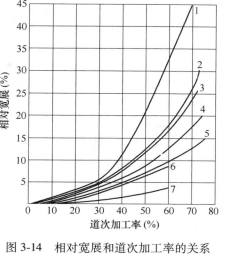

图 3-14　相对宽展和道次加工率的关系

1—铝, $t=440℃$　2—MBi, $t=440℃$　3—2A12,
$t=145℃$　4—MBi, $t=275℃$
5—铝, $t=20℃$　6—2A12,
$t=29℃$　7—7A04, $t=20℃$

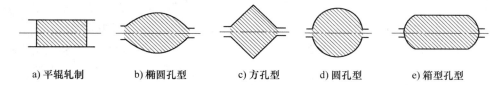

a) 平辊轧制　　　b) 椭圆孔型　　　c) 方孔型　　　d) 圆孔型　　　e) 箱型孔型

图 3-15　孔型形状对宽展的影响

(2) 中性角　由于$U_h > U > U_H$,由式(3-14)和式(3-15)可知,在轧件变形区中必有这样一个断面,其运动速度恰好等于轧辊的圆周速度,这个断面叫作中性面。在这个断面的前方,轧件速度大于轧辊上各相应点的圆周速度,即前滑区;断面的后方,轧件速度小于轧辊上各相应点的圆周速度,即后滑区。中性面的位置与轧辊中心的夹角称为中性角(或临界角),通常以γ来表示。

根据巴甫洛夫中性角公式,有

$$\gamma = \frac{\alpha}{2} \left[1 - \frac{\alpha}{2f} \right] \qquad (3\text{-}18)$$

式中　α——咬入角;

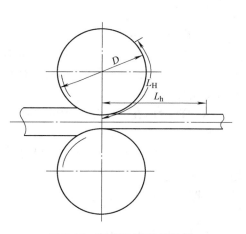

图 3-16　刻痕法测定前滑值

f——摩擦因数。

根据角 γ，可按式（3-19）求出前滑值。

$$S_{\mathrm{h}} = \frac{h + D(1 - \cos\gamma)}{h}\cos\gamma - 1 \tag{3-19}$$

式中 h——轧件轧后厚度（mm）。

（3）影响前滑值的因素

1）轧辊直径的影响。由式（3-19）可看出，在其他条件不变的情况下，前滑值随轧辊直径的增加而增加，这一关系可由图 3-17 所示实验值加以证实。

2）道次加工率的影响。如图 3-18 所示，前滑值随道次加工率的增加而增加，其原因是随道次加工率的增加，轧件延伸系数增加。

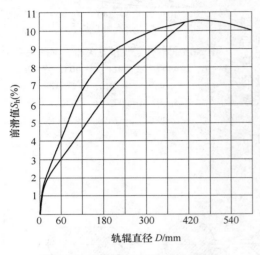

图 3-17　轧辊直径与前滑值的关系

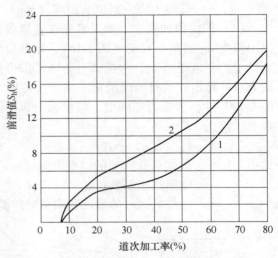

图 3-18　道次加工率与前滑值关系的试验曲线
1—铝，$t=20℃$　2—铝，$t=440℃$

3）摩擦因数的影响。实验证明，在轧件延伸系数相同的情况下，摩擦因数越大，其前滑值越大，如图 3-19 所示。

4）轧制温度的影响。轧制温度对前滑值的影响主要通过摩擦因数的变化而起影响。图 3-20 所示为铝材轧制温度对其前滑值的影响。铝在常温到250℃左右范围内，前滑值随温度的提高而增加。而轧制温度达到250℃以后前滑值变化就不明显了，这是由于受摩擦因数随温度变化的影响。

（4）前滑值在实际生产中的应用　前滑值虽然不大，但在实际生产中却有很重要的意义。如：

1）在计算轧制力时，摩擦因数是一个重要的参数，但摩擦因数沿咬入弧上各点的分布是不同的，它的变化直接影响到轧辊上单位压力的大小与分布情况，从而影响到功率的消耗。摩擦因数从试验中是很难直接确定的，但可以通过由巴甫洛夫中性角公式导出的关系式来求得。

如果先测定出前滑值，根据式（3-19）就可以求出中性角 γ，按照式（3-18）就可以很容易计算出摩擦因数。

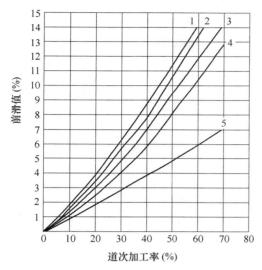

图 3-19　摩擦因数对前滑值的影响
1—干辊　2—煤油　3—锭子油　4—乳液　5—油酸

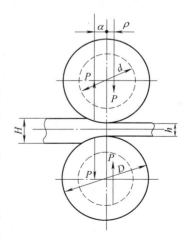

图 3-20　铝材轧制温度与前滑值的关系

2）在连轧机上，各机架的轧辊转速及轧件速度都是不同的，在调整轧机时，若不考虑前滑值的影响，则会造成各机架间轧件的张力消失，导致不稳定轧制。

4. 轧制速度

若不考虑前滑值对轧制速度的影响，则轧制时轧件的速度为

$$U = \frac{\pi D_{K} n}{60} \tag{3-20}$$

若考虑前滑值对轧制速度的影响，则轧制时轧件的速度可表示为

$$U = \frac{\pi D_{K} n}{60}(1 + S_{h}) \tag{3-21}$$

式中　D_{K}——轧辊的工作直径（mm）；

　　　n——轧辊转速（r/min）；

　　　S_{h}——前滑值。

5. 轧制力和力矩的计算

（1）轧制力的计算　轧制时轧件对轧辊的压力是一个重要的参数，它是选择设备、核算功率、制订工艺的重要技术依据之一。通常所说的轧制压力是指用测压仪在压下螺钉下实测的总压力，即轧件给轧辊的总压力的垂直分力。在简单轧制情况下，轧件对轧辊的合力方向才是垂直的，如图 3-21所示。

在计算轧件对轧辊的总压力时，首先要考虑接触区轧件与轧辊间力的作用情况。轧件作用于单位接触面积上的压力在变形区内的分布是不均匀的，如图 3-22 所示，因此不能直接用它来计算总压力，通常是以它的平均值，即单位压力分

图 3-21　简单轧制条件下
的合力方向

布图的平均单位接触面积压力来计
算。轧件对轧辊的总压力为单位压
力与接触面投影面积的乘积，即

$$P = \overline{F}S \qquad (3\text{-}22)$$

式中　P——总轧制力（N）；

　　　$\overline{F}$——平均单位接触面积的压
　　　　　力（MPa）；

　　　S——接 触 面 投 影 面 积
　　　　　（mm^2）。

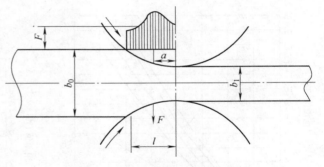

图 3-22　变形区内单位压力分布情况

对于同一种金属，平均单位接触面积的压力
随温度的降低而升高，轧制铜、铝时，平均单位
接触面积的压力可由图 3-23 查得。

考虑到实际操作中故障及不正常因素的出
现，计算时应将查得的单位接触面积压力值增
加 15%。

（2）轧制力矩的计算　在简单轧制过程中，
如图 3-21 所示，轧件对轧辊的合力 P 的方向与
两轧辊的连心线平行，上下辊 P 的大小相等，
方向相反。此时转动一个轧辊所需力矩 M 应为
P 与它对轧辊轴线力臂 a 的乘积，即

$$M = Pa$$

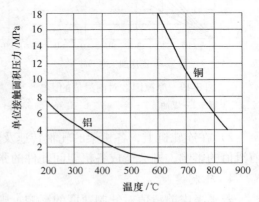

图 3-23　不同温度下单位接触面积的压力

通常可认为合力 P 的受力点位于接触弧的中央，即

$$a = \frac{L}{2} = \frac{1}{2}\sqrt{R\Delta h}$$

使两个轧辊转动的力矩应为

$$M = 2Pa = P\sqrt{R\Delta h} \qquad (3\text{-}23)$$

若考虑轴承与辊颈摩擦损失，其力矩应为

$$M = 2P(a + \rho) = 2P\left(\frac{1}{2}\sqrt{R\Delta h} + rf\right) = P\left(\sqrt{R\Delta h} + df\right) \qquad (3\text{-}24)$$

式中　r——辊颈半径（mm）；

　　　d——辊颈直径（mm）；

　　　f——摩擦因数；

　　　R——轧辊工作半径（mm）；

　　　Δh——压下量（mm）；

　　　P——轧制压力（N）。

6. 延伸系数与轧制道次

根据轧制成品规格及轧件轧制前的截面积，可计算出轧制道次 n 以及总延伸系数 μ_ε。
总延伸系数 μ_ε 为

$$\mu_{\varepsilon} = \frac{F_0}{F_n} \qquad (3\text{-}25)$$

式中　F_0——轧件截面积（mm^2）；

　　　F_n——成品截面积（mm^2）。

轧制道次 n 可由 F_0、F_n 及平均延伸系数 μ_c 来确定

$$n = \frac{\lg F_0 - \lg F_n}{\lg \mu_c} = \frac{\lg \mu_{\varepsilon}}{\lg \mu_c} \qquad (3\text{-}26)$$

μ_c 又可写成

$$\mu_c = \sqrt[n]{\frac{F_0}{F_n}} = \sqrt[n]{\mu_{\varepsilon}} \qquad (3\text{-}27)$$

平均延伸系数 μ_c 是一个经验数，它需要根据金属塑性变形的能力、轧机的性能、咬入条件及电动机功率等来确定。铜、铝线材轧制的平均延伸系数推荐值见表 3-1。

表 3-1　铜、铝线材轧制的平均延伸系数推荐值

金属	连轧机	开坯机	中轧机	精轧机
铜	1.32~1.45	1.45~1.90	1.30~1.60	1.20~1.40
铝	1.30~1.45	1.40~1.80	1.28~1.55	1.15~1.30

连轧机的生产效率主要决定于轧制速度，在不影响正常轧制状态下，应尽量采用较大压下量，从而减少轧制道次数，降低设备投资。

延伸系数的分配原则如下：

1）轧制开始时，轧件温度高，金属变形抗力低，有利于轧制，在咬入条件允许的情况下，应尽量采用大的延伸系数。

2）在轧制两道后，因轧件断面减小，咬入条件得到改善，当轧件温度降低不大的情况下，延伸系数可取最大值。

3）随着轧件温度降低，金属变形抗力增加，电动机功率与轧辊的刚度成为限制延伸变形的主要因素，延伸系数应相应减小。

4）在接近成品孔型时，为保证产品表面的粗糙度（减少孔型磨损）和尺寸的规整，应采用较小的延伸系数。

图 3-24 所示为各道次延伸系数分配示意图。

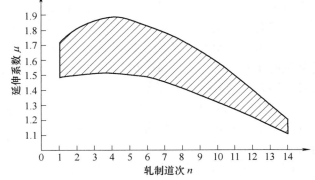

图 3-24　各道次延伸系数分配示意图

四、故障及防治方法

（1）轧件的弯曲　在轧制过程中由于轧件的弯曲，造成轧件进入下一道工序比较困难，严重时会引起挤线或缠辊，破坏导卫装置。轧件弯曲产生的原因大致有以下几点：

1）轧件温度不均。当轧制坯料上下面温差较大时，在轧制中由于温度对金属塑性变形性能的影响，就会使轧件向低温侧弯曲。

2）轧辊直径的差异。当上下两个轧辊的工作直径不同时，由于辊面线速度的不同，造成轧件上下面出辊速度不同，轧件将向辊径小的一侧弯曲。

3）辊面粗糙度的影响。当上下两个轧辊表面粗糙度不一致时，由于摩擦的原因，造成轧件在变形区内流动速度不一致，轧件因而向摩擦因数较大的方向弯曲。

除上述原因外，轧辊以及导卫装置的不正确安装也会造成轧件的弯曲。

（2）连轧机组的堆料、拉断　连轧机组能够维持正常轧制的条件是各机架间的体积金属流量不变，而在使用中突然发生堆料、拉断会造成停机故障，其产生的原因大致有以下几点：

1）坯料有严重的缩孔缺陷，轧制中轧件开裂，面积缩小而拉断。

2）轧件温度过高，轧制时宽展过大，轧件面积增加发生挤线事故。

3）孔型磨损造成张力不断增加，破坏了连轧的平衡状态。由于连续轧制中的轧件断面由大逐渐变小，而连轧速度由慢到快，金属变形抗力由大到小。因轧制小截面轧件的轧辊速度快，且因变形大受到的变形抗力大，所以孔型磨损快，因而会造成前后道次的秒体积流量不等，即 $V_{n+1} > V_n$，当张力超出给定的值后，就会产生轧件拉断。

总之，连轧机组发生堆料、拉断轧件的原因归根结底是因为堆拉系数值超出了给定范围，无法通过自动调节来恢复正常的平衡状态。

五、轧机的使用与维护

轧机在使用过程中要达到高产、优质和安全生产必须将其使用、调整及维护保养有机地结合起来，轧机操作人员必须熟悉生产工艺、设备结构性能及各部件的作用，并掌握设备的操作规范与维护保养规程。

1. 轧机的调整

轧机的调整在轧制过程中可以弥补孔型设计和孔型加工的不足，轧机调整的好坏直接影响着轧件轧制的质量和产量。

轧机的调整应分两部分进行，一是轧辊的安装与调整，二是导卫装置的安装与调整。由于轧机结构形式的不同，其调整方法也不同，但最终目的都是保证轧件能正确进出轧辊，轧制杆材符合设计要求。

（1）孔型的调整　两辊式轧机是通过调整两个轧辊的偏心套来实现孔型调整的。在调整轧辊的张开角时，应使每个机架的偏心趋向进入轧件的另一侧，并应防止轧辊之间或轧辊与导卫装置之间发生碰撞现象。

Y 型轧机的轧辊调节范围很小，仅靠在轧辊与轴承之间加薄垫片来进行，调整时常用专门的孔型塞规对孔型进行检查，若塞规一端可出入轧孔而另一端不能进入，则说明孔型尺寸符合要求。

（2）导卫装置的安装与调整　导卫装置的作用是引导轧件正确进入轧辊孔型，进行正确的变形轧制，因此导卫装置直接关系到轧件的轧制质量与轧机的生产效率。

导卫装置分进口导卫装置和出口导卫装置两种。对导卫装置安装与调整的要求有以下几条：

1）各道专用，成对使用，表面必须光滑，不得有凸台、棱角、黏结物。

2）安装时导卫装置水平中心必须与孔型中心对正，并牢固地锁紧。

3）进口导卫板前端导轮与导入轧件的间隙，要根据轧件断面大小、轧件宽厚等情况进行适当的调整，调整量一般为 0.5~3mm。

4）出口导卫管（板）的型腔宽度要远大于轧件宽度，导卫管（板）与轧辊接触端的形状必须与轧辊形状一致，并保证其尖端与轧孔形状相吻合，但应留有 0.5~1.0mm 的间隙。

2. 轧机的维护保养

轧机的正确使用本身就是一种维护，因此操作者必须掌握与了解系统各部件的结构、性能与操作规程。为确保轧机处于完好状态，应满足以下工艺技术要求：

1）整个机组必须达到整齐、清洁、润滑、安全的状态。

2）设备在开动前必须认真检查各部分是否处于完好状态，如轧辊、导卫装置有无松动，检查轧辊表面是否有刮伤等情况。

3）设备的冷却润滑系统是否畅通，工作参数是否正常。

4）交接班时，要将设备工作状况的详细记录交接，以便及时掌握并处理各种突发情况。

5）定期对设备进行检查、保养及修复。

总之，要根据设备的结构、性能、使用方法等实际情况制订合理的维护保养制度与操作规程。

◇◇◇ 第4节 铝连铸连轧典型生产流程

一、典型工艺流程

一般利用连铸连轧工艺生产电工铝（合金）杆的主要流程如下：

铝锭（装料）→熔炼→精炼→过滤→浇铸→连续轧制→收杆

现在有很多专业铝厂采用电解铝液直接在保温炉内进行精炼工艺，减少了熔炼过程。如果是生产铝合金杆，则需在精炼前添加合金元素进行合金化，就要进行在线的除气除渣和在轧制前进行在线的加热保温。

二、铝连铸连轧工序注意要点

1. 装料

原材料成分是决定产品性能的主要因素。前面已经介绍，铝中的主要杂质是 Fe 和 Si，它们不但对产品的力学性能、电气性能有较大的影响，对产品的制造工艺也有很大的影响，必须严格控制其含量。我国电工用铝储量较少，且铝中的含硅量较高，所以在生产中要很好地进行原料的调配，将 Fe 与 Si 的比值控制在 1.4~2.5，并保证铝的纯度≥99.7%（质量分数）。

一般回炉的废料应是本机台产生的废料或本厂废线，而且要处理干净，不准夹带其他杂质。除应严格控制成分和纯度外，原料本身不准带有油污、水分及有腐蚀等情况，因为这些都是造成制品产生气孔的根源。

2. 熔炼

国内连铸连轧生产线多采用竖炉熔化。竖炉热效率高，熔化速度快，但由于其在热功控制方面还远远满足不了要求，因此竖炉的热功工作环境不稳定，熔化质量不高，氧化损失较

裸电线制造工艺学

大，因此在熔化过程中要定期从前床进行清渣（扒渣）。由于竖炉对炉料没有混合效果，所以在流入保温炉后，要进行充分的搅拌以保证成分的均匀性。由于铝极易吸气、氧化，因此在熔化过程中铝液的温度不能过高，应控制在760℃以下。

3. 精炼

精炼的目的是除气、除渣以及使其化学成分均匀。如果炉料中 Fe、Si 含量较高，要进行稀土优化综合处理；若微量元素（Mn、Cr、V、Ti）超标，还要进行硼化处理。流入保温炉的铝液，其中含有一定量的气体和氧化夹渣，这些对制品的性能有很大的危害。同时由于竖炉熔化没有混合效果，特别是对于成分不同的调配料，熔液成分必然不均，因此在精炼过程中要很好的搅拌，保证其成分的均匀性。

铝液的精炼有两种方式：一种是炉内精炼，另一种是外部过滤，根据各自的生产条件而定。关于精炼剂的选用，也要因地制宜。一般在大型生产中，应采用炉内精炼和外部过滤相结合的生产方法，因为这样比较经济，而且从质量控制上讲，生产的铝导体完全可以满足要求。精炼后的铝液表面浮渣要扒渣，并加盖覆盖剂，同时进行化学成分分析。一旦成分合格要快速调好炉温进行烧铸，一般烧铸温度控制在略低于710℃。

4. 过滤

过滤的目的主要是清除氧化夹渣，因为夹渣物在炉内精炼中很难除去，因此都采用外部过滤的方法来进一步清除。过滤的方法有很多种，应视具体条件而定。铝液经精炼、过滤后，结晶核心大量减少，会有造成铸件晶粒粗大的可能，因此在过滤后要加入种子晶，即晶粒细化剂，对铝来说防止铸件晶粒粗大最好是进行硼化处理。

5. 浇铸

浇铸温度与浇铸速度是浇铸工序中两个主要的工艺参数。一般浇铸温度控制在略低于710℃；而浇铸速度必须与冷却速度很好地配合，一般浇铸速度为 10m/min。由于铝液在急冷过程中的收缩较大，因此在浇铸开始时不宜进行强烈的急冷，急冷应在铝液进入浇铸口后一段距离以后进行。尽管有强烈的冷却水喷向铸轮和钢带——即结晶器，但由于铸件的收缩与结晶器内壁形成了空隙，因而会影响冷却效果。最后阶段的冷却应根据铸件的温度来调节水量，即保证铸件离开结晶器的温度为 510～530℃。

6. 铸坯

铸坯进入轧机前，要剪去 20mm 左右，因为开始浇铸时，铸件内部缺陷较多，这是由于刚开始浇铸时，流槽、过滤器、结晶器、冷却水等都处于不正常状态，势必会影响铸件的质量，因此要剪去一段。

7. 连续轧制

铸坯进入轧机的温度应控制在 490～510℃；冷却乳化液温度应控制在 30～40℃。在停机时间较长，重新开始轧制时，冷却液流量不宜过大，以防止杆材降温过大。

孔型设计时对张力系数的选择要保证在 1%～2%，前两道轧制要采用负张力——即堆挤，因为铸件一旦有轻微的裂纹，可以进行压合，其他道次则采用正张力，由大逐渐变小。

轧制出的杆材的温度，在正常情况下应保证不低于300℃。杆材在收线前要通过涡流探伤器进行连续检查，不合格部分要做出标记，以便下道工序进行处理。

8. 收杆

杆材收线方式有两种：一种是散捆式，这种收线方法简单，设备造价经济，但杆材不适合长途运输。另一种是成盘收绕，国外一般多采用双盘绕杆机，这种设备造价较高，但收线速度快、整齐、紧密，适合出口或长途运输等要求较高的场合。

思　考　题

1. 熔铝炉的种类有哪 4 种？

2. 冲天炉的特点是什么？

3. 什么是金属的熔点？

4. 铝精炼的目的是什么？常用的精炼方法有哪些？

5. 精炼用熔剂的基本要求有哪些？

6. 说出浇铸过程中的两个重要工艺参数。

7. 轧制变形的特点有哪些？

8. 简述弧三角-圆孔型系统的优点。

9. 连续轧制时，变形区的主要参数有哪些？

10. 轧件在不同的轧制条件下，轧制过程中的宽展可分为哪 3 种？

11. 轧制时延伸系数的分配原则是什么？

12. 连铸连轧机组发生堆料、拉断而造成停机的原因有哪些？

第4章

铜杆制造工艺

 **概述**

一、铜杆生产在线缆行业中的地位

铜杆生产是裸电线制造的第一道工序。铜杆质量、产量、材料消耗量、能源耗费量等都直接关系到裸电线制造的综合经济效益。因此，铜杆的生产在裸电线行业中的地位是很关键的。

二、铜杆生产工艺的发展

铜杆的连续化生产，虽然起步较早，但早期的发展非常慢，至20世纪70年代中期，才有了较大的发展。我国在20世纪80年代之前，几乎都采用横模浇铸铜锭，在横列式轧机上轧成铜杆，这种耗能高、质量差、损耗大、工艺落后的生产方式，现已被淘汰。从20世纪80年代开始，我国先后引进了生产优质铜杆的工艺和设备，用连铸连轧法生产光亮韧铜杆，主要有下列几种设备：意大利的CCR系统（双轮式），美国的SCR系统（五轮式），联邦德国的Contirod系统（双钢带式）。连铸连轧法能生产电导率高（101.95% IACS）、质量好、大长度的光亮韧铜杆及低氧杆，这种工艺方法的生产效率高，控制方便，但铜杆含氧量相对高一些。

在铜杆的连铸连轧法出现的同时，由于高频通信及电器工业对铜导体的性能提出了越来越高的要求，国外又开发了高电导率无氧铜杆的生产技术，即浸涂成型法。浸涂成型法是1969年美国研制成的一种生产无氧铜杆的工艺方法，这种方法生产的铜杆，含氧量较低，一般控制在不高于20mg/kg，电导率可达102% IACS，目前许多国家引进了这项技术。

到了20世纪70年代，芬兰又开发并研制了一种上引-冷轧（冷拉）法生产无氧铜杆的技术。20世纪80年代，我国开始引进这项新技术，到目前止，我国在消化吸收国外这项技术的基础上，已自行开发研制了多条上引机组生产无氧铜杆。

这两类工艺所生产的铜杆都是无氧铜杆，质量基本相同，工艺简单，但耗费电能较多，并要求用高质量的阴极铜。

目前，浸涂成型法生产无氧铜杆的工艺过程要求至少有两个尺寸产品，即种子杆和成品杆。种子杆返回到工艺过程中，这样既增加了工艺过程，又浪费了资源。相对来说，上引法生产无氧铜杆是较为成功的一种无氧铜杆生产方法，它有许多优点：不仅能生产铜杆，还可以生产各种非铁金属材料及合金杆棒，甚至能生产空心导线以及各种型材。另外，它的生产工艺简单，投资少，经济效益高，产品质量好，能生产出高电导率（102%IACS），含氧量不高于20mg/kg的大长度无氧铜杆。在之后的章节中，我们将着重介绍连铸连轧法生产光亮韧铜杆及上引法生产无氧铜杆的工艺流程、设备以及产品的性能等。

◇◇◇ 第 1 节 铜杆连铸连轧工艺

一、概述

铜杆连铸连轧是采用阴极铜熔化，然后通过连续铸、轧、清洗及涂蜡来防止氧化，进而获得高电导率（101.2% IACS）、低含氧量（0.02%，质量分数）、大长度的光亮韧铜杆。当前世界各国采用的铜杆连铸连轧生产线工艺有：意大利的 CCR 系统、美国的 SCR 系统、德国的 Contirod 系统以及法国的 SECLM 系统。这些系统在原理上基本相同，工艺上的差异主要是在熔铸和轧机的形式和结构上。现以 CCR 系统和 SCR 系统为例，简述铜杆连铸连轧的工艺原理。

意大利的 CCR 系统采用感应电炉熔化铜板，在双轮铸机和三角轧机上连铸连轧铜杆。最初生产的铜铸锭截面积最大能达到 $1300mm^2$，现在最大可达 $2300mm^2$，轧制孔型采用"三角—圆"系统。当锭子截面积太大时，原轧机前面加两平辊一立辊机架，采用箱式孔型开坯，箱式孔型道次减缩率在 40% 左右。其工艺流程为：铜板备料→吸盘单板送料→铜板预热炉→感应炉熔化→流槽转注→浇包→连铸→废条剪切→矫直、铣边、刷净→连轧→终轧杆冷却→吹干→涂蜡→收圈→成品。

美国的 SCR 系统采用竖炉熔化铜板，铸机在 CCR 系统铸机的基础上由双轮改为五轮（一大四小），轧机则改为平—立辊式连轧机，孔型改为箱式—椭圆—圆孔型系统。头道两箱式孔型同样起开坯作用。SCR 五轮铸机铸锭截面积可达 $6845mm^2$。其工艺流程为：阴极铜→加料机→竖炉→上流槽→保温炉→下流槽→浇包→铸造机→夹送辊→剪切机→铸锭预处理设备→轧机→清洗→涂蜡→成圈机→包装机→成品。

二、主要工艺设备

1. 熔炉

（1）感应电炉 在连铸连轧生产中，采用感应电炉熔铜是意大利首先试制成功的，用于熔化阴极铜板为连铸连轧设备提供合格的铜液。其结构与上引法所用电炉基本相似，连铸连轧所用感应电炉是倾斜式双熔沟，呈 W 形；而上引法采用垂直水平式熔沟，工作原理是相同的。现着重介绍连铸连轧生产所用感应电炉的主要设备组成及生产操作过程。

感应电炉的设备组成有：炉体结构部分及熔池、2×1000kW 感应器、电源控制柜及操作柜、循环水冷却系统、400kW 备用柴油发电机组、炉体倾转传动机构等。

感应电炉炉体结构将在下一节中做详细介绍。感应器额定功率为 1000kW，熔池容量为 36000kg，额定熔化率为 7.7t/h。感应电炉砌制烘烤起熔后，即开始连续性生产，不得停电，除非电炉达到其使用寿命，准备大修。因此，不管生产与不生产，电炉均处于运行状态，可分为生产运行和保温运行两种状态。

（2）竖炉 竖式熔炉是美国 SCR 系统连铸连轧熔炼设备，它用来连续熔化阴极铜，但也可以加入一些清洁的废铜屑。这种竖炉简称 ASARCO，它生产效率高，控制方便，不需要吹氧去硫和插木还原，就能获得合格的铜液，在技术、经济上的优越性是反射熔铜炉所不能相比的。

1）竖炉的主要结构：竖炉由烟罩、烟囱、炉筒、炉膛、流槽、装料口等组成，如图 4-1 所示。

近年来许多工厂对 ASARCO 竖炉又做了某些改进和完善，如加料装置的自动控制，含氧量的连续测定，空气和燃气的预混合系统，测氢系统的连续监测、比例自动调整，包括采用真空导管取样至控制室进行快速气体分析等。

2）竖炉的主要特点

①热效率高。

②生产工艺简单，不需要"吹氧去硫"和"插木还原"就可以获得合格的铜液。

③生产质量高。

④控制方便，容易开、停炉。

⑤劳动条件好，无公害，金属回收率高。

3）竖炉的工作原理：竖炉熔铜采用无硫或含硫量很低的燃料（包括天然气、甲烷、丙烷、丁烷、液化石油气和石脑油等），在竖炉熔化室底部安放多个烧嘴，烧嘴吹动燃气冲击铜料，使铜料熔化，熔化后的铜液进入保温炉。由于烟道与投料口是一个，因而在连续投料时，炉料由下至上逐渐预热，有效地进行废气利用，提高了热效率。

2. 保温炉、流槽及浇包

SCR 系统连铸连轧工艺需要保温炉，其主要作用是储存一定量的铜液。保温炉呈圆筒形，可转动，目的在于使铜液沉淀杂质和温度均匀，它的上端装有两个烧嘴，烧嘴转动的目的是控制液位。

流槽是用来转移铜液的，在熔化炉和保温炉之间，保温炉和浇包之间均装有专用的流槽，流槽上部有盖并装有喷嘴，可调节温度并防止氧的污染。铜液从熔化炉到铸机间的流程如图 4-2 所示。

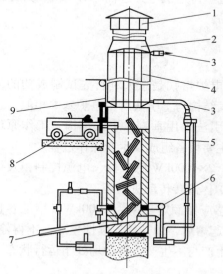

图 4-1 竖炉的结构

1—烟罩 2—烟囱 3—冷热风管
4—炉筒 5—炉膛 6—热风烧嘴
7—流槽 8—装料小车 9—装料口

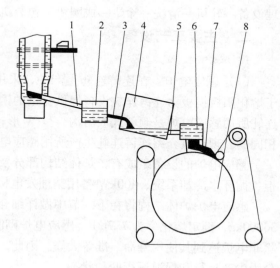

图 4-2 铜液流转示意图

1—封闭的流槽 2—分渣槽 3—至前炉流槽
4—保温炉 5—流槽含氧量控制 6—分渣槽
7—浇包 8—铸机

浇包用来储存来自保温炉的铜液，并最后控制铸造温度，一般浇铸温度应控制在 1120℃±10℃。浇包是通过塞棒对浇铸速度进行控制的，浇包燃烧系统和保温炉可属于同一系统。

CCR 系统连铸连轧工艺不需要保温炉，只在熔炉与浇包之间有一个氮气保护流槽，该流槽长期供电加热，不得断电。

3. 铜连铸机

铜连铸连轧工艺的关键设备是连铸机。连铸机主要由结晶轮钢带构成，它的主要问题是结晶轮钢带的寿命以及液位控制和防止氧化等问题。美国的 SouthWire Copper Rod Systems 系统（SCR 系统）连铸机是以铝的连铸机为基础研制改进而成的五轮铸造机，它的结构如图 4-3 所示。

这种铸造机由于钢带向下循环，可以使结晶轮上面留出足够的空间安放浇包、浇嘴、剔锭器和出锭输送带等，而且铸锭从结晶轮出来时可以不必因避开钢带而扭转一个角度，因此铸锭可以采用宽高比较大的截面，有利于提高生产率。结晶轮采用锆铜或银铜合金制成，它有两个断面，使用时结晶轮表面槽内涂上一层油基性混合物，乙炔烟煤作为脱膜料，其厚度对锭条冷却影响很大，喷涂时厚薄要一致，这样可延长使用寿命，结晶轮允许重新使用。

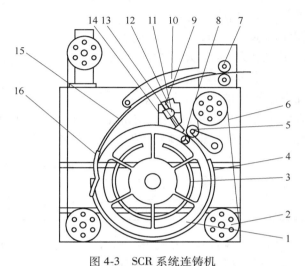

图 4-3　SCR 系统连铸机
1—铸轮　2—张力轮　3—铸轮自动水冷却系统
4—钢带自动水冷却系统　5—压轮　6—钢带　7—牵引辊
8—铸轮铜液水平自动控制　9—浇包铜液温度自动控制
10—出锭输送带　11—自动测塞系统　12—浇包　13—浇嘴
14—浇包铜液水平自动控制　15—锭条　16—锭条自动温度控制

钢带材质为普通碳素钢，厚度可在 1.6~3mm 间选用，钢带接口为 45°，用直流焊条电弧焊焊接。钢带连续使用时间为 16~40h，更换钢带时间为 30min。钢带由于受反复热应力作用产生周期性弯曲，故易发生开裂，寿命较短。最近美国南方线材公司又研制出了一种长钢带的铸造机，延长了钢带的使用寿命，减少了因更换钢带而停产的次数。

冷却水系统对铸锭冷却时间和结晶状态影响十分重要，内外冷却的喷水水压为 400~600kPa。冷却水系统的调整既要保证凝固和冷却的温度，又要使结晶轮和钢带保持干燥，并维持一定的温度。

连铸机的自动浇铸系统简称 AMPS，是利用一个闭路电视摄像机、电视敏感件和可编程序控制器，控制浇包及结晶轮上的液位，同时用来控制保温炉至浇包的流量和浇包至结晶轮的流量。AMPS 最大的优点是能有效地控制一个稳定的流量，可避免由于人为操作失误而造成材质上的缺陷。

德国的 Contirod 系统连铸机，是"无轮双钢带"式连铸机，即"HAZELETT"式连铸机。这种连铸机的特点是不用结晶轮而采用双钢带和金属块框组成的活动铸型，形成铸锭槽腔，将铜液注入其中，用高速循环水喷到钢带背面，使钢带急速冷却，以获得均质对称的细结晶组织铸锭。连铸机微倾约 15°，因而锭坯呈直线送出，这种连铸机的结构如图 4-4 所示。

意大利 CCR 系统连铸机，是双轮连铸机，铸轮直径为 1600mm，铸条截面积可达 1427mm^2，铸轮转速为 $1.69 \sim 2.37$r/min，设计产量为 8000kg/h。连铸机钢带为优质低碳钢，其化学成分满足表 4-1 要求。钢带宽度为 100mm，厚度为 2mm，最大允许镰刀弯，每 10m 长为 l5mm。钢带的焊接在专用的焊接夹具上进行，对

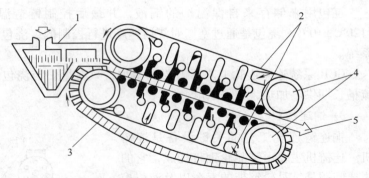

图 4-4　HAZELETT 连铸机的结构
1—浇包　2—移动钢带　3—侧向金属块　4—导轮　5—铸坯

焊间距为 $1.5 \sim 2$mm。首先定位焊，然后满焊，焊完后从夹具中取下，反转钢带，将背面满焊，最后用砂轮将焊缝处磨平，再用氧乙炔焊炬将焊缝加热，埋在沙中冷却后使用。

表 4-1　CCR 系统连铸机钢带的化学成分

元素	C	Mn	P	Si	S
含量（%，质量分数）	0.07	0.23	0.01	0.06	0.0l

　　CCR 系统连铸机的主要设备有：机座、结晶轮、张紧轮及压紧轮、钢带、连铸机冷却系统、模槽刷、钢带刷、脱模剂发生系统、浇包及燃烧系统、模槽自动液位控制系统等。

　　4. 铸锭轨道及预处理设备

　　当铸条出连铸机后，铸条被导入铸锭轨道。SCR 系统连铸机在夹送辊和铸锭预处理装置之间，有一个钢焊接结构辊道台，辊道装有耐高温轴承，用以支撑需要剪切的铸锭。铸锭、预处理设备由气动刀架、钢刷、校直辊组成，气动刀架呈 V 形，刀具选用刨刀结构。

　　CCR 系统连铸机在铸条出连铸机后，要经过自动剪和铣边机。自动剪的作用是将铸造开始阶段不合格的铸条剪断，或在轧机及收线设备出现故障时剪断铸条。铣边机的作用是将铸条的两个锐角边及铸造飞边等缺陷铣削掉，保证无飞边的铸条进入轧机。铣边机附属的刷边机可将铸条的表面附着物刷去。下面简述一下自动剪和铣边机的操作工艺。

　　当铸条出连铸机后，将铸条导入铸条轨道并准确导入自动剪，起动自动剪开始剪切铸条，调整乳化液的喷射流量，使夹持辊及剪刀得到良好的润滑和冷却，铸条在夹持辊的牵引下引向轧机，必要时要对铸条进行修正，使其顺利通过校直器、铣边机及刷边机。当铸条进入轧机后，按下校直器上辊按钮，起动铸条刷边机和铣边传送带电动机。调整铣刀的吃刀量，使铜屑宽度控制在 5mm 左右，两组四刀的吃刀量要保持一致。停机时，先起动自动剪，将连铸机铸出的最后一段铸条剪断，然后停止自动剪、校直器、铣边机传动带、铸条刷边机，升起校直器上辊，调整铣刀，使其脱离铣边工作区域，关闭各处乳化液阀门。清理现场，将各种工具归位排放。

　　5. 铜杆连轧机

　　目前 SCR 系统使用的铜杆连轧机，多采用摩根公司二平辊一立棍无扭转悬臂式连轧机，其特点是辊缝调整方便，能快速换辊，轧制道次、机架多少、轧辊大小则以轧件截面而定。该铜杆连轧机根据不同的坯料截面可采用 $2 \sim 4$ 副粗轧机和 $8 \sim 10$ 副精轧机。最近摩根公司又

发展了一种 45°无扭转二辊悬臂式结构铜杆连轧机。孔型采用箱—椭圆—圆。轧制时，每道轧件间保持微张力，张力系数为 0.6~1.2，轧辊的冷却和润滑多采用 2%（质量分数）合成油乳浊液，轧件在每一道次中都用滚动导轮承托，避免轧件摩擦损伤。CCR 系统连轧机采用的是三角轧机，主要由传动齿轮箱、机架、安全齿轮联轴器、润滑油循环系统、乳浊液系统及导卫装置组成。轧机架次为 2 架+8 架，第一、第二架为二辊式开坯轧机，孔型为三角一圆。轧制规格为：ϕ8.0mm、ϕ10.48mm、ϕ14.51mm、ϕ20.21mm，不同规格的 CCR 系统连轧机出杆速度见表 4-2。

表 4-2　CCR 系统连轧机出杆速度

规格/mm	ϕ8.0	ϕ10.48	ϕ14.51	ϕ20.21
出杆速度/(m/s)	5.05	2.94	1.53	0.79

在铜杆连轧机的设计上，除考虑连轧机的强度和刚度外，还要考虑轧辊的调整和更换要方便，铜屑应易于清除，机架之间尽可能采用微张力或无张力轧制，在孔型设计时尽可能使轧辊磨损均匀一致，孔型调整方便，以及采用乳浊液的润滑和冷却。另外，在连轧机的密封方面还要防止油和乳浊液的相互渗透，这些对于提高轧辊寿命、消除氧化皮都是很必要的。

连轧机轧制的工艺参数如下：

1）铸条初轧温度：

①ϕ8.0mm 铜杆，温度为 800~810℃，

②ϕ8.0mm 以上的铜杆，温度为 810~830℃。

2）终轧温度为 600℃。

3）乳化液：温度为 45~55℃；压力为 180~220kPa；浓度为 3.5%~4.5%。

4）齿轮油：温度为 40~60℃；压力为 150~250kPa。

5）机架油：温度为 40~60℃；压力为 100~200kPa。

摩根连轧机的结构示意图，如图 4-5 所示。

6. 终轧杆的冷却及涂蜡

连轧机终轧温度应控制在 600℃左右，经冷却系统对其进行冷却，冷却剂是酒精含量为 5%~10%（质量分数）的酒精水溶液，pH 值为 9~12，酒精水溶液的工作温度为 25~35℃。开机前，检查酒精水溶液冷却箱各喷嘴的状态，分三组喷嘴，第一组工作压力为 50kPa，第二组工作压力为 100~150kPa，第三组工作压力为 200~250kPa。一般将铜杆冷却到 80℃左右，并用吹干装置将铜杆吹干。若出杆温度过高，可适当增加第一组和第二组喷嘴的工作

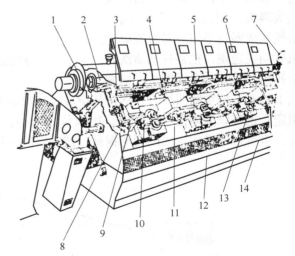

图 4-5　摩根连轧机的结构示意图
1—圆柱斜齿轮　2—上传动齿轮　3—圆柱旋转齿轮
4—辊缝调整螺钉　5—防护罩　6—调整窗口
7—三档变速器　8—观察孔　9—冷却水喷射装置
10—出口导管　11—滑动入口导卫装置　12—滚动入口导卫装置　13—合金钢轧辊传动轴　14—硬质合金轧辊

压力。

　　为防止铜杆在长期运转过程中发生氧化，铜杆在成圈前要进行涂蜡处理。以前的涂蜡方法是通过蜡箱使铜杆表面上涂上一层蜡，但这种方法涂层不均匀，蜡损耗大，污染环境。现一般采用喷蜡方法，这种方法是空气先经过干燥及净化处理后，进入喷蜡头，蜡则由蜡泵输送到喷头，在压缩空气的作用下，蜡呈雾状直接涂在铜杆上。清洗-涂蜡系统和喷蜡系统如图4-6、图4-7所示。

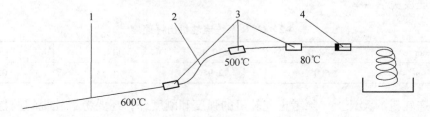

图4-6　清洗-涂蜡系统

1—轧机出口　2—清洗管道　3—酒精清洗剂喷头　4—涂蜡喷头

7. 成圈机

　　铜杆清洗、涂蜡后进入成圈机。生产线产量小的采用象鼻式成圈机，但这种设备对于铜杆收线效果不好，杆比较松散，目前国内多用于铝杆收线。产量大时，多选用摩根公司的摇头沉线式成圈机，如图4-8所示。摇头沉线式成圈机是用一对直流电动机驱动夹送辊，把铜杆从清洗管中拉出，直接送入成圈头，成圈

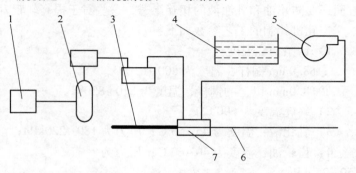

图4-7　喷蜡系统

1—气源　2—蓄气罐　3—管道　4—蜡箱　5—蜡泵　6—铜杆　7—蜡喷头

头上装有一根空间曲线管，铜杆从中穿过，成圈头用一台直流电动机驱动，其转速可以保持恒定，也可以周期性改变转速，使圈从大到小，再从小到大。摇头沉线式成圈机可手动操作，也可自动操作，成圈后的铜杆，按一定的重量切断后推出，经检验包装后运出。

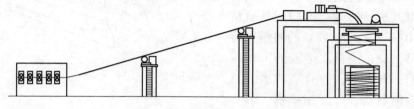

图4-8　摇头沉线式成圈机

8. 辅助系统

　　连铸连轧机的辅助系统由自动加料系统、铜板预热系统、冷却系统、润滑系统、氧乙炔焰及电器系统等组成。

三、产品主要性能

连铸连轧 SCR 法生产的铜杆，是高电导率、低氧、大长度的光亮韧铜杆，其产品质量符合《电工用铜线坯》（GB/T 3952—2008）国家标准规定，其主要性能如下：

①极限抗拉强度为 229.7MPa。

②蠕变强度为 77.2MPa。

③断后伸长率 40.8%。

④含氧量≤300mg/kg。

⑤电导率为 101.5%～101.7% IACS。

⑥表面应光亮、圆整。

⑦扭转次数为 37～38（正反扭转）。

⑧成圈重量为 2000～7000kg/圈。

◇◇◇　第 2 节　上引-冷轧工艺

一、概述

1. 工艺原理

上引-冷轧法生产无氧铜杆，是目前国内外生产无氧铜杆比较成功的一种工艺方法，由芬兰 Outokumpu 公司于 1970 年开发研制。该工艺的原理是：用感应电炉使铜板在炉内熔化，在多头上引机上，装有石墨结晶器，如图 4-9 所示，其下端深入并浸没在熔化铜液面以下，起动牵引装置，根据工艺要求选择好上引速度，开始上引。开始时，利用一根圆钢制成的引杆，通过石墨结晶器内管插入铜液内，引杆在牵引机构的作用下慢慢提升出来，铜液在引杆的附近很快凝固，并随引杆牵引出来。

铜杆的尺寸取决于石墨结晶器的内管，一般为 $\phi8～\phi20mm$，如果需要，可以通过增大或减小内管尺寸。铜杆引出后，经过张力调节轮进入绕杆机，由绕杆机绕成圈，然后成圈的铸造杆经过冷轧或冷拉得到所需成品杆的尺寸。如果需要更换其中任何一个石墨结晶器，可不用中断其他石墨结晶器，并在几分钟内就可换好。

2. 生产工艺流程

上引-冷轧生产线包括熔化炉、流槽、保温炉、上引机、收线机以及冷轧机或冷拉机等设备。图 4-10 所示为上引连铸无氧铜机组结构示意图。

上引-冷轧生产线工艺流程是：阴极铜板→熔化炉→流槽→保温炉→上引机→收线机→冷轧（或冷拉）→成品（铜杆、铜管、型材）。

按照生产工艺的要求，阴极铜板入炉前首先要进行烘烤，然后

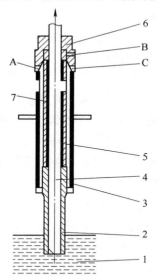

图 4-9　上引连铸法结晶器

1—铜液　2—石墨结晶器
3—结晶器液面　4—铸杆
5—抽真空部分　6—密封套
7—冷却水夹套　A—冷却水入口
B—接真空泵　C—冷却水出口

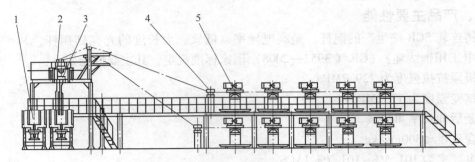

图 4-10　上引连铸无氧铜机组结构示意图
1—熔化炉　2—保温炉　3—上引机　4—收线控制　5—收线

再将整块或切成数块的阴极铜板（按炉子容量大小）直接加入炉内熔化。熔化后的铜液通过还原性气体（CO）保护的流槽，进入保温炉。保温炉分为两个腔，即过渡腔和上引腔。过渡腔内用木炭覆盖，上引腔内用鳞片石墨覆盖，这样可以保证熔铸过程在稳定的还原性气氛中进行。目前，国内上引-冷轧法生产线多数采用组合炉的形式，即熔化和保温在一个炉内，使用耐火型砖将炉子分为熔化区、过渡区和保温区。其工艺流程为：阴极铜板→熔化区→过渡区→保温（上引）区→上引机→收线机→冷轧或冷拉→成品（铜杆、铜管、型材）。

组合炉在熔化区用木炭覆盖，在过渡区和保温区用鳞片石墨覆盖。组合炉的优点是：去掉了倾炉倒铜液的过程，可操作性较强。另外，非组合炉的流槽结构密封性差，铜液经流槽进入保温炉时温度下降了 10~20℃，而且易在流槽处结渣，加上倒铜液时有冲击气流，易造成铜杆质量不稳定，而组合炉消除了这种弊病，因此逐渐被广泛应用。

熔化炉倒铜液采用液压控制系统，保温炉的铜液位用水准尺显示，铜液温度由热电偶测量并由仪表显示，可自动或手动控制炉温。保温炉的输入功率也有自动或手动控制系统两种。

上引机固定在保温炉上方，石墨结晶器装在上引机架上，石墨结晶器插入铜液中的深度恒定不变，石墨结晶器分两排各自固定在上引机的两侧，每一根铸杆由电动机（或离合器）带动两对辊轮将其夹在间隙向上牵引。使石墨结晶器在铜液中保持位置不变的装置是液位跟踪系统，它根据铜液液面来控制上引机活动机架上下运动。每一根石墨结晶器可以单独提起和更换，都有各自的控制器和绕杆机，一根石墨结晶器的更换并不影响其他石墨结晶器的正常运转。引出的铜杆经导轮进入绕杆机，绕杆直径可自动周期性调节，成圈质量为 1500~3000kg。成圈完成后剪断铸杆然后吊走，再进行冷轧或冷拉。

冷轧采用二辊或三辊连轧机，从 ϕ20mm 或 ϕ14mm 铸杆，连续轧成 ϕ8.0mm 或 ϕ6.7mm 的铜杆。或采用冷拉的方法，从 ϕ14mm 连续拉到 ϕ8.0mm 或 ϕ6.7mm 的铜杆。图 4-11 所示为冷轧机组。

目前，上引法生产无氧铜杆的发展正朝向"调整产品结构，降低能耗"的方向发展。国内铜杆冷轧机以 Y 型三辊冷轧机为主，这种轧机受结构和加工装配精度的限制，而且维修费用比较高。要真正降低轧机的运行维修费用，应调整上引生产结构，直接上引 ϕ8.0mm 铜杆，这样，去掉轧机轧制工序后，可以大大降低 ϕ8.0mm 铜杆的生产成本。

直接上引生产 ϕ8.0mm 铜杆的关键在于要保证原有的生产能力，要做到这一点，熔炉结

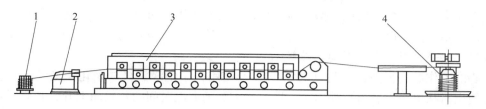

图 4-11　冷轧机组
1—放线架　2—剪刀机　3—冷轧机　4—收排线架

构及牵引机构就要进行技术改造。当前上海电缆研究所在熔炉结构上已改用风套来代替水套，上引采用伺服电动机牵引机构，使上引牵引速度达到 3m/min。由于伺服电动机运行精度高、力矩稳定、过载能力强，所以目前国内许多厂家已采用伺服电动机用于牵引，正常牵引速度可在较大范围内（0~3.0m/min）调整。直接上引 φ8.0mm 铜杆在设备和工艺方面还需进一步改进，是一个值得研究的课题，也是上引法生产无氧铜杆的发展趋势。

二、主要工艺设备

1. 熔炉

上引法生产无氧铜杆用的熔化炉和保温炉，一般都采用感应电炉。感应电炉是根据变压器的工作原理设计制成的，由于它具有很多优点，所以被广泛应用。

感应电炉的加热原理是：被加热的物体在交变磁场的作用下，其内部产生大量的热，当达到熔点时，物体开始熔化，一直达到很高的温度。

感应电炉分为有芯和无芯两种，它们的主要区别是有芯感应电炉的磁导体和感应线圈穿过熔沟，熔沟形成一个二次短路环而使熔沟中的金属被加热。无芯感应电炉是由耐火材料或铁制造成坩埚，感应线圈和磁导体分布在坩埚的周围，炉料中心并无磁导体。

感应电炉按使用电流的频率可分为高频感应电炉（使用频率在 10000Hz 以上）。中频感应电炉（使用频率为 50~10000Hz）和工频感应电炉（使用频率为 50Hz）。高频和中频感应电炉都需要变频设备，而工频感应电炉直接使用电网供电频率，不需变频设备，使用方便，电效率及功率因数都较高，所以被广泛应用于熔炼铜及铜合金。上引法生产无氧铜杆用的电炉是有芯工频感应电炉，但这种电炉的使用也存在一些问题，比如容易发生断沟、漏炉等事故，致使炉的使用寿命低，一般在 1~1.5 年。下面主要介绍有芯感应电炉的构造、工作原理、操作工艺、常见故障及防治办法。

有芯感应电炉的构造如图 4-12 所示。

（1）铁心　铁心由导磁材料硅钢片制成，硅钢片上涂有绝缘漆，使片间相互绝缘，其作用是减少感应电炉的漏磁和磁阻，提高自然功率因数和电效率。

铁心的连接方式一般采用平面对接，这样在更换线圈、处理冷却系统故障时，拆装快，比较方

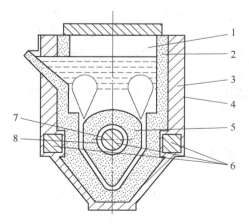

图 4-12　有芯感应电炉的构造
1—炉膛　2—耐火材料　3—绝缘层　4—外壳
5—熔沟　6—铁心　7—冷却水套　8—感应线圈

便。铁心在加工时，要在磨床上磨平对接面，安装时再用砂布打磨，如再有不平必须用其他方法处理平整。由于电炉使用时要经常倾炉，所以连接时不但要用拉杆紧固，而且要用顶杆前后顶稳、垫平，以防产生滑动。

铁心的工作温度很高，一般为80~110℃，使用久了绝缘漆极易老化，绝缘漆一旦被破坏，在使用时从电流上就可反映出来，即一次电流随通电时间的延长而上升，其原因是铁心绝缘漆损坏引起涡流发热而使温度上升，温度继续上升，绝缘漆损坏更严重，涡流现象越厉害，电损耗就越高。如出现这种情况应及时更换铁心。

（2）感应线圈　感应线圈是电炉的关键部件之一，形状是中空的圆筒形，如图4-13所示。

感应线圈是用纯铜管绕成的，其结构有单层、多层，呈螺旋状。在铜管内部采用强迫水冷循环系统进行散热，在熔炼期间出水口的冷却水温不得高于50℃，温度过高易沉积结垢，影响散热。

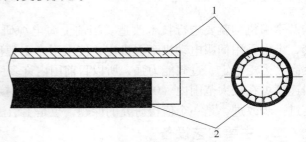

图4-13　感应线圈的结构
1—铜管　2—绝缘层

因为线圈匝与匝间相互绝缘，在使用中常出现的问题是匝间短路。匝间短路一般出现在端部，因为端部电压高，同时在工作中又极易碰坏，这样就要求在线圈端部加大绝缘厚度。

线圈在安装时，与铁心柱、冷却套之间要用绝缘胶板隔开，同时要使线圈与铁心，线圈与冷却套等的间隙大小均匀，保证同心度。感应线圈冷却水应为经过处理的软化水，若用硬水或自来水，铜管内易产生水垢并堵塞水路。

（3）冷却套　目前感应电炉采用的冷却套有水冷和风冷两种方式。一般大功率电炉采用水冷，小功率电炉采用风冷。为使冷却套不形成回路，加工时冷却套圆环应断开，断开处宽度一般为10mm，过宽会使局部冷却效果变差，使该部位感应器线圈表面温度过高，而且在炉衬打结时不容易筑牢固，过窄又容易使冷却套绝缘不好，致使冷却套形成二次线圈因发热严重而被熔掉。冷却水套的结构如图4-14所示。

冷却套的材质可以选用普通黄铜或不锈钢板，无论采用哪种材料，都应在套筒夹层内焊上加强肋，其作用是增加套筒的强度，增强冷却效果和冷却均匀性。

采用黄铜板制作的水冷套，其传热效果和耐急冷急热性能都比不锈钢板制作的水冷套强，但后者的

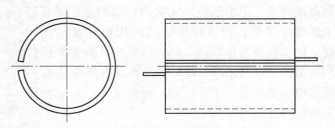

图4-14　冷却水套的结构

强度，特别是抵抗热膨胀产生压力的能力，都优于前者，因此它不易变形，可重复使用。而用黄铜板制作的水冷套往往用上一次，拆炉时就会发现变形了，必须进行更换。

冷却套在使用时，必须用石棉橡胶板沿冷却套外壁包卷，这样可减少高温炉衬向冷却套筒的传热量，降低散热损失，减小炉衬温差。拆炉时取下的冷却套经检验可以继续使用时，应使用金属丝沿水套圆周缚牢，以免造成外径增大，甚至造成连接缝增宽，使筑炉质量

下降。

（4）熔沟　熔沟也是有芯感应电炉的关键部位之一，其结构如图 4-15 所示。熔沟的工作情况会直接影响到感应炉的正常工作与否。而熔沟能否正常工作，首先取决于耐火材料质量的好坏；其次，还与熔沟的装置形式和熔沟的几何形状有关。

1）熔沟的装置形式分为立式、水平式、倾斜式 3 种。

2）熔沟的数量可分为单熔沟、双熔沟。

3）熔沟的几何形状分为等截面和变截面两种。

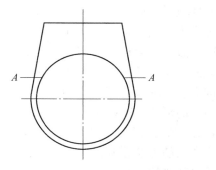
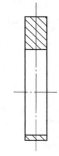

图 4-15　熔沟的结构

熔沟的装置形式主要应有利于热量的传递，以及停、开炉时熔沟的安全。上引法生产无氧铜杆所用感应电炉一般采用立式装置，其传热效果好，溶液沸腾使熔沟熔体回填容易，功率因数较高。

单熔沟和双熔沟的传热机理相同，但比较起来，使用双熔沟优于单熔沟，其原因：第一开炉时熔沟断裂的概率降低；第二感应炉的电抗降低，使有功功率提高；第三炉膛与熔沟的熔体热交换方便，提高了感应炉的熔化率。但是，采用双熔沟时，筑炉必须仔细，因两熔沟之间的距离，熔沟底部与冷却套之间的距离很近，只有 70~100mm，稍有不慎，即会发生漏炉和渗透，降低感应炉的使用寿命。

等截面与变截面熔沟相比，等截面熔沟的传热效果较差，这是因为等截面熔沟内电磁力的方向与电流的磁场方向成直角，即横切断熔沟的轴线，不产生任何与熔沟轴线平行的分速度，因此，熔体流动时，不能与熔池中的熔体循环对流，并在熔沟底部形成一个金属液涡流状的高温"滞区"，从而使底部与熔沟上口温度差较大，随着输入功率的增大，这种温差也不断增大，结果使熔池得不到良好的热交换，致使熔化率降低，电耗增高，高温"滞区"处的耐火材料局部过热，炉衬使用寿命降低。而变截面熔沟就消除了这些缺点。变截面熔沟的特点是垂直平面逐渐缩小，即熔沟与感应器水平面的相交处，粗沟截面积为细沟截面积的一定倍数，容易实现金属液在熔沟内的单面流动。它的流动原理是：截面小的地方由于电流密度大，电阻增加，所以该处发热量大，金属液温度高而密度降低，电动力作用小，金属液上浮，截面宽处则正好相反，从而使金属液从截面大的一端流进，从截面小的一端流出，从而实现了恒定的单向流动，强化了炉内的热交换。由此可见，对流在感应电炉中是热量传递的重要方式。

变截面熔沟粗细截面的比值要选用得当，过小则流动慢，达不到预期效果；过大则流动太快，对沟衬有较大的磨损，同时，容易产生功率波动。正确选取粗沟与细沟的比值，主要应从以下几方面考虑：第一，金属的流动性：流动性大的，比值小一些；流动性小的，比值大一些。第二，输入功率：如比值一定时，随着输入功率的增大，金属液在沟内的流动会加剧，所以，对电功率大的电炉，比值要小一些；反之则大一些。第三，熔沟周围的耐火材料：由于熔化金属不同，选用的耐火材料也不一样，有些耐火材料在高温下有很好的抗振性及较高的抗冲刷性，有些则不然，对于前者比值要大一些；后者则比值应小一些。功率在

100kW 左右的电炉，粗沟截面积为细沟截面积的 1.4～1.6 倍。

安装熔沟样板时，应使熔沟内环各部分与水冷套之间的距离保持中等水平。当变截面熔沟调整同心度时，应以熔沟内环中心为准，否则，会产生金属液流动过大或定向流动效果不好。变截面熔沟的结构如图 4-16 所示。

对于熔沟保护材料，为了提高熔沟沟衬的使用寿命，长久保持熔沟初始的形状，需要对沟衬采取特殊方法进行处理，其目的是减轻金属受热膨胀时对沟衬产生的危害，起到缓冲作用。目前最常用的方法是在熔沟样板上涂刷保护层，它的作用是熔沟受热膨胀时，熔沟上的保护材料挤入耐火材料打结层中。保护涂料一般是在磷酸氢二铝中加入 33%（质量分数）的三氧化二铝（Al_2O_3）混合而成。使用时，首先将熔沟表面用汽油或二甲苯等溶剂进行处理，然后用刷子涂上一层厚度为 1.5～2mm 的涂料，最后让熔沟样板上的涂料在室温下干燥 2～3 昼夜即可。

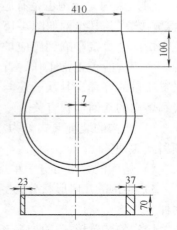

图 4-16　变截面熔沟的结构

（5）炉衬　对于熔化炉来说，炉衬是感应电炉中重要的组成部分，在有芯感应电炉中，要利用它来形成熔沟和熔池，与金属直接接触，因此要求它要有一定的强度和抵抗金属液侵蚀的能力。炉衬的质量好坏，直接影响着感应炉的使用寿命。而炉衬的质量好坏取决于炉衬材料、筑炉方法以及起熔烧结的过程。

1）炉衬材料：熔炉一般是在 1000℃ 以上的高温条件下工作的，因此，炉衬应以耐火材料为主。耐火材料的种类很多，性能各不相同，不同的非铁金属合金熔炼对耐火材料的要求不同。

①非铁金属合金熔炼对耐火材料的主要要求是：

a. 具有较高的耐火度。

b. 具有良好的高温化学稳定性。

c. 具有一定的高温结构强度。

d. 具有良好的耐急冷急热性。

e. 高温下具有良好的体积稳定性。

f. 具有较低的导热性。

g. 具有良好的绝缘性能。

h. 化学成分适合要求。

②非铁金属合金熔炉对耐火材料的选用。

非铁金属的熔化温度比钢铁材料的熔化温度低得多，它要使用各种熔剂，并且金属性质不同，所以非铁金属材料合金熔炉对耐火材料的选用与钢铁材料不同。熔炉使用的耐火材料有以下几种：

a. 石英砂及其他材料。对于小功率电炉，一般采用石英砂质耐火材料（SiO_2），大功率电炉大多还是采用红柱石质耐火材料（Al_2O_3）。

b. 黏结剂。常用黏结剂有：

硼酸：它是一种无色微带珍珠光泽的三斜晶体或白色粉末。硼酸的作用是降低石英砂的熔点和软化点，使炉衬能在炉沟熔化以前就开始烧结，并具有一定的强度。

　　水玻璃：又称为泡花碱，是硅酸钠的水溶液，通常使用的水玻璃呈液态，是青灰色、半透明的稠状液体。在炉衬的打筑中要求按比例将水玻璃加入干料中搅拌（或碾压）均匀后即可用来打筑炉衬。水玻璃比干料易成型，经一段时间的自然干燥后就会硬化成型。

　　硼砂：学名叫作四硼酸钠，是硼酸的一种盐类。硼砂是无色半透明的晶体或白色结晶粉末。硼砂的黏结效果比硼酸好，是因为其能与 SiO_2 生成复合化合物，同样用量的硼砂和硼酸对于降低石英砂的耐水度相差不大。

　　c. 耐火砖。常用耐火砖有以下几种：

　　硅砖：硅砖由石英岩加入石灰或其他黏结剂制成，主要用来砌筑酸性熔炼电炉、平顶炉顶、电炉炉顶及拱门，是一种酸性耐火砖。

　　轻质黏土砖：轻质黏土砖是在耐火砖土和熟料配制的砖料中再加入木屑、焦炭或松香、肥皂等泡沫中和制成，作为保温层，是一种中性耐火砖。

　　高铝砖：高铝砖是由天然或人工高铝材料制成，耐火度高，用来砌筑炉膛部分，直接与金属液接触，形成炉膛高温层。

　　2）筑炉方法：筑炉方法一般有机械和人工两种。

　　3）起熔烧结工艺：炉子砌筑完成后，即可进行炉子的烧结（又称为烘炉），烘炉的目的是除去炉衬中的水分，特别是让石英砂晶型间转变，使炉衬得到烧结，得到无裂纹且有足够强度的炉衬，同时顺利将熔沟化开。炉衬烧结是很关键的，处理不好，有时在烧结过程中就会出现熔沟断裂的现象，导致需要重新筑炉，因此要严格按照起熔工艺操作。起熔升温工艺如下：

　　①室温至 200℃，用木炭或燃气烘烤。

　　②200～975℃，通电升温，也可以同时用燃气烘烤炉膛。升温速度小于 100℃/h。

　　③650℃保温 3～4h。

　　④975℃保温 4～5h。

　　⑤650℃后一定要使炉膛内有足够的温度，特别是熔沟端部，否则易出现断沟问题，此时电压调整不能太快、幅度不能太大，待熔沟上部化开后，开始加入小块的铜板或铜杆。若有高温铜液，停电 1min，倒入一定数量（300kg 以上）的高温（1250℃以上）的铜液，然后以尽可能小的功率（但必须能使熔沟化开），通电化通熔沟。

　　⑥熔沟化通后，以 50℃/h 升温速度升至 1150℃，保温 2～3h。

　　⑦熔池加满后以 75℃/h 升温速度升至 1300℃，用尽可能小的功率自动保温烧结约 20h，然后降到正常工艺温度后才能开始工作。熔炉起熔工艺曲线如图 4-17 所示。

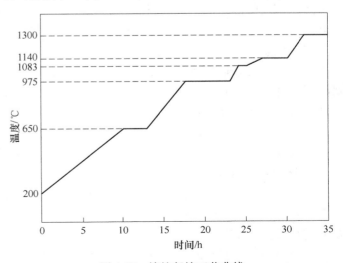

图 4-17　熔炉起熔工艺曲线

　　2. 有芯感应电炉的工作原理

　　有铁心的感应电炉的一次线

圈绕于铁心上，二次线圈是与熔池连通的环形熔沟，当工业频率（50Hz）的交流电通过一次线圈时，在作为二次线圈的金属熔沟中就会产生感应电流，产生的感应电流使金属被加热。

3. 熔炉操作工艺

熔炉包括熔化炉和保温炉，熔化炉用来完成铜板的熔化；保温炉用来保温铜液，使铜液温度保持在工艺温度范围内，供上引机上引。熔炉操作工艺要求如下：

（1）职责　操作者应随时检查熔炉冷却部件的冷却情况和冷却系统的运转情况，如有异常应即刻处理。

（2）炉温　保持熔化炉正常工作温度在 1180℃±10℃。在上引机工作时，保温炉将炉内铜液温度保持在 1145℃±5℃，并按时做好记录。炉内测温用的仪器是热电偶，它可以通过自动温度控制系统，也可以通过手动温度控制系统，使炉内铜液温度连续地保持在设定的温度范围内。

（3）木炭和鳞片石墨保护　熔化炉铜液表面用木炭覆盖。木炭起的作用主要有三个：一是防止吸气，使空气不能接触铜液，避免铜液氧化；二是还原作用，木炭的氧化物 CO 可以使铜液表面的 Cu_2O 还原为铜；三是保温作用。木炭在使用前必须烘干、除去气和水。另外木炭应随时更换，保持覆盖面致密、有效。

保温炉内铜液表面用鳞片石墨覆盖，它的作用和木炭相同，但石墨鳞片比木炭致密，保温、防止吸气效果更好，另外它还具有良好的耐高温和化学稳定性，不易燃烧，这样可以减少扒渣次数，一般 2~3 天扒一次即可，所以保温炉选用石墨鳞片而不用木炭覆盖。鳞片石墨下面结渣要及时清理，表面不得有局部发红现象。

（4）液面控制　熔化炉内铜液液面应保持在距炉门口 150~200mm，保温炉内铜液液面波动范围应控制在液位水准尺的-50~150mm。组合炉铜液液面相对要高一点，这是由于铜液容量大，热交换快，熔化速度快，一般应控制在液位水准尺的 50~150mm。非正常情况下则视具体情况而定。

（5）禁忌　炉内铜液在任何情况下，都不得暴露在空气中。

（6）铜液转炉　熔化炉倒铜液时，应切断供电负荷，并由专人观察炉门口是否有铜液溢出，倒完铜液后，应检查熔炉的炉膛表面和四周有无结铜现象，若有应及时清理。

（7）应急处理　如出现紧急情况必须将炉内铜液倒出时，应首先切断电炉的电源，关闭燃气，但应保持电炉冷却水畅通，拆掉流槽及地坑盖板，将电炉沿轨道拉出，把铜液包吊到电炉下面，用吊车吊起电炉使铜液由出铜口倒入包内。整个过程应在 30min 内完成。倒铜液时，应区分以下两种情况：

1）如感应器出现问题，这时应将炉内铜液全部倒出，炉子最后倾斜至 90°。

2）若炉膛出现问题，这时只需将炉膛内铜液倒出，炉子倾斜至约 60°。

4. 熔炉故障及防治方法

有芯感应电炉在使用中常出现的故障是断沟和漏炉，这些故障的产生往往猝不及防，重新筑炉会造成生产成本增加，人力物力浪费，给正常生产带来不便。现将熔炉断沟、漏炉的故障原因及防治方法分析如下。

（1）断沟的故障原因及防治方法　熔炉一旦断沟，感应器便处于断路状态，从仪表上看，感应器线圈电压没有变化，但感应器电流显著减小到几乎为零，功率为零，一旦出现这种情况，说明熔沟已经断裂。熔沟断裂的原因大致有以下几个点：

1）起熔过程中发生断沟。起熔过程中发生断沟往往有以下几种情况：

①熔沟存在质量缺陷。熔沟一般是由纯铜铸造而成，若存在铸造缺陷，在烘炉过程中，随着时间的延长，输入功率的增加，熔沟温度也逐渐上升，在熔沟局部开始熔化，但未全部化通之前，往往会造成熔沟断裂。这是由于熔沟的顶部（喷口部位）与空气相接触，热交换条件良好，散热面积大，散热速度快，而且喷口部位是熔沟横断面最大的地方，电流密度小，因此升温慢。而处于熔沟下半圆部分，绝热条件好，热损失小，同时该部位横截面小，电流密度大，如图 4-15 所示，因此总是该部位先熔化。若熔沟存在夹渣、气孔、缩孔等缺陷，使得这些有隐患的地方过早熔化，熔化的铜液在重力作用下往低处流，使得熔化区和半熔化区断开，虽然熔沟受热膨胀，但膨胀部分无法弥补铸造缺陷形成的孔隙，就会发生断沟。

防治方法是：保证熔沟的铸造质量，使熔沟内部无夹渣、气孔、缩孔等铸造缺陷；有条件的不采用铸造方法，而是用压延纯铜来制造熔沟，能够保证熔沟的质量。还可以对熔沟预先进行处理，即在熔沟外包一层 1~2mm 厚的钢带，钢带熔点高，有助于防止熔沟的断裂。

②炉衬质量不好。炉衬质量包括炉衬材料、炉衬的打筑。炉衬打筑时熔沟周围捣固不十分紧实，会形成较多的空隙；炉衬材料粒度配比不合理，烧结时矿化剂脱水又会使熔沟周围产生一些空隙，熔沟熔化时，一小部分铜液就渗入这些空隙，由于熔沟上部的铜基本还是固态，所以无铜液补充这些空隙，因此在固液态之间会形成空隙而断沟。

防治方法是：严格控制炉衬材料的质量，选择合理的炉衬材料粒度配比；筑炉时，严格按照筑炉工艺进行操作，提高炉衬的紧实度。

③起熔过程中操作不当造成断沟。

a. 冷却水流量调节操作不当。在起熔过程中，水冷套中的冷却水流量不能乱调，要随熔沟温度和出水温度的升高而调节，在熔沟下半部熔化而上半部还是固态时，若突然增大冷却水流量，容易使熔沟急剧收缩而断沟。

b. 熔沟喷口刚开始熔化时操作不当。这是由于熔沟在升温过程中，喷口部位散热量大，温度较熔沟内部低，同时喷口与大气接触，表面易被氧化形成一层熔点较高的氧化铜薄膜，当喷口还未熔化，而内部铜已全部熔化，但还未流动时，熔沟内部膨胀形成的压力以及熔沟中气体在高温下形成的压力很大，这时如果输入功率过高，则会产生电磁力，一旦喷口局部熔化，铜液就会在相当大的压力下从化开部位冲破薄膜而喷出，造成断沟。

c. 熔沟全部化开后操作不当。熔沟化开后，如果未及时加料熔化，电压却升得很高，喷口处没能保持很高的温度，这时铜液静压力小，熔沟内部温度又较高，往往会发生喷沟现象而造成断沟。

防治方法是：烘炉过程中，不能随意将水冷套中的冷却水流量突然增大，而且还要将出水温度保持在 40℃ 左右。当发生喷沟时，如有条件，可以向熔池内加入高温铜液，使熔沟接通，同时立刻升高电压。如无铜液，应迅速将电压调低一级，并向熔沟处插上预热的铜管；如果继续发生喷沟，将电压再调低一级，并保持喷口足够高的温度。这时，只要能升高电压，就加料熔化，如喷沟则降低电压，反复操作，使沟内铜液逐渐增多。如果电压只降不升，也会造成铜液凝固收缩而断沟。

2）有芯感应电炉熔炼过程中发生断沟。熔炼过程中发生断沟与铜液的成分有关，如果铜液中含有其他杂质，特别是含有易氧化的铝，生成的 Al_2O_3 在熔沟中随着铜液进行循环，当这些 Al_2O_3 氧化夹渣随着铜液循环受阻而贴附到斜面上，随着熔炼次数的增加，时间的延长，斜面上的夹渣越积越多，最后被全部堵塞，发生断沟现象。

防治方法是：改进熔沟的形状，改倾斜部分为垂直，减小金属液的流动阻力，其形状如图 4-18 所示。对于熔沟上部的铜液要保持清洁，不得有大块的炉渣出现，以免被卷入熔沟中，用木炭覆盖好铜液的表面，尽量减少铜液的氧化，这些都可以防止氧化物的产生和沉积。

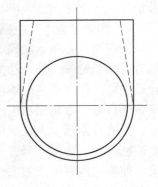

图 4-18　改进的熔沟形状

3）停电时造成断沟。感应炉在正常熔炼过程中，熔沟的工作状态是比较稳定的，若突然停电，熔沟向熔池传递热量的工作停止，炉内铜液与大气通过对流、传导和辐射三种方式迅速散热，使熔池中的温度急剧下降，而熔沟部分的热量只能靠水冷套的冷却进行散热，熔沟部分的散热速度远比不上熔池部分的散热速度。这样熔池部分很容易凝固，使得熔沟液相区与熔池固相区断开而造成断沟。

防治方法是：一定要保证不发生突然停电事故，当熔炼过程中发生突然停电时，应立即采取以下措施。

①将熔池上方未熔化的炉料尽可能都取出，减小熔池散热速度。

②用大量的木炭覆盖炉膛表面，将炉盖密封好进行保温，尽量减缓熔池部分的冷却速度。

③加大炉底水冷套的冷却水流量。采取这种措施的目的主要是促使熔沟部分凝固，形成熔池内铜液对熔沟的补缩能力，使凝固线下移，最后凝固形成的缩孔移至喷口以上，防止断沟的出现。

（2）漏炉的原因及防治方法　有芯感应电炉发生漏炉，是指熔沟中的铜液穿过炉衬、炉壳，流出炉外。漏炉是一种很危险的事故，从图 4-12 所示的炉体结构可以看出，熔沟处是炉衬、冷却水套、感应线圈汇集处，熔沟和水套之间的炉衬厚度很小，最容易在此处漏炉。从熔沟中漏出来的铜液很可能危及水套和感应线圈，而此处既带电，又带水，一旦水套和感应线圈被烧坏，后果将很严重。

若铜液能穿过炉衬流出，则说明炉衬相应部位已经损坏。而炉衬损坏的原因包括以下几点：

1）炉衬打结不好，尤其是在熔沟和水套交接处，面积很小，打结困难，往往造成炉衬质量差，烧结后质量也不好，所以在使用过程中造成漏炉。

2）炉衬质量不好，耐火度低，粒度配比不合理，烧结过程中控制不好烧结速度和温度，炉衬易产生裂纹，铜液就会渗透到炉衬裂纹中去，造成漏炉。

3）在正常生产中操作不当，混入其他杂质，会对炉衬造成侵蚀和破坏作用。为追求高产量，输入功率过高，造成熔沟内铜液温度过高，严重时会烧坏炉衬发生漏炉。

防治方法是：漏炉的主要原因是操作使用不当。因此，在炉衬打结过程中，熔沟周围的狭小部位应特别注意打结质量，尽可能地做到打结均匀，紧实度适中。选择质量好的炉衬材料，粒度配比要合理。控制好烧结温度和速度，严格按起熔操作工艺操作，保证获得较致密的炉衬。入炉材料和工具要干燥洁净，不得含有杂质。在正常生产过程中，要控制好炉温，保证熔沟内的铜液与熔池内的铜液热交换均匀，输入功率不可持续过高，以免烧坏炉衬，降低感应炉的使用寿命。

三、上引-冷轧设备

1. 结晶器

结晶器是上引铸造设备，用来完成铜液的冷却结晶的。结晶器内的冷却水流量大小，进出水温度以及上引速度等，直接影响着铜液的结晶晶粒，是上引铸造设备的关键设备。上引用结晶器，每组中都含有一个上结晶器和一个下结晶器，上结晶器固定在上引机架上，下结晶器可以取下，上下结晶器通过扳动手柄使结晶器整体上下移动。有的上引机每组只使用一个结晶器。每组结晶器之间都是相互独立的，既可以使用一组结晶器，又可以使用多组结晶器。每组结晶器都可以单独操作，而不影响其他结晶器。

（1）结晶器的结构　结晶器由三层管组成，其内部可以流通循环水。结晶器的外管和接头是由锡青铜制成的，因为锡青铜强度高，在大气、海水及低浓度的碱性溶液中耐蚀性能很高，能提高结晶器的使用寿命。结晶器的中管和内管是由纯铜制成的，纯铜的导热性能好，便于铜杆的冷却结晶。结晶器的结构如图 4-19 所示。

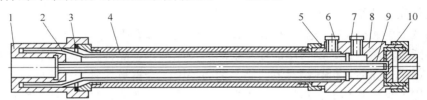

图 4-19　结晶器的结构

1—内管　2—外管　3、5、7—密封垫　4—主管　6—快速接头
8—接头体　9—O 形密封圈　10—衬套

（2）结晶器的使用方法　结晶器在使用以前，首先要做好以下工作：

1）根据图样，测量结晶器的工艺尺寸是否正确，只有符合工艺要求的结晶器才能使用。

2）用加压泵将结晶器升压到 1~1.2MPa，并保持 10~15min，检查接头焊缝及密封处是否漏水，如焊缝处漏水，说明此结晶器不能使用；若密封圈密封处漏水，应更换密封圈，重新装配结晶器。

3）对于检查合格的结晶器，安装石墨模及保护套。对石墨模和保护套的要求如下：

①保护套。结晶器外包的石棉套和碳化硅（SiC）或石墨，统称保护套，是用来保护结晶器进入铜液中的部分不至于熔化。保护套在安装前要检查其质量，保护套有裂纹或内外表面有凹槽的，不得使用。其次要测量其工艺尺寸，只有工艺尺寸合格的才能使用，不符合工艺尺寸要求的则不能使用。保护套入炉前必须干燥、洁净，不得混有任何杂质。

②石墨模。石墨模是与结晶器内管相配合的铸造模具，它的规格就是结晶器内管及引出杆的规格。石墨模在使用前，应检查其内外质量。检查方法是：将石墨模对着光线查看内表面是否光滑，有无裂纹或划痕，如果有，则此石墨模不能使用；如果没有，再查看外表面，若发现外表面特别是螺钉处有凹坑、松散、碰伤严重等，则此石墨模不能使用。

石墨模用过一段时间后，由于铸杆与其内壁相接触，易造成内壁划伤，内孔磨损过大，影响到铸杆的质量。因此,用过一段时间以后,石墨模就要更换。一个石墨模的寿命为4~6天,可生产6~10t铜杆,具体还要视石墨模的质量情况而定。更换不同的模具后,可生产不同规格的圆铜杆、铜管和异型铜材。

（3）安装结晶器石墨模、保护套的步骤 将结晶器放在结晶器工作台上,先把结晶器内管及安装石墨模螺纹处清理干净,然后将检查合格的石墨模拧入结晶器中,再用石墨模钳子将石墨模适度地拧紧,不得用力过大,以防石墨模被拧断,最后用石棉绳将螺纹处填充牢固。石墨模装好后,再将合格的隔热套和保护套松紧适度地安装在结晶器头上,若发现石墨模与石墨保护套之间有间隙,应用耐高温的石棉绳（或耐火泥）将此间隙填死,以防铜液渗入。

石墨模用过一段时间以后,就会老化,以至于影响铜杆质量,这时就要更换新的石墨模。更换石墨模的步骤是:首先将要更换石墨模的结晶器整体从铜液中抬起,关闭进入该结晶器的进水阀门,将进入结晶器的进水管从下结晶器进口的快速接头处拔掉,将下结晶器的出水管从上结晶器的进口快速接头处拔掉,将下结晶器进水管插到上结晶器进水口处,然后打开结晶器进水阀门。此过程中应注意的是在拆卸进出水管快速接头时,应避免接头内的水滴到炉膛内。拨动顶下结晶器气缸的气阀使上下结晶器分开,将下结晶器拆下。注意只有结晶器内的铜杆完全从结晶器出来后,方可拆下结晶器。

结晶器从上引机架上拆下后,放在工作台上开始拆卸石墨模。拆卸石墨模时必须采用热拆方法,不能等凉后再拆,因为结晶器存在热胀冷缩现象,热拆时结晶器膨胀,此时石墨模容易取下;如果等凉后再拆,结晶器收缩,与石墨模配合得更加紧密,这样石墨模不容易取下来,需要用工具将其剔下,这样就会损坏结晶器螺纹,造成结晶器不能继续使用。用钳子拆掉石墨模后,应查看保护套和隔热套是否完好,特别是和石墨模壁相接触的地方,如发现铜液侵蚀较严重,就应更换保护套和隔热套,如不严重,则可以继续使用。

每组结晶器的水流量应控制在30L/min,水的压力控制在0.3~0.6MPa,进水温度不大于30℃。

2. 上引传动装置

上引传动装置包括牵引机构和液面跟踪机构。

（1）牵引机构 牵引机构由电动机及传动部分组成,其运动示意图如图4-20所示。

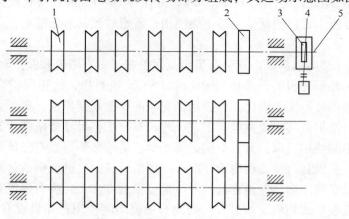

图4-20 牵引机构运动示意图

1—牵引轮 2—齿轮 3—蜗轮蜗杆减速器 4—轴 5—步进电动机

（2）液面跟踪机构　液面跟踪机构由步进电动机及传动结构以及铜液液面浮子和行程开关组成。

液面跟踪机构的作用是确保结晶器插入铜液的深度保持相对稳定不变。液面跟踪机构的工作原理是：在上引机活动机架上装有液面跟踪装置，通过液面上跟踪浮子的位置变化，触动活动机架上的位置接触开关，起动步进电动机，步进电动机带动减速器使四根滚珠丝杠运动，使活动机架上升或下降，完成跟踪动作。液面跟踪机构跟踪速度可通过调整步进电动机转速来完成，一般整体机架上升或下降的速度可控制在 120~240mm/min。液面跟踪机构的工作原理如图 4-21 所示。

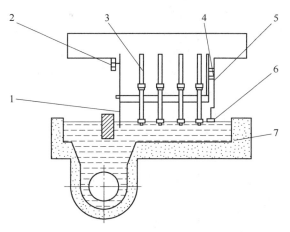

图 4-21　液面跟踪机构的工作原理
1—热电偶　2—液面高度指示板　3—结晶器
4—行程开关　5—连杆　6—液面浮子　7—保温炉

3. 上引收线设备

（1）收线原理　收线设备的收线原理是：上引出来的铜杆经过导向轮及收线机的控制摇臂进入收线机，收线机的收线速度是通过电磁调速电动机来控制的，其收线速度基本上与牵引速度同步，当牵引速度大于收线机的收线速度时，铜杆下沉，致使控制摇臂下降而反馈信号给收线电动机，使收线电动机转速加快；同理，当牵引速度小于收线机的收线速度时，铜杆上浮，控制摇臂上升而反馈信号给收线电动机，使其转速减慢。收线半径是通过电磁换向阀和电器定时器来调整控制的，每半周变化一次，每次 2~3mm。

（2）收线设备（收线机）的组成及功能　收线设备由收线小车、收线盘、收线机架、控制台和液压驱动系统等组成。控制台控制收线机，液压驱动系统控制收线直径的大小。收线设备的功能是将上引机引出的铜杆通过牵引轮进入线盘，为了使铜杆成圈，由液压系统驱动导向轮推动线杆弯曲成圈，转动的线盘不断碰撞行程开关给导轮以运动信号，使导向轮按预定程序做间断往返的曲线运动，从而不断改变线杆成圈的弯曲半径，使收线质量紧密整齐。

收线机一般分为上下两层，上引出来的铜杆由导向轮分别导入上下两层收线机，每层收线机由各自的操纵台控制，操作者应按"收线机操作说明书"来操作。

收线机的关键部件是收线电动机和液压系统。收线电动机采用的是电磁调速电动机，它的作用是自动调整收线速度，使收线速度和上引速度相匹配。液压系统的关键部件是电磁换向阀，它的作用是通过换向来调整收线半径，使排线紧密整齐。

（3）收线操作工艺

1）收线前应检查各收线机的速度与上引速度是否匹配，卷绕轮的运动、收线小车及线盘是否灵活。

2）从上引机出来的铜杆，应分别导入上下层收线机，不得有交叉乱线现象，最好的导向结果是上层导向轮出来的铜杆进入上层收线机，下层导向轮出来的铜杆进入下层收线机。

3）铜杆进入线盘后，应将头部固定在线盘内，以免露出小车外，在运动中产生"别筋"或撞坏行程开关。

4）各收线机的速度应调整到和上引速度相匹配，不得使张紧轮过松或过紧。

5）收线时应时刻注意和及时调整卷绕轮的运动状况，应将铜杆收排得紧密整齐。每一捆铜杆的质量为 2000~3000kg。

6）收线架内的线盘收满后，将铜杆剪断，并把收线架推到轨道边沿，然后将线盘吊到线盘安放处，再吊入另一空线盘，而后将收线架推回到原处继续收线。

4. 上引辅助系统

（1）加料系统

1）加料设备：

①真空吸盘吊。真空吸盘吊主要由吸盘、悬臂力柱、真空泵以及控制吊臂升降及旋转的电动机，减速器、操纵台及限位保险装置组成。真空吸盘吊的功能是将位于堆料架上的铜板吊起并旋转至加料机工作台上方，然后下降，把铜板释放到加料机工作台面上，最后再复位。对铜板的起吊力来自真空泵产生的真空吸力，减速器通过链条及一对齿轮完成悬臂的上下及旋转运动。

②加料机。加料机由倾动工作台、固定架、加料夹、倾动气缸、制动电动机和减速器等组成。加料机的功能是将真空吸盘吊投放在工作台面上的铜板按下列工序：夹持→倾动 90°→夹持爪下移→夹持爪松动铜板入炉→工作台复位，完成一次加料过程。

2）加料操作工艺：

①加料前应检查以下事项：空气压缩机运转是否正常；加料系统控制柜开关及信号是否正常；真空吸盘吊真空泵运转是否正常，上下运动及左右旋转是否灵活可靠；加料机夹爪松紧运动及输送链运动是否灵活，倾翻及复位是否正常；炉门开闭运动是否灵活，各限位开关是否灵敏。

②加料时熔化炉温度应控制在 1180~1190℃，并将熔化炉控制档送入高档工作。要经常检查熔化炉内铜板熔化情况，调整加料频率，并始终保持上引区温度在 1145℃±5℃。

③加料过程中熔化炉温度不断下降，但最终不得低于 1135℃，如需继续加料，应待炉子温度回升到 1180℃以上，方可继续加料。

④加料时，铜板必须放置在熔化炉进料平台的中央，不应出现较大的偏差，以免在熔化炉门口卡料或碰撞炉壁。

⑤进入熔化炉内的铜板，必须符合《阴极铜》（GB/T 467—2010）标准的规定。铜板每次加入量要根据熔化炉的熔化率来确定。

⑥加料时应使铜板全部进入铜液以内，不得有浮在铜液液面以上的现象，以免铜板发生氧化。

⑦加废料时，要根据铜板的质量情况合理搭配使用，但最多不能超过所加铜板总量的 10%。

⑧加料后应及时用木炭覆盖好铜液表面，并及时关闭炉门。

（2）铜液的转移系统　铜液的转移是通过倾动液压缸和流槽来完成的。

1）倾动液压缸：

①倾动液压缸的作用。倾动液压缸的作用是完成铜液的倾倒过程。液压缸的动力来自液压泵，液压泵在电动机的驱动下产生 8~10MPa 的工作压力，推动液压缸运动使炉体做 0°~

90°的倾斜，从而使炉内铜液通过流出口经流槽进入保温炉。

②倾炉操作工艺：

a. 倾炉前应检查熔化炉倾动平台上有无操作工具和杂物，平台下是否有人员工作或有碍倾炉的物品存在。检查液压泵运转是否正常，上引机活动机架升降是否正常，浮子跟踪是否正常。

b. 倾炉前应先切断熔化炉供电，熔化炉内铜液温度应控制在 1180～1190℃。

c. 倾炉时操作者应根据熔化炉内铜液情况，缓缓将炉子倾动，并应密切观察保温炉液位水准尺及铜液液面上升情况，如发现牵引机构没有随铜液液面上升而上升，应立即停止倾倒工作，并立即检查处理跟踪系统。

d. 倒完铜液后，应将熔化炉复位，并关闭液压泵，熔化炉复位后，立即恢复送电，并重复熔化加料过程。

2）流槽：

①流槽的设备组成及功能：流槽由槽体、盖板、过流筒和石墨沟槽组成，盖板上设有观察窗。流槽的功能是将熔化炉和保温炉连接起来，形成铜液过流系统。流槽和熔化炉流出口密封连接，并用螺栓固定和密封在保温炉上面钢板上。流槽外壳分成两部分，上下部分用螺栓联接并密封，在维修和清渣时可方便拆卸，上部观察口可随时观察铜液在流槽内的流动情况。

流槽内通有含量为 10%（体积分数）的 CO 气体，在没有 CO 气体的情况下，也可通入 N_2 或 CO_2 气体。通入气体的作用是保护铜液，防止铜液氧化。

②流槽操作工艺：

a. 流槽是一封闭系统，必须保持密封性良好。

b. 流槽内的保护气体应连续由煤气入口进入流槽，而自放出口燃烧放出。检查气体中 CO 含量是否合适，可在放出口将气体点燃，如可燃，说明 CO 含量合适；否则就是 CO 含量不足。

c. 操作者应经常检查流槽的密封情况和气体在流槽中的畅通情况。铜液转移完毕后如发现流槽中有积铜，应关闭煤气管阀门，然后打开流槽谨慎排除，以免损坏石墨流槽。

（3）冷却系统

1）冷却系统的设备组成及功能：冷却系统主要由供水泵、供水箱、地下水池、冷却塔、给回水管路、水分配器、备用水箱以及温度、压力和流量控制仪表等组成，它的主要功能是将水处理系统引来的经过处理的纯净软化水，由供水泵从供水箱中抽出分别供给感应炉冷却系统和上引机冷却系统，而回水则通过同一回水管路汇入冷却池，由冷却泵抽到冷却塔，经冷却塔冷却后再流回供水箱，从而形成一个循环供水系统。

冷却过程中消耗的软化水应定期补充。为了保证冷却水正常供应，在控制系统中装有欠压、过压、超温等报警装置，以便及时调整，防止事故发生。

2）冷却水的技术要求：

①进水压力：0.3～0.6MPa。

②进水温度：不得高于 35℃。

③回水温度：结晶器回水温度不得高于 50℃，熔化炉回水温度不得高于 70℃。

④流量：不得小于 30L/min。

3）冷却系统操作工艺：

①操作者应随时巡查供水泵、冷却泵、冷却塔的工作运转情况，供水箱及水池的液位变化情况。

②供水箱和水池的液面均不得少于其容量的 2/3，正常运转时，供水箱和水池的液面应保持平衡，如发现液面高度波动较大时，应有专人随时观察，及时调整，直到供回水平衡为止。

③一旦发现冷却系统循环水量不足时，应打开备用水箱放水阀门，向大水箱补充循环水。

④备用水箱应备满备用水，如发现备用水箱没有水时，应及时补充备用循环水。

⑤冷却系统报警时，应及时分析原因，根据情况迅速排除故障。

⑥一旦发生冷却系统停水事故，操作者应迅速打开自来水阀门，同时关闭与供水箱和水泵相接的阀门。

5. 冷轧机

（1）冷轧机的孔型特点 上引冷轧采用的轧机一般为三辊 Y 型冷轧机，由于机架中 3 根轧辊互成 120°配置，孔型由 3 根轧辊的轧槽组成，又由于奇数机架和偶数机架的轧辊配置方向恰好反了 180°，因此，在连轧过程中，轧件无须扭转就可在 6 个方向交替受压。

（2）冷轧机孔型系统的优缺点。冷轧机的孔型系统一般采用弧三角-圆孔型系统，它不仅能得到规定的圆杆产品，而且中间道次能生产出其他规格的杆坯，经过改动还可以生产实心扇形线。该孔型系统的优点是：

1）由于孔型每间隔一道为圆孔型，因此轧件在压下程序中逐步规圆，成品形状比较规整。

2）轧机的中间道次可生产圆杆产品。

3）压缩率比较大，可达 28%～30%。

4）轧件在孔型中比较稳定。

5）孔型磨损后，可重新加工扩大。

该孔型的缺点是：圆孔型中轧件与孔型相接触各点的速度差比其他孔型要大一些，因此，轧槽的寿命相对来说要短一些。

（3）冷轧机组的设备组成及结构特点 上引冷轧机组由 12 副机架冷轧机、液压压头剪切机、润滑系统及其收放线架组成。其结构特点如下：

1）液压压头剪切机。为了便于无氧铜杆进入冷轧机，在铜杆头部必须进行压头或剪切。液压压头剪切机的液压缸分别备有压头及回转剪切装置，并采用固定式支架进行操作。液压系统由中压叶片液压泵及油箱、电磁换向阀组成。

2）冷轧机。冷轧机采用有 12 副机架，辊径为 $\phi255mm$ 的 Y 型三辊轧机，分上下传动机架，交替布置。上传动机架 6 副，下传动机架 6 副，相邻机架传动比为 1.2：1。主传动采用 180kW 的交流电动机，通过齿形联轴器传递动力给主传动齿轮箱；齿轮箱分 14 档，前两档为减速用，其余 12 档输出轴分别接至全齿形联轴器，并传递动力给三辊轧机的机架。

每副机架前后分别装有进出导卫装置，奇数机架入口采用滑动导卫装置，偶数机架采用滚动导卫装置。其中，滚动导轮的形状与前一道出来的三角形轧件一致，并留有适当间隙。装在牌坊出口处的出线导卫装置采用哈夫结构，一旦发生堆料事故时，导管被冲走，避免牌坊堵塞。

每副机架的侧辊采用垫片调整。不同厚度的垫片均采用哈夫结构，这样可不必将 4 只固定螺栓全部拧出，即可更换垫片，调整范围为 0.1~1.0mm。

当轧制过程中发生事故而引起过载时，安全联轴器中的剪切销被切断，以保护齿轮和轴。

3）润滑油润滑系统。润滑油润滑系统是用来润滑大齿轮箱的。油箱中的润滑油通过液压泵经过滤器、冷却器来到齿轮箱后侧的进油总管，并分三支进入齿轮箱，然后经过分支油管的喷油嘴对大齿轮箱进行润滑。同时，在分支油管上分别接纯铜管通到每个轴承座上部的油孔，对轴承进行循环润滑。回油是从齿轮箱端面的一侧经回油总管到润滑油箱，油箱中有点对点压力表，当油压低于规定值时，有信号报警指示。

在这种润滑系统中，机架内轴承的润滑油经常与乳化液混合，造成油箱中混入乳化液，乳化池中混入润滑油，导致铜杆冷却效果变差，大齿轮箱中的齿轮润滑不好，并造成润滑油、乳化液消耗过大。现在大多数厂家改进了轧机的润滑系统，即机架内轴承的润滑直接采用乳化液润滑，避免了上述缺陷，在实际应用中，冷却和润滑效果场良好。

4）乳化液润滑系统。为了提高冷轧无氧铜杆的表面质量，在轧制过程中对机架中各零件及轧件用乳化液冷却和润滑。从乳化液池出来的乳化液进入齿轮箱上面的总管，再分别用快速接头接到机架上及其导卫装置上，乳化液通过机架顶端及两侧小牌坊进入，对轧辊、锥齿轮、轴及轴承进行润滑。

回液全部通过机架下大底座上的回流槽，再经回流总管进入乳化液池。

5）绕杆机。冷轧收线用绕杆机由牵引装置和绕杆装置组成。为满足收线圈绕特性和一定收线速度的要求，设备转速必须在一定范围内实现无级调速，因而应采用直流电动机。

牵引装置牵引动力来自于直流电动机，经传动变速器，传到牵引机轴上。绕杆装置的动力来自于安装在牵引车上的直流电动机，通过主动轴、链轮而传到被动轴，由被动轴带动线盘转动，完成铜杆的圈绕。

（4）冷轧机的传动系统 冷轧机的主传动是采用一台 180kW 的交流电动机拖动。电动机转速从齿轮箱的第 14 档轴进入，通过两段减速传到第 12 机架，即终轧道次机架，而每副机架的传动是采用 1.2∶1 等速比传动的。

绕杆机传动系统由牵引装置传动系统和绕杆装置传动系统组成。牵引传动装置通过箱体上的一台直流电动机拖动，经针式摆线减速器传到牵引箱上，通过齿轮传动带动主轮。

绕杆传动装置由设置在收线小车上的调速直流电动机通过针式摆线减速器，传到线盘下边的主动链轮上，通过链条传到从动链轮轴上，从而带动线盘转动。

（5）轧机的操作工艺

1）开机前：

①检查润滑系统中各部件的润滑是否正常。

②检查收线装置情况，上下盘及排线是否良好，档位是否适用。

③检查电器控制系统是否可靠。

④检查确认良好后方可开动主机和有关辅机进行空运转，检查一切正常后方可开机。

2）开机：

①开机前先按铃引起操作人员的注意，让非操作人员离开设备。

②轧机开动时先合上主电源断路器和控制电源开关，这时操作台上的电源指示灯亮，分

别合上乳化液泵和液压泵开关，液压正常时，负压指示灯灭，这时根据需要，选择轧机联动或单动：在联动位置时，按下总起动开关则轧机和收线联动，在单动位置时按下总起动开关则轧机单动，收线机不运转。若要倒车，按下倒车开关则轧机倒车运转。

③收线机开动时，将操作台旁的收线控制台上的电压和电流旋钮调到相应的位置，联动时按下总起动开关，则收线机运转；若要点动则按住收线机点动开关，收线机单独运转。要改变收线机运转速度，只要改变其给定电压和电流就可以改变速度。

④开机时先将铜杆从放线架穿过导向轮引导至轧机旁。

⑤液压压头剪切机开动时，按下开起开关，液压泵电动机运转，踩一下脚踏开关，则液压压头剪切机就可以压头或剪切。

⑥铜杆经压头或剪切后，经压轮送入机架轧制，待轧件出来后引到线盘上绕一周后停机取样，对铜杆做物理性能实验，并编号与轧件相对应。

⑦停机时，先断开总起动开关，再停液压泵和乳化液泵，然后分开主电源断路器和控制电源开关，顺序与开机时正好相反，即先开的后关，后开的先关。

⑧装盘。把轧出的铜杆引到线盘上绕行一周涨紧，按电铃准备开机，在联动位置按下总起动开关就可进行正常轧制。

开机过程中要经常检查设备的运转情况和地坑内的润滑系统，时刻注意收排线和放线情况，发现异常时应立即停机检查。

3）开机后：

①开机后轧出的每盘线上应挂上标签，注明型号、规格、生产日期及制造班次，并保留好铜杆标签，做好相应的记录。

②停机后，清理现场，并做好交接班记录，为下一班次生产做好服务。

（6）轧机的维护、保养 除轧机大齿轮箱采用稀油循环润滑外，对放线装置采用润滑脂润滑，收线部分的针式摆线减速器和传动箱采用浸油润滑，箱体盖上的轴承及箱体外轴承采用填充润滑脂润滑。链传动采用滴油润滑。

凡有相对运动处，如导向轮、调整螺钉、摆臂，每班开机前必须加润滑油润滑。

各传动齿轮箱在工作 1500h 后必须拆开清洗。传动齿轮箱新装配后灌注新油并注意油面位置。

设备如长期不用，则其各相对运动处必须涂防锈油脂，轧机开机前必须先开液压泵及乳液泵，并检查安全剪切销。

乳化液应定期添加新的乳化剂，以保持一定的乳化液浓度，发现乳化液发绿时，应更新处理。

四、产品主要性能

上引法生产的铜杆，是高电导率无氧铜杆，其产品符合《电工用铜线坯》（GB/T 3952—2008）国家标准规定，其主要性能如下：

（1）铜杆的性能

1）密度：$8.9g/cm^3$。

2）含氧量：$\leqslant 20mg/kg$。

3）冷加工后电阻率：$\leqslant 0.01777\Omega \cdot mm^2/m$。

4）冷加工后抗拉强度：$\geqslant 345MPa$（以 TU2Y-8.0 为例）。

5）冷加工后断后伸长率：≥2.4%（以 TU2Y-8.0 为例）。

（2）铜杆的外观

铜杆应圆整，尺寸均匀。

铜杆表面不应有皱边、乱纹、夹杂物、气孔及其他对性能有害的缺陷。

铜杆表面不应有明显的氧化变色，但不包括由于贮存产生的轻微氧化变色。

思　考　题

1. 常用的铜杆制造工艺有哪些？

2. 简述竖炉熔铜的工作原理及特点。

3. 上引冷轧法中，木炭在熔化炉中的作用是什么？

4. 简述上引机跟踪机构的工作原理及作用。

5. 分析上引杆出现空心的原因和解决措施。

6. 上引法生产的铜杆表面氧化变色的原因及防治办法？

第5章

拉　线

制造裸电线的主要材料是铜和铝，而它们被使用时最主要的形状是圆形。圆线（圆铝线、圆铜线、圆铝合金线等）是各种电线电缆产品中的基本组成部分，是电线电缆产品的导电部分。除了圆线以外，现在也使用各种型线（矩形、梯形、扇形、Z形、弓形、双沟葫芦形等）。线材应满足下列基本条件：具有良好的导电性能；足够的机械强度；在冷、热状态下有良好的压力加工性能；有耐大气腐蚀能力、良好的焊接性等。

线材质量首先取决于杆材的质量，其次与杆材加工成线材时采用的加工设备、加工工艺及模具和润滑剂等均有直接关系。

◇◇◇　第1节　拉线过程及基本原理

一、拉线过程

使线坯在一定拉力作用下，通过截面积逐渐减小的模孔，产生截面积减小、长度增加的塑性变形过程，叫作拉线，即线材拉伸。

拉线时，实现金属变形的模具叫作线模。线模的工作部分是模孔。拉线过程如图5-1所示。

模孔一般分为四个区域：

1）润滑区：使润滑剂顺利进入模孔，润滑区入口处做成圆角，防止划伤坯料。

2）工作区：金属在工作区实现所要求的变形，其中，与金属实际接触的部分叫作变形区。工作区模孔壁与模孔轴线的夹角称为拉伸半角。

3）定径区：使线模具有一定的寿命，保证线材尺寸与形状的精确性和均一性。

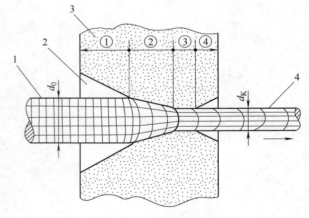

图5-1　拉线过程
1—拉伸前线坯，直径为 d_0　2—模孔　3—线模
（①润滑区、②工作区、③定径区、④出口区）
4—拉伸后的线材，直径为 d_K

4）出口区：防止线材回弹造成划伤和定径区出口处发生崩裂。

拉线属于压力加工的范围。拉线过程中极少产生粉屑，密度变化很小，因此认为，拉线前后金属的体积相等，即

$$V_0 = V_k$$

所以

$$S_0/S_k = L_k/L_0 = d_0^2/d_k^2$$

式中　V_0——拉伸前金属体积；

　　　V_k——拉伸后金属体积；

　　　S_0——拉伸前线材截面积；

　　　S_k——拉伸后线材截面积；

　　　L_k——拉伸后线材长度；

　　　L_0——拉伸前线材长度。

表示拉线过程金属变形程度的基本参数有：

（1）相对延伸系数 μ，简称延伸系数，它是线材拉伸后的长度与拉伸前的长度的比值，即

$$\mu = L_k/L_0 \tag{5-1}$$

（2）相对断面压缩率 δ，简称压缩率，是线材拉伸前后截面积之差与拉伸前截面积的比值，一般用百分数表示为

$$\delta = (S_0 - S_k)/S_0 \times 100\% \tag{5-2}$$

（3）相对断后伸长率 λ，简称断后伸长率，是线材拉伸后的长度拉伸前的长度之差与拉伸前长度的比值，一般用百分数表示为

$$\lambda = (L_k - L_0)/L_0 \times 100\% \tag{5-3}$$

（4）断面减缩系数 ε，是指线材拉伸后与拉伸前面积的比值，即

$$\varepsilon = S_k/S_0 \tag{5-4}$$

用简单的数学方法不难推导出这 4 个参数之间的关系，结果列在表 5-1 中。

表 5-1　变形程度基本参数及其相互关系

变形程度基本参数	由 下 列 各 项 表 示 参 数 值						
	d_0；d_k	S_0；S_k	L_0；L_k	μ	δ	λ	ε
μ	d_0^2/d_k^2	S_0/S_k	L_k/L_0	μ	$1/(1-\delta)$	$1+\lambda$	$1/\varepsilon$
δ	$(d_0^2-d_k^2)/d_0^2$	$(S_0-S_k)/S_0$	$(L_k-L_0)/L_k$	$(\mu-1)/\mu$	δ	$\lambda/(1+\lambda)$	$1-\varepsilon$
λ	$(d_0^2-d_k^2)/d_k^2$	$(S_0-S_k)/S_k$	$(L_k-L_0)/L_0$	$\mu-1$	$\delta/(1-\delta)$	λ	$(1-\varepsilon)/\varepsilon$
ε	d_k^2/d_0^2	S_k/S_0	L_0/L_k	$1/\mu$	$1-\delta$	$1/(1+\lambda)$	ε

以上各变形程度基本参数用线材拉伸前的直径 d_0 和拉伸后的直径 d_k 之间的关系表示时，只适用于拉制实心圆形截面的线材。

二、拉线时的受力和变形

如果对一个物体作用了外力同时又阻碍了该物体的运动，则在该物体中将产生内力并发生变形。外力为内力所平衡。内力的强度称为应力，是单元力和单元面积的比值，即

$$\sigma = dP/dS \tag{5-5}$$

物体的变形有两种：一种是载荷去掉后能完全消失的变形，叫作弹性变形；一种是载荷去掉后仍然保留下来的变形叫作塑性变形。

拉线时金属的应力状态较为复杂，为明了起见，在此宏观地解释拉线时金属的受力和变形。

拉线时，金属受到的外力一般有三种，如图 5-2 所示。

由于对线材施加了拉伸力，在变形区内产生模孔壁对金属的正压力。正压力垂直于金属受压缩的变形区的表面，在变形金属中造成主压应力。而拉伸力在变形区金属中造成主拉应力。这些应力使金属在径向和周向同时产生压缩变形，并在轴向产生延伸变形。

拉线时，在变形区和定径区接触面上作用着摩擦力，其方向平行于摩擦

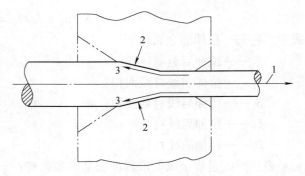

图 5-2 拉线时金属受到的外力
1—拉伸力 2—模孔壁对金属的压力
3—模孔壁作用在金属上的摩擦力

面，它使拉制力增大。拉线时为克服摩擦力所消耗的能量占拉线总能量的 60%，同时使金属表面层的变形落后于中心层，造成不均匀变形，拉线后线材末端由拉制前的平面变得向拉线方向凹进，就能说明这一点，如图 5-1 所示。

为了使金属产生所要求的变形，必须使拉应力 σ_p 大于或等于变形区内金属的变形抗力 σ_F，即

$$\sigma_p \geqslant \sigma_F \tag{5-6}$$

其中拉伸应力 $\sigma_p = P/S_k$，即拉伸应力等于单位面积上的拉伸力。

其中变形抗力一般用拉伸前线坯和拉伸后线材试验值的平均值代替，即

$$\sigma_F \approx (\sigma_{b_0} + \sigma_{b_k})/2 \tag{5-7}$$

这是拉线时实现金属塑性变形的必要条件。但是，拉伸应力（σ_p）又不能超过模孔出口端金属的屈服极限（σ_e），当然，更不能超过它的强度极限（σ_b），否则将造成拉细或拉断现象，使拉线过程难以进行，即

$$\sigma_p < \sigma_e < \sigma_b \tag{5-8}$$

这是保证拉线过程正常进行的必要条件。

金属的强度极限与拉伸应力的比值称为安全系数，用 K 表示，K 值总是大于 1 的，即

$$K = (\sigma_b/\sigma_p) > 1 \tag{5-9}$$

在实际生产中，安全系数 K 一般为 1.4~2.0，若 $K<1.4$，则表示拉伸应力过大，可能会发生拉细或拉断现象；若 $K>2.0$，则表示拉伸应力和延伸系数过小，金属的塑性没有被充分利用。

随着线径的减小，由于线材内部缺陷、线的抖动等因素引起的拉细或拉断的可能性也就越大，安全系数要相应地大一些，以确保拉线正常进行。一般情况下，安全系数与线径的关系见表 5-2。

表 5-2 安全系数与线径的关系

线径/mm	>1.0	1.0~0.4	0.4~0.1	0.1~0.05	<0.05
安全系数 K	≥1.4	≥1.5	≥1.6	≥1.8	≥2.0

三、塑性变形对金属性能的影响

塑性变形对金属性能的影响主要是造成加工硬化（冷作硬化）。随着变形程度的增加，

金属的强度也相应增加，而塑性下降。除此之外，金属的某些物理、化学性能也发生变化，如：金属的电阻增加，导磁性和耐蚀性下降等。铜的电阻率在冷变形后约增加2%。

四、拉伸力

1. 各种因素对拉伸力的影响

拉伸力是指为实现拉伸过程，克服金属在变形区内的变形抗力和金属与模壁的摩擦力的合力。拉伸力的大小是制订各道加工率、确定拉伸道次和计算电动机功率的重要依据。拉伸力或拉伸应力是实现整个拉伸过程的基本因素之一，因此确定拉伸力并研究影响拉伸力的各种因素，从而想办法降低拉伸力，有很重要的实际意义。

1）拉伸应力与被拉伸金属的强度几乎呈直线关系，随着被拉伸金属强度的升高或降低，拉伸应力差不多成正比例地升高或降低。对于高强度金属，变形区内金属的变形抗力与线材的抗拉强度非常接近，所以安全系数较低，这就要求我们应从其他方面想办法降低拉伸应力并提高安全系数。对于低强度金属，由于其再结晶温度低，冷变形硬化程度较小或很小，因而安全系数也较低。任何影响抗拉强度的因素都对拉伸过程产生一定影响，例如：压延时线锭的化学成分，线锭的预热温度过高和时间过长，终轧温度过低，压延时产生的缺陷等。都会增加拉线时的断线次数。线径越小，这些因素的影响就越大，所以拉伸细线对原料的要求比较高。

2）变形程度越大，变形区的长度就越长，模壁对金属的正压力和轴向分力增加，致使拉伸应力增加。但是，当变形程度过小时，拉伸应力也过小，如不符合塑性变形的条件，则不能取得所要求的塑性变形，所以，变形程度应不小于下列公式计算的结果：

$$\frac{d_k}{d_0} = \frac{\dfrac{5 + \cos\alpha}{\sin\alpha} - 1}{\dfrac{5 + \cos\alpha}{\sin\alpha} + 1} \tag{5-10}$$

式中 α——拉伸半角。

由于 α 较小，所以 $\cos\alpha$ 接近于1，因此上式可简化为

$$\frac{d_k}{d_0} \approx \frac{\dfrac{5 + 1}{\sin\alpha} - 1}{\dfrac{5 + 1}{\sin\alpha} + 1} \approx \frac{6 - \sin\alpha}{6 + \sin\alpha} \tag{5-11}$$

那么　　$\delta_{min} = 1 - \left(\dfrac{d_k}{d_0}\right)^2$

经计算，当 $\alpha = 8°$ 时，$\delta \approx 9\%$ 。

另外，如果 $\delta = 0$，那么为了克服弯曲和金属与模壁间的摩擦，也需要有一定的拉伸力。

3）线模孔一般都呈截圆锥状，其拉伸半角值对不同的材料和不同的压缩率有一个合理的范围，在此范围内，拉伸力几乎不随拉伸半角的增加而增加；在此范围外，拉伸应力逐渐增加。拉伸半角的选择依据是：

1）压缩率小，拉伸半角也相应地要小。

2）被拉伸金属强度高，拉伸半角应小些。

3）拉伸较小直径的线材时拉伸半角较拉伸大直径线材时要小些。

如果拉伸半角过大，将在变形区内产生过大的轴向分力，导致拉伸应力过大，会造成线材表面开裂。如果拉伸半角过小，则摩擦力增加，也会增大拉伸应力，且使表层金属的变形更落后于中心层的变形，进而影响拉线质量。拉伸半角与被拉伸材料及压缩率的关系见表5-3。

表5-3　拉伸半角与被拉伸材料及压缩率的关系

压缩率（%）	$2\alpha/(°)$	
	铝	铜
40	—	—
35	32	22
30	26	18
25	21	15
20	16	11
15	11	8
10	7	5

模孔除截圆锥形以外，还有呈弧线形的。采用弧线形模孔时，必须使变形区的长度在最大变形程度时，相当于定径区的直径值，圆弧的半径约为定径区直径的2倍，这样拉伸应力与采用截圆锥形模孔时的拉伸应力相差很小。弧线形模孔易加工、使用寿命长，以及在变形区内金属的变形程度逐渐减小等优点，使它受到极大的重视。

模孔定径区的长度在变形程度较大时，对拉伸应力基本无影响，这是因为大变形程度时拉伸应力较大，使得线材直径由于弹性变形的缘故而稍微小于模孔定径区直径。当变形程度较小时，随着模孔定径区长度的增加，拉伸应力增大。但是，定径区长度的选择主要依据生产因素来确定，如线模寿命、加工是否方便等。定径区长度与直径的关系见表5-4。

表5-4　定径区长度与定径区直径的关系

定径区直径/mm 拉制材料	0.1~0.5	0.5~1	1~2	2~4	4~8	8~16
铜	—	—	100%~75%	75%~50%	60%~40%	—
铝	—	80%~60%	70%~50%	60%~40%	50%~25%	—

模孔的表面粗糙度与拉线时的摩擦力有关，对拉伸应力影响很大，拉伸半角越小，影响越大。钢模孔内经镀铬抛光，对减少拉伸应力很有好处。

工作区与定径区交接处应圆滑过渡，如此处圆角半径过小，拉线时会产生类似"剥皮"的效果，工作区角度越大，影响越大。

4）反拉力是施加在线坯上且作用在逆拉伸方向上的力。当反拉力较小时，不致增大拉伸应力，反而可以减小模壁与金属间的正压力，改善了润滑条件，大大提高了线模使用寿命。如果反拉力超过一定限度，则拉伸应力要相应增加，这时的反拉力称为临界反拉力。反拉力在临界反拉力以下时是有利的。

5）当被拉伸金属和线模温度升高时，金属的塑性显著提高，比冷态下易于加工，可采用较大的变形程度。但是，一般润滑剂在高温下润滑性能显著变差，一般金属在高温下强度迅速下降，拉线时安全系数降低，容易断线，为了减少断线次数，必须减小变形程度，所以一般金属均不采用热拉，只有对常温下低塑性金属才采用热拉。拉线温度过高，冷加工硬化程度下降。

6) 拉线速度的增大，对拉伸应力无重大影响，只是在拉伸作业起动的瞬间，拉伸应力增加较多。但是，由于线材弯曲缠绕在鼓轮上，所以产生附加应力，且拉伸速度越高，附加应力越大。附加应力的大小可表示为

$$\sigma_y = \frac{\rho v^2}{1000g} \tag{5-12}$$

式中　ρ——金属密度（g/cm^3）；

　　　v——拉线速度（m/s）；

　　　g——重力加速度（m/s^2）。

　　　σ_y——附加应力（kg/mm^2）。

当拉线速度过高引起温度升高时，其影响同温度增高的影响一样，所以高速拉线时，必须对润滑剂、线模、鼓轮等加强冷却。

7) 拉线时单位时间内的变形程度称为变形速度。变形速度与拉线速度是完全不同的两个参数。当拉线速度升高时，变形速度也增加，但是变形速度还与变形程度、工作区形状、线径等条件有关。实践证明，变形速度越大，变形区内金属的变形抗力也越大，但通常增加的数值不超过原有数值的 30%，实际上都小于 30%。这种现象在拉线温度高时比拉线温度低时的影响要大。拉线温度高时，变形区内金属存在冷变形硬化和再结晶恢复两个相反的过程，在变形速度高时，恢复过程不充分，使变形抗力较变形速度小时大。

8) 拉伸时，当线模速度旋转到一定数值时，拉伸应力可以降低为原来的几十分之一，甚至降为接近于零的水平，这必须使线模在等于拉线直径的单位长度内的转速不低于 1r/min。如以 30m/s 的速度拉伸直径为 1mm 的线材，则要求线模的转速不低于 1800000r/min，这样高的转速在实际中是很难做到的。但对高强度、大直径的管、棒材来讲，这种拉伸工艺有一定的意义。

如果对被拉伸金属加以极高频率的振动，也能使拉伸应力大幅度地降低，甚至降为接近零的水平。

2. 拉伸力的确定

在正常拉线过程中，并不关心拉伸力有多大，可是当需要判断润滑效果，模孔形状的合理性，拉线机结构或部件设计的合理性，选择或校核拉线机电动机功率时，都需要确定拉伸力的大小。

测定拉伸力有实验法和计算法两种。

测定拉伸力可以在拉力试验机上进行，也可以用弹簧秤。在拉力试验机上夹头上固定线模，用附加的拖动机构拉线测定拉伸力，还可加上反拉力，如图 5-3 所示。

也可以利用测定电动机的功率，而后进行换算，得出拉伸力（P），即

$$P = \frac{120(W_p - W_o)\eta}{v} \tag{5-13}$$

式中　W_p——拉线时电动机的功率（kW）；

　　　W_o——拉线机空转时电动机的功率（kW）；

η——机械效率，一般为 $0.8 \sim 0.92$；

v——拉线速度（m/s）。

拉伸力的计算公式较多，有的公式考虑因素较多，计算较精确，但比较烦琐，并且要预先给定与拉伸过程有关的数据，计算结果与实测值也还是不能完全相符。尽管如此，由于影响拉伸力的因素很多，对于一般计算，推荐使用克拉希里什科夫公式，即

$$P = 0.6 d_0^2 \delta^{\frac{1}{2}} \sigma_b S_k \qquad (5\text{-}14)$$

式中 $\sigma_b = \dfrac{\sigma_{b0} + \sigma_{bk}}{2}$；

σ_{b0}——拉伸前金属的抗拉强度（MPa）；

σ_{bk}——拉伸后金属的抗拉强度（MPa）；

S_k——拉伸后线材截面积（mm²）；

d_0——拉伸前线坯的直径（mm）；

δ——相对断面压缩率。

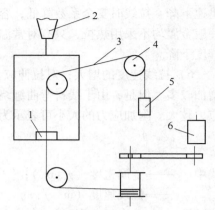

图 5-3　利用拉力试验机测定拉伸力
1—线模　2—拉力试验机卡头
3—线材　4—导轮
5—施加反拉力的重锤　6—电动机

根据实际验证，用上述公式计算出的拉伸力较实际测定的拉伸力约小 25% 。

如果需要粗略估算拉伸力，还可以采用简易公式，即

$$P = (0.5 \sim 0.7) \sigma_b S_k \qquad (5\text{-}15)$$

这时：$K = 1.4 \sim 2.0$。

五、拉线机的电气传动和电动机功率

拉线机使用的电动机可采用交流或直流电动机。为适应生产自动化、连续化和高速化的要求，电气传动应满足以下几点要求：

1）穿模时，能低速运转，且运转平稳。

2）加速或减速过程应平稳，能在任何速度下迅速停止。

3）操作简单，便于控制，能实现过载保护，工作稳定可靠。

4）设备联动时，拉线速度与收线速度同步稳定，张力均匀。

5）能够实现点动操作。

六、多次拉线过程

如果拉线时从放线到收线只经过一个拉线模，也就是只经过一次变形，这种拉线机就是单模拉线机，即一次拉线机。

如果拉线时从放线到收线要依次通过几个或几十个乃至更多的拉线模，这种拉线机就是多次拉线机，如图 5-4 所示。

多次拉线机可分为连续式拉线机和非连续式拉线机。拉线时如果各鼓轮上（K 除外）积线的圈数不发生变化（每秒钟通过各道线模的线材体积相等），这种拉线机就是连续式拉线机。拉线时如果各鼓轮上积线的圈数发生变化（每秒钟通过各道线模的线材体积不相等），这种拉线机就是非连续式多次拉线机。

连续式拉线机又可分为滑动式连续拉线机和非滑动式连续拉线机。拉线时如果线材运动速度小于鼓轮线速度（K 除外），即线材与鼓轮之间存在滑动，这种拉线机就是滑动式连续

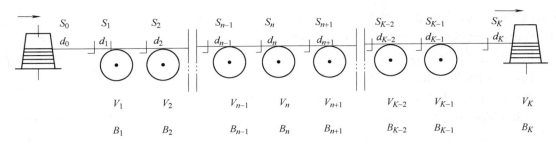

图 5-4　多次拉线过程

注：d—各道次线径；S—各道次线材截面积；v—各道次鼓轮线速度；

B—各道次线材运动速度；$1, \cdots, K$—各道次鼓轮编号。

拉线机，反之则称为非滑动式连续拉线机。

1. 滑动式连续拉线机

滑动式连续拉线机有两个特点：

1）除 K 道外，其余所有道次都存在滑动。

2）除第一道次外，其余各道次都存在反拉力。

先分析第一个特点：除 K 道外，其余所有道次都存在滑动。

滑动式连续拉线机的特点是线材在拉伸过程中除最后一个鼓轮外的所有鼓轮上都存在一定程度的滑动。线材在鼓轮上卷绕的圈数不多，鼓轮速比在拉线机制造时已经固定，在生产中不能调节和改变，这就可以用一个电动机带动所有的鼓轮，简化传动系统，提高拉线速度。

由于滑动式连续拉线机是靠绕在鼓轮上的线材与鼓轮之间的滑动摩擦力来牵引线材运动的，所以增加了功率消耗，还造成鼓轮表面磨损并形成沟槽，使线材在鼓轮上的轴向移动发生困难，造成线与线的压叠甚至断线。由于线与鼓轮的摩擦，使线材表面质量下降，表面看来这种滑动是有害的，其实这种滑动却能带来极大的好处，因为它能自动调节线材张力不致中间断线或有多余。下面来分析一下这种滑动存在的必要性。

以 K 和 $K-1$ 道为例，如图 5-5 所示。

K 道次没有滑动，如果 $K-1$ 道次也没有滑动，当 d_K 由于磨损而增大时，假设这时 d_{K-1} 没有增大，那么通过 d_{K-1} 道模孔线材的秒体积没有变化，而通过 d_K 道模孔线材的秒体积增加，则产生供不应求的现象，使张力 Q_K 急剧增加，导致 P_K 也急剧增大而造成断线。

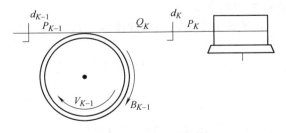

图 5-5　K 和 $K-1$ 道拉线

如果 K 道次没有滑动，而 $K-1$ 道次上设法使它存在一定滑动，当再次发生以上情况时，只要 Q_K 稍微有所增加，那么在 $K-1$ 道鼓轮上的线材就会箍紧一些，使滑动量减少，B_{K-1} 增加，自动满足 K 道的需要。反之，如果出现 d_{K-1} 增大，d_K 没有变化的情况，则 Q_{K-1} 就会减小，使 $K-1$ 道的滑动量增加，避免了因供过于求而引起积线过多。以上道理可以推广到各个道次。

由于模孔的磨损是不可避免的，而又无法严格控制，这说明滑动有其存在的必要性。其实滑动还能应对多种情况，如线模制造偏差、线的抖动、拉线机的振动、润滑剂供应不均匀、气流的波动等引起线材张力发生变化的情况，通过滑动都能自动地予以调整。因此，在拉线机上利用"滑动"这一现象，好处非常多。目前所有材料（如铜及其合金、铝及其合金和钢）的细线都是用这种拉线机来组织生产的。

那么，用什么方法来保证正常滑动呢？

在相邻两鼓轮之间，如果让拉线后的长度与拉线前的长度之比大于后面与前面的鼓轮线速度之比，就会在前面鼓轮上产生需要的滑动，相邻两鼓轮线速度之比叫作鼓轮速比，即

$$\gamma_n = \frac{v_n}{v_{n-1}} \tag{5-16}$$

根据以上分析可知，只要使 $\frac{\mu_n}{\gamma_n} > 1$ 即可，我们把 $\frac{\mu}{\gamma}$ 叫作相对前滑系数，用 τ_n 表示，写为

$$\tau_n = \frac{\mu_n}{\gamma_n} \tag{5-17}$$

下面分析三种情况：

1）$\tau_n = 1$：这时 $n-1$ 道没有滑动，由于模孔的磨损不会按照同一规律发展，另外由于其他因素的影响，这种情况几乎维持不住，很快就发生断线故障。

2）$\tau_n < 1$：这时一开机就会断线，不能正常拉线。

3）$\tau_n > 1$：这时在 $n-1$ 道鼓轮上有滑动，能自动调节张力，能保持长时间不断线。

那么 τ_n 取多大合适呢？设线材的偏差为截面积的±2%，通过下面的近似计算可得：

$$\tau_n = 1 + \frac{1.02S_n - 0.98S_n}{0.98S_n} \approx 1.40 \tag{5-18}$$

考虑到极限情况遇到的可能性较小，同时为保证线材质量和减少鼓轮磨损，τ_n 值可取为

$$\tau_n = 1.015 \sim 1.04$$

以上取值是一般情况，有时 τ_n 值可达 1.10。一般情况下，线径越细，τ_n 值应越小，成品处 τ_n 值也应小一些。

n 鼓轮上线材的运动速度按下式计算，即

$$B_n = \mu_n v_{n+1} \tag{5-19}$$

n 鼓轮上线材的相对滑动率按下式计算，即

$$R = \frac{v_n - B_n}{v_n} \tag{5-20}$$

式中，R 一般用百分数表示；$v_n - B_n$ 称为线材的绝对滑动。

下面分析滑动式连续拉线机的第二个特点：除第一道外，其余各道次都存在反拉力。

拉伸力是靠线材与鼓轮间的滑动摩擦而产生的。滑动摩擦力的大小是由摩擦因数、绕线圈数和线材对鼓轮的箍紧程度决定的。我们知道，平面上的滑动摩擦力等于摩擦因数与正压力的乘积，线材与鼓轮间的摩擦力也服从这个规律。绕线圈数和线材对鼓轮的箍紧程度决定正压力的大小，而离开鼓轮的线材的张力决定线的箍紧程度。这个张力就是下一道的反拉力，如图5-6所示。

拉伸力 P_n、反拉力 Q_n、绕线圈数 m_n 及摩擦因数 f 之间的关系可以根据著名的柔性物体

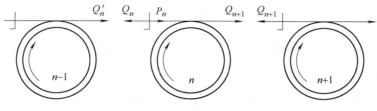

图 5-6　反拉力分析

对圆柱表面间的摩擦定理（即欧拉定理）来确定，即

$$P_n = Q_n e^{2\pi m_n f} \tag{5-21}$$

式中　e——自然对数底，它的值等于 2.718。

$e^{2\pi m_n f}$ 的值可按表 5-5 加以确定。

表 5-5　$e^{2\pi m_n f}$ 的值

m_n \ f	0.05	0.10	0.15	0.20	0.25
1	1.36	1.87	2.57	3.51	4.81
2	1.87	3.51	6.59	12.35	23.14
3	2.57	6.59	19.90	43.38	111.32
4	3.51	12.35	43.38	151.40	535.49
5	4.81	23.14	111.32	535.49	—

由表 5-5 可看出，绕线圈数对下一道的反拉力影响很大。绕线圈数越少，下一道的反拉力越大；绕线圈数越多，下一道的反拉力越小。当绕线圈数较多时，滑动对张力变化的反应相对比较迟钝，同时线材在鼓轮上的轴向移动相对困难一些，这样就容易压叠并造成断线，所以，拉线时要合理地确定绕线圈数。

另外，一种非滑动式连续拉线机的各鼓轮转速可自动调节，即可以自动调节鼓轮速比，它的每个鼓轮均由单独的调速电动机驱动，依靠线材张力的变化反馈给电气传动系统，从而自动调节鼓轮转速，以适应变形程度的变化或其他因素引起的张力变化。这种拉线机具有和滑动式连续拉线机同样的特点。

2. 无滑动的非连续多次拉线机

无滑动的非连续多次拉线机主要是无滑动积蓄式拉线机，如图 5-7 所示。

这种拉线机的主要特点是线材与鼓轮间没有滑动，各中间鼓轮上线材的圈数可以增减。中间各鼓轮起拉线的作用，又起下一道次放线架的作用。虽然如此，但

$$\tau_n = \frac{\mu_n}{\gamma_n} > 1$$

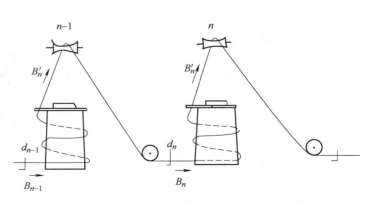

图 5-7　无滑动积蓄式拉线机

这个关系也还是要保持的，在积蓄式拉线机上，τ_n 称为贮存系数，下面也分三种情况进行分析：

1）当 $\tau_n = 1$ 时：拉线过程中，n 道次鼓轮上的线材圈数保持不变，线材不发生扭转，但不能长时间维持不变。

2）当 $\tau_n < 1$ 时：拉线过程中，n 道次的线材圈数逐渐减少，直至放完，这时线材发生扭转。

3）当 $\tau_n > 1$ 时：拉线过程中，n 道次的线材圈数不断增加，线材同样也发生扭转。

为了保证线材与鼓轮间没有滑动，开始穿模时就要使每个中间鼓轮上绕有 15 圈以上的线材。当 $\tau_n > 1$ 时，由于 n 道次鼓轮上的线材圈数不断增加，因此在处理 n 道次以前的断线故障或焊接线坯时，n 道次以后的各鼓轮不必停止。

无滑动的非连续多次拉线机多用于拉圆铝线，如果功率许可，还能拉伸粗圆铜线和钢线。

由于拉线过程中线材扭转，所以这种拉线机不能用于型线生产。

无滑动的非连续多次拉线机为了生产过程方便并提高生产效率，所以也希望 $\tau_n > 1$，但不必像滑动式连续拉线机那样严格，τ_n 取值范围一般为 $1.02 \sim 1.05$。

τ_n 值越大，积线速度越快，积线速度可用公式表示为

$$积线速度 = B_{n-1} - B'_{n-1} \tag{5-22}$$

式中，$B_{n-1} = v_{n-1}$；$B'_{n-1} = v_n / \mu_n$。

◇◇◇ 第 2 节　拉线设备

线材拉制是利用材料的塑性来实现线材拉伸变细的一种工艺过程。这一工艺过程通常称为拉制、拉线、拉丝或拉拔等。

用于这种目的的机械设备通常叫作拉线机、拉丝机等，它包括一系列固定的拉线模，在每个拉线模之间安置导轮以使线材保持一定的张力，拉线机把线材拉过拉线模，最终的拉线操作是由一个拉线模后面所施加的力完成的，之后把拉过的线材收到线盘上。

一、拉线机的分类

拉线机的分类方法很多，具体如下：

1）按模具数量划分，可分为单模拉线机和多模拉线机。

2）按工作特性划分，可分为滑动式拉线机和非滑动式拉线机。

3）按鼓轮形状划分，可分为塔式鼓轮拉线机、锥式鼓轮拉线机以及圆柱形鼓轮拉线机。

4）按润滑方式划分，可分为喷射式拉线机和浸入式拉线机。

5）按拉线根数划分，可分为单头拉线机、多头拉线机。

6）按拉制线径划分，可分为巨拉机、大拉机、中拉机、小拉机、细拉机和微拉机。

在生产中习惯上常以单模拉线机和多模拉线机来区分。多模拉线机包括滑动式拉线机及非滑动式拉线机。生产中习惯的拉线机的分类方法如图 5-8 所示。

国家标准对拉制设备的类别、系列、形式的名称和代号的规定，见表 5-6。

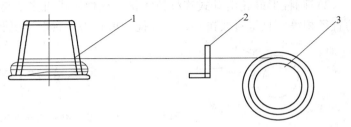

图 5-8 生产中习惯的拉线机分类方法

二、各类拉线机的特性

（1）单模拉线机 线材从进线到出线，只通过一个拉线模具的拉线机称为单模拉线机。这种拉线机通常采用锥形鼓轮。单模拉线机又分为两类：卧式单模拉线机和立式单模拉线机。

表 5-6 拉制设备的类别、系列、形式代号

类别		系列		形式	
名称	代号	名称	代号	名称	代号
拉制	L	滑动式	H	塔轮	T
				等径轮	D
		非滑动式	F	—	

1）卧式单模拉线机。卧式单模拉线机的拉线鼓轮卧式放置，鼓轮既是拉线动力来源，又可以起到储线作用，如图 5-9 所示。

2）立式单模拉线机。立式单模拉线机有垂直放置的锥形鼓轮，配备有起吊线圈的吊架（卸料装置），如图 5-10 所示。

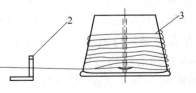

图 5-9 卧式单模拉线机
1—放线架 2—线模 3—卧式鼓轮

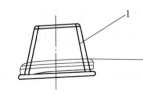

图 5-10 立式单模拉线机
1—放线架 2—线模 3—立式鼓轮

以上两种类型的拉线机，其拉线鼓轮起牵引和收线的作用，因而线材表面质量常受一定影响。为改善这种情况，有一种带收线装置的单模拉线机，这种拉线机在鼓轮后面增加了一个收线装置，这样就可以提高线材的表面质量，如图 5-11 所示。

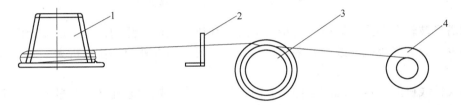

图 5-11 带收线装置的单模拉线机
1—放线装置 2—线模 3—鼓轮 4—收线装置

单模拉线机虽然结构简单，容易制造和改造，但拉线速度慢，占地面积较大，劳动强度大，生产效率低，目前一般用于拉伸大拉直径短尺寸的圆线、型线及棒材和拉伸速度慢的高强度合金线，以及韧炼工序多，甚至拉一次即应韧炼的低塑性、加工率不大的线材。

（2）多模拉线机　由于单模拉线的生产率效低，所以在现代化车间里多采用多模拉线机。多模拉线机的特点是总加工效率高，拉伸速度快，自动化程度高。

多模拉线机是线材通过几个尺寸逐渐减小的线模和其后的拉线鼓轮而实现线材拉伸的拉线机。拉伸的道数根据被拉伸材料所能允许的总延伸系数、最终尺寸以及所要求的制品力学性能来确定。

多模拉线机又可以分为滑动式连续拉线机和非滑动式连续拉线机。

1）滑动式连续拉线机。滑动式连续拉线机是拉线鼓轮圆周速度 B 大于线材拉伸速度 v，并以此而产生的摩擦力，牵引线材拉过线模的多模拉线机。这种拉线机按鼓轮的位置和形状分为圆柱形鼓轮滑动式连续拉线机和塔形鼓轮滑动式连续拉线机。

2）圆柱形鼓轮滑动式连续拉线机。这种拉线机多数是卧式的，其特点是各个拉线鼓轮的直径相等，且呈直线排列，主要拖动形式为一台电动机驱动各拉线鼓轮，如图 5-12 所示。

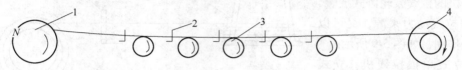

图 5-12　圆柱形鼓轮滑动式连续拉线机
1—放线盘　2—线模　3—鼓轮　4—收线盘

圆柱形鼓轮滑动式连续拉线机的优点是穿模方便，停机后可以测量各道次的线材尺寸，以便控制拉伸过程，其缺点是拉线机的机身较长，因此线模数一般不多于 13 个。为了克服这个缺点，现在有将鼓轮排列成二层的拉线机，对大型拉线机还有层套式结构的拉线鼓轮，即一根轴有 2~3 只圆形拉线鼓轮。

3）卧式塔形鼓轮滑动式连续拉线机。卧式塔形鼓轮滑动式连续拉线机如图 5-13 所示。

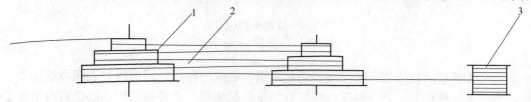

图 5-13　卧式塔形鼓轮滑动式连续拉线机
1—塔形鼓轮　2—线模　3—收线装置

卧式塔形鼓轮滑动式连续拉线机是滑动式拉线机中应用广泛的机型。塔形鼓轮结构，按其塔级多少可分为二级拉线鼓轮和多级拉线鼓轮，目前国内外中小拉线机大多采用这种形式的鼓轮。

滑动式拉线机的优点是总的延伸系数高，加工率大；拉伸速度高，产量大；易于实现自动化和机械化；线材与鼓轮间存在着滑动等。

滑动式拉线机的缺点是在拉线过程中，为了克服线材所产生的摩擦力，要消耗很多功；由于线材在鼓轮上滑动，对鼓轮表面磨损很大；拉线过程中对配模要求较严格，模具孔径稍有差异，就可能断线，所以限制了这种拉线机的应用。

根据以上特点，滑动式多模拉线机主要适用于拉伸圆断面的拉伸应力较大、表面耐磨的低抗拉强度金属及其合金的线材，即塑性好、总加工率较大和能高速度变形的金属线材。

4）非滑动式连续多模拉线机。非滑动式拉线机是线材与鼓轮之间没有相对滑动的多模拉线机。在进行非滑动多模拉伸时，线材一次拉伸后，绕在拉线鼓轮上，中间鼓轮起到双重作用，既起到拉伸鼓轮的作用，又起到使线材自动地离开鼓轮到下一个线模中去的放线作用。

非滑动式拉线机一般分为储线式非滑动拉线机和直线式非滑动拉线机。

a. 储线式非滑动拉线机：被拉线材和拉线鼓轮之间不产生滑动现象，线材除了在鼓轮上绕一定圈数外，还需在鼓轮上储存一些线圈，以防止由于延伸系数和鼓轮转速发生变化，引起各鼓轮间秒体积的不相等，造成活套张力的变化。这种拉线机有 5 模、6 模、8 模、10 模拉线机，但较多的是 8 模、10 模拉线机。

储线式拉线机的特点是：

- 拉伸时，线材有可能受到扭转作用，所以不能拉异形线材。
- 由于拉线行程较复杂，不能高速拉伸线材，一般速度不大于 12m/s。
- 由于较多拉伸因素难以考虑周全，常会存在张力和活套紧涨现象，因此不适合细线拉伸。
- 由于鼓轮与线材之间无滑动，鼓轮和线材表面都不易磨损，适用于抗张力不大、抗磨性差的金属线材的拉制，如铝线。
- 结构简单，制造容易，投资较少。
- 线材在每个中间鼓轮上都有储存现象，当中间某个鼓轮停止转动时，其他鼓轮仍可在短时间内照常工作。

b. 直线式非滑动拉线机：直线式非滑动拉线机的线材与鼓轮之间无滑动。为了使拉伸时鼓轮与拉线的速度相等，采用了自动调整装置，不允许任何一个中间鼓轮上有线材的积累和减少。

直线式拉线机有两种形式：

- 连续活套式非滑动拉线机：这种拉线机的主要特点是在拉伸过程中鼓轮速度可借张力辊自动调整，并且借一平衡杆的弹簧来建立反拉力；每个鼓轮均由单独电动机驱动，转速可以自动调节。
- 连续直线式非滑动拉线机：这种拉线机有少量的线材绕在（6~10 圈）鼓轮上，可减少线材和鼓轮之间相对滑动。

因此，直线非滑动式拉线机主要适用于拉制高强度线材、铝型线等。

（3）多头拉线机 按一次拉线的头数可分为双头和多头拉线机；按工作原理可分为滑动式多头拉线机和非滑动式多头拉线机；按进线和出线的尺寸可分为 5 个级别：大拉机、中拉机、小拉机、细拉机和微拉机；按大拉线机模具数：有 9 模多头拉线机、11 模多头拉线机、13 模多头拉线机、15 模多头拉线机。

1）双头拉线机。双头拉线机可同时拉拔两根同样规格的线材，具有高速、节能、节省场地、节省人力的优点，适用于铜线、铝线、铝合金线的生产。

2）多头拉线机。多头拉线机是电线电缆行业用于多支裸线生产的专用加工设备。在传统的线缆裸线加工工序中是采用单线塔轮式拉线机拉线，而在新型的线缆裸线加工工序中是采用多头拉线退火机拉线。

通常多头拉线退火机中拉线模为鼓轮式结构，采用串列式水平排列，机械传动采用齿轮传动，双电动机驱动，能够实现快速换模，大大减少了换模所需的辅助时间，可同时拉制多根相同直径的铜线，若与多头电阻式退火机配套使用，则能获得多根电气性能相同的软铜线。

多头拉线机主要由拉线主电动机、定速轮电动机、拉线轮组件、定速轮组件、拉线模座组件、拉线润滑剂喷淋系统、拉线润滑剂回收系统、拉线防护装置等组成。齿轮箱主要是将动力传递给拉线轴及分配各道拉线轴间的速比，通过各级齿轮传动比来决定每道线的拉断伸长率。多头拉线机有许多不同的型号与系列的产品，分别对应了不同的成品线直径范围，覆盖的直径范围为 0.05～1.30mm。根据不同的成品线直径，生产时可分别优选直径为 50mm、60mm、80mm、100mm 和 120mm 的鼓轮。

多头拉线机以拉制 8 根线为一个基本单元，可依次组成 8 头、16 头、24 头及 32 头等拉线机，根据拉制线径的要求，拉制道数可在 5～30 之间任意选择。根据线缆结构的不同要求，也可将多头拉线机设计为拉制 7 根线为一个基本单元，可依次组成 7 头、14 头、21 头及 28 头等拉线机，一次性拉制 7 头、14 头、21 头、28 头的金属线，并将成品线分别收到一个线盘或两个线盘上。

多头拉线机的优点是可减少加工步骤，节省厂房和人工，使产量得到极大的提高，同时吨耗电量大大减少，各成品单丝具有均一的机械和电气性能，不会影响下道工序软绞线的质量。

◇◇◇ 第 3 节　拉线配模

确定拉线时各道次模孔直径的工作就是配模。这一工作主要是对铜线、铝线、铝合金线、型线及异形线的配模。配模对连续多模拉线设备极为重要。配模的主要原则如下：

1）使拉出的线材有要求的尺寸和形状，良好的表面质量，合格的力学性能。

2）充分利用金属的塑性，提高生产效率，缩短生产周期。

3）不发生拉细和拉断现象，即保证具有足够的安全系数。

一、圆单线的拉伸配模

一般情况下，各道次延伸系数按表 5-7 进行选取。

表 5-7　各道次延伸系数的选择

线径/mm	各道次延伸系数		
	铜	铝	热处理型铝镁硅合金
≥1.0	1.30～1.55	1.20～1.50	1.25～1.42
0.1～1.0	1.20～1.35	1.10～1.20	—
0.01～0.1	1.10～1.25	—	—

各道次延伸系数的分布规律一般是：第一道低一些，这是因为线坯的接头强度较低，受线坯弯曲不直、表面较粗糙、粗细不匀等因素的影响，安全系数较低。一般铜、铝杆在第一道拉伸时，延伸系数可在 1.40～1.60 之间选取，用半成品圆单线作线坯时，第一道的延伸系数可在 1.30～1.40 之间选取。第二道、三道延伸系数可取高一些，这是因为金属经第一

道拉伸后，各种影响安全系数下降的因素大大减少，同时金属的变形硬化程度也很少，这时可充分利用金属的塑性。在以后各道次中，延伸系数应逐渐递减，因为随着变形硬化程度的增加和线径的减小，金属塑性不断下降，其内部缺陷和外界条件对安全系数的影响逐渐增加。

对于一定范围内各种成品直径的配模表，不应对每种成品直径单独制订，因为如果这样就要求有非常多的不同直径的线模。具体做法是，先在一定的成品直径范围内，制订一个居此范围中间的成品直径的配模表，以其各道次直径作为代表性尺寸，其他成品直径配模的各道次直径的数值则尽可能地取代表性尺寸。在此成品直径范围内，当对比代表性成品直径大的线材进行拉伸时，仅改变成品模和成品模前两个线模的尺寸；当对比代表性成品直径小的线材进行拉伸时，仅改变成品模和成品模前一个线模的尺寸。

在一次拉线机上配模时，由于不存在鼓轮速比，所以只需考虑按金属材料的塑性、拉线质量和安全系数配模即可。只要按照拉线机说明书规定的范围进行拉线，其拉伸力一般不会超过拉线机的允许范围。一次拉线机的配模，完全可以利用多次拉线机的配模。

在多次拉线机上配模时，滑动式连续拉线机和无滑动积蓄式拉线机对配模有着不同的要求，它们的区别在于：滑动式连续拉线机对 $\tau_n > 1$ 要求十分严格；而无滑动积蓄式拉线机也希望 $\tau_n > 1$，但在条件不许可时，可以有一定的调整。如果配模时在两种拉线机上都采取 $\tau_n > 1$ 的方案，那么它们就有着共同的步骤：

1）根据所拉制的线材和线坯直径去选择拉线机，这样，一般情况下，拉线消耗的功率不会超过拉线机的功率。

2）计算由线坯到成品总的延伸系数 $\mu_{总}$，进而确定第一道次延伸系数 μ_1。

$$\mu_{总} = \frac{d_0^2}{d_k^2} \tag{5-23}$$

第一道次延伸系数 μ_1 按前面讲的原则选取。

3）根据现有拉线机说明书查得各道次鼓轮速比，并计算总的速比，即

$$\gamma_{总} = \frac{v_k}{v_1} = \gamma_1 \gamma_2 \cdots \gamma_{n-1} \gamma_n \gamma_{n+1} \cdots \gamma_{k-1} \gamma_k \tag{5-24}$$

4）根据总的延伸系数 $\mu_{总}$ 和总的速比 $\gamma_{总}$，计算总的相对前滑值 $\tau_{总}$ 或者是总的储存系数，即

$$\tau_{总} = \frac{\dfrac{\mu_{总}}{\mu_1}}{\gamma_{总}} \tag{5-25}$$

5）确定拉伸道次 K，即

$$K = \frac{\lg \mu_{总}}{\lg \mu_{平均}} \tag{5-26}$$

平均延伸系数在表 5-7 中选取。

6）计算平均相对前滑系数 $\tau_{平均}$，即

$$\tau_{平均} = \sqrt[k-1]{\tau_{总}} \tag{5-27}$$

7）根据 $\tau_{平均}$ 值的大小，按照前面讲过的各道次延伸系数分配原则选择 $\tau_1 \sim \tau_k$ 的值，并计算 $\mu_1 \sim \mu_k$ 的值，这个分配过程有时不能一次完成，如果有了实际经验，分配起来就容易

得多。分配结果应该满足的条件是

$$\tau_1\tau_2\cdots\tau_k = \tau_{总}$$
$$\mu_1\mu_2\cdots\mu_k = \mu_{总}$$

(5-28)

8）根据 $\mu_1 \sim \mu_k$ 的值，从成品直径开始，逐道次往前计算各道次直径的大小，即

$$d_{n-1} = d_n \sqrt{\mu_n}$$

(5-29)

9）按计算结果进行尾数的调整，上机试用，如拉线过程正常且拉线质量合格，则可确定为配模表使用。

下面通过两个实例加以说明。

例1 有一直径为 $\phi 7.20\text{mm}$ 的铜线坯，在拉线速度为 10.244m/s 的 9 模滑动式拉线机上拉制直径为 $\phi 1.6\text{mm}$ 圆铜线，试计算配模。

解：1）根据成品线径和线坯尺寸，计算总的延伸系数 $\mu_{总}$。

由 $\phi 7.20\text{mm}$ 拉到 $\phi 1.60\text{mm}$ 的总延伸系数 $\mu_{总}$ 为

$$\mu_{总} = (7.20\text{mm}/1.60\text{mm})^2 = 20.25$$

选定 $\mu_1 = 1.40$。

2）根据现有拉线机说明书查出各道次鼓轮速比如下：

$$\gamma_9 \approx 1.23$$
$$\gamma_2 \sim \gamma_8 \approx 1.34$$

3）如说明书中没有上述数据，可根据传动系统图自行计算，计算的方法如下：

首先计算各道次鼓轮线速度，计算公式为

$$v_n = \frac{电动机转速}{60} \times \frac{所有主动齿轮齿数乘积}{所有被动齿轮齿数乘积} \times \frac{\pi D_n}{1000} \ (\text{m/s})$$

式中　D_n——鼓轮直径。

再计算各道次鼓轮速比，即

$$\gamma_n = \frac{v_n}{v_{n-1}}$$

以 n_9 为例：

$$v_9 = \frac{1460}{60} \times \frac{43 \times 22 \times 20}{64 \times 22 \times 30} \times \frac{3.14 \times 450}{1000} = 15.401 \ (\text{m/s})$$

$$v_8 = \frac{1460}{60} \times \frac{43 \times 27}{64 \times 42} \times \frac{3.14 \times 380}{1000} = 12.541 \ (\text{m/s})$$

$$\gamma_9 = \frac{v_9}{v_8} = \frac{15.401\text{m/s}}{12.541\text{m/s}} \approx 1.23$$

其余各道次鼓轮速比可按此法依次算出。

$$总速比 \ \gamma_{总} = \frac{v_9}{v_1} = \frac{15.401\text{m/s}}{1.6\text{m/s}} \approx 9.63$$

4）计算总的相对前滑值 $\tau_{总}$，即

$$\tau_{总} = \frac{\dfrac{\mu_{总}}{\mu_1}}{\gamma_{总}} = \frac{\dfrac{20.25}{1.40}}{9.63} \approx 1.5$$

5）计算拉伸道次，$\mu_{平均}$ 按表 5-7 选为 1.45，即

$$K = \frac{\lg 20.25}{\lg 1.45} \approx 8.2$$

取 $K=9$，即在 9 模滑动式拉线机上进行全模拉伸，既满足拉线需要，又不超设备能力。

6）计算平均相对前滑值 $\tau_{平均}$，即

$$\tau_{平均} = \sqrt[K-1]{\tau_{总}}$$
$$= \sqrt[9-1]{1.5}$$
$$= \sqrt[8]{1.5}$$
$$\lg \tau_{平均} = \frac{1}{8}\lg 1.5$$
$$= 0.022$$
$$\tau_{平均} = 1.052$$

7）分配 τ_n，见表 5-8。

表 5-8　前滑值 τ_n 分配表

τ_2	τ_3	τ_4	τ_5	τ_6	τ_7	τ_8	τ_9
1.08	1.07	1.06	1.06	1.05	1.05	1.05	1.04

根据 γ_n 和 τ_n 计算 μ_n，见表 5-9。

表 5-9　各道次延伸系数 μ_n 计算值

μ_1	μ_2	μ_3	μ_4	μ_5	μ_6	μ_7	μ_8	μ_9
1.4	1.45	1.43	1.42	1.42	1.41	1.41	1.41	1.28

经过这样分配和计算，分配结果的乘积不超过 $\mu_{总}$ 和 $\tau_{总}$，且延伸系数的分配符合前面讲过的原则。虽然 τ_n 值已超过一般情况下的 1.04，但根据设备能力，所拉制成品线材已是下限，τ_n 值预先估计到会大一些，根据以往实际经验，这种分配方案是可行的。

8）各道次计算直径，见表 5-10。

表 5-10　各道次计算直径　　　　　　　　　　　　　（单位：mm）

d_0	d_1	d_2	d_3	d_4	d_5	d_6	d_7	d_8	d_9
7.2	6.19	5.14	4.3	3.61	3.03	2.55	2.15	1.81	1.6

以上各道次直径可直接上机试用，也可根据现有线模情况进行个别调整。调整的方案较多，现举一种调整方案，见表 5-11。

表 5-11　各道次直径调整方案　　　　　　　　　　　（单位：mm）

d_0	d_1	d_2	d_3	d_4	d_5	d_6	d_7	d_8	d_9
7.2	6.2	5.15	4.3	3.6	3.03	2.55	2.15	1.81	1.6

经验算 μ_n 与原分配方案基本一致。

例 2　现用 $\phi 9.50\text{mm}$ 的 Al99.7 铝杆（抗拉强度为 $85 \sim 115\text{MPa}$），在型号为 LFD450—10 的 10 模非滑动拉线机上拉制直径为 $\phi 3.00\text{mm}$ 硬铝线。试计算配模。

解： 1）根据成品线径和线坯尺寸，计算总延伸系数 $\mu_{总}$。

由 $\phi 9.50mm$ 拉到 $\phi 3.00mm$ 的总延伸系数 $\mu_{总}$ 为

$$\mu_{总} = (9.50mm/3.00mm)^2 = 10.03$$

选定 $\mu_1 = 1.40$。

2）根据现有拉线机说明书查出各道次鼓轮速比，见表5-12。

表5-12 　LFD450—10型拉线机各道次鼓轮速比

鼓轮	1	2	3	4	5	6	7	8	9	10
速比	—	1.14	1.331	1.336	1.337	1.337	1.330	1.319	1.312	1.25

3）计算拉制道次：$\mu_{平均}$ 按表5-7选为1.35。

$$K = \lg 10.03 / \lg 1.35 = 7.68$$

取 $K = 8$。

4）计算各道次直径。

根据 $d_{n-1} = d_n \sqrt{\mu_n}$，从成品直径开始，逐道次往前计算各道次直径的大小。计算结果见表5-13。

表5-13 　各道次计算直径 　　　　　　　　　（单位：mm）

d_0	d_1	d_2	d_3	d_4	d_5	d_6	d_7	d_8
9.5275	8.2461	7.1370	6.1771	5.3463	4.6272	4.0048	3.4662	3.00

以上各道次直径可直接上机试用，也可根据现有线模情况进行个别调整。调整的方案较多，现列出一种调整方案，见表5-14。

表5-14 　各道次直径调整方案 　　　　　　　　（单位：mm）

d_0	d_1	d_2	d_3	d_4	d_5	d_6	d_7	d_8
9.50	8.20	7.10	6.20	5.35	4.60	4.00	3.45	3.00

二、扁线的配模

制造扁线有两种生产方案：

1）用圆线坯经过数道次的拉制而成，这种方法称为"拉制扁线"。

2）用圆线坯经过一道或数道次冷轧扁后，再经一道或两道拉制而成，这种方法称为"轧制扁线"。

扁线可在滑动或无滑动的连续拉线机上进行拉制，或在专门的轧扁机上进行轧制和拉制。注意：凡是能造成线材扭转的拉线机均不能用于扁线生产。

扁线配模就是确定扁线的拉伸或轧制道次和道次尺寸，进而确定扁线线坯的尺寸。

1. 扁线拉伸配模

扁线拉伸时各道次的尺寸，也是按照各道次的变形程度加以确定的。为减少线模的规格数量及便于生产，扁线的尺寸要系列化，如选用以下等比数列：0.80、0.86、0.93、1.00、1.08、1.16、1.25、1.35、1.45、1.56、1.68、1.81、1.95、2.10、2.26、2.44、2.63、2.83、3.05、3.28、3.53、3.80、4.10、4.40、4.70、5.10、5.50、5.90、6.40、6.90、7.40、8.00、8.60、9.30、10.00、10.80 和 11.60 等。

它们的公比为1.08。配模时，应使扁线的尺寸在此数列里变化。

如果逐级变化，如 4.10×4.10→3.80×4.10→3.53×4.10→3.28×4.10，这时的道次延伸系数等于公比 1.08，即 $\mu = 1.08$。

如果变化二级，如 4.10×4.10→3.53×4.10→3.05×4.10→2.63×4.10，这时的道次延伸系数等于公比的二次方，即 $\mu = 1.08^2 = 1.17$。

如果变化三级，如 4.10×4.10→3.28×4.10→2.63×4.10→2.10×4.10，这时的道次延伸系数等于公比的三次方，即 $\mu = 1.08^3 = 1.26$。

如果变化四级，如 4.10×4.10→3.05×4.10→2.26×4.10→1.68×4.10，这时的道次延伸系数等于公比的四次方，即 $\mu = 1.08^4 = 1.36$。

依次类推。

配模时应根据要求的道次变形程度，决定在宽度和厚度上的变形级数。因为拉制扁线用的是圆线坯料，考虑到厚度方向上的变化应大于宽度方向上的变化，所以，在厚度方向的级数变化应大于宽度方向的级数变化。当计算的线模的宽厚比接近于 1 时，转成圆线坯，从而确定圆线坯的尺寸，把这个过程得出的数据，经计算进行修正，然后上机试用，并在实际中逐步完善。

例如拉制 0.83mm×2.10mm 的扁线，已确定其道次延伸系数为 1.20～1.30。

这可将 0.83mm×2.10mm 向数列里数据靠拢，取接近的 0.80mm×2.10mm。因已确定 $\mu = 1.20 \sim 1.30$，即 $\mu = 1.08^2 \sim 1.08^3$，因此由 0.80mm×2.10mm 开始，可在厚度方向上和宽度方向上共变化 3 级，厚度上变化 1～3 级，宽度上变化 1 级，见表 5-15。

表 5-15 拉制 0.83mm×2.10mm 扁线配模

道次	$\dfrac{a}{mm} \times \dfrac{b}{mm}$	变化级数		μ_n
		a 向	b 向	
7	0.83×2.10	1.48	1	1.21
6	0.93×2.26	2	1	1.26
5	1.08×2.44	2	1	1.26
4	1.25×2.63	2	1	1.26
3	1.45×2.83	2	1	1.26
2	1.68×3.05	3	0	1.26
1	2.10×3.05			
0	ϕ3.05	—	—	1.14

表 5-15 计算出数据可通过上机试用加以完善。

2. 轧制扁线的轧制道次数及尺寸的确定

第一种方法：

这种方法适用于由圆线坯经一道轧扁后再经一道拉制的方法生产扁线，轧扁示意图如图 5-14 所示。轧制的扁线坯的尺寸应当满足最后成品的质量要求和已确定的最后道次变形程度。最后道次的变形程度参照前边扁线的拉伸配模方法确定。当最后拉伸前扁线坯的尺寸确定以后，按下式计算轧扁前圆线坯直径：

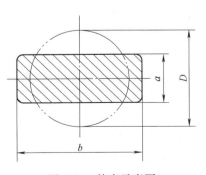

图 5-14 轧扁示意图

$$D = a + \left(\frac{1}{1.8} \sim \frac{1}{1.5}\right)(b - a) \tag{5-30}$$

式中　D——线坯直径（mm）；

　　　a——扁线厚度（mm）；

　　　b——扁线宽度（mm）。

轧扁前圆线坯直径计算公式推导过程如下：

$$\Delta a = D - a \tag{5-31}$$

$$\Delta b = b - D \tag{5-32}$$

一般情况下，每轧下 1mm，可得宽展 0.5～0.8mm，即

当 $\Delta a = 1$ 时，$\Delta b = 0.5 \sim 0.8$，则

$$\Delta b = (0.5 \sim 0.8)\Delta a \tag{5-33}$$

由式（5-31）～式（5-33）可得

$$D = a + \left(\frac{1}{1.8} \sim \frac{1}{1.5}\right)(b - a)$$

由于轧件表面光滑程度不同，轧制的轧件直径不同、轧扁量不等、材料硬度差异等多种因素的影响，导致宽展量的大小发生变化，因而，$\left(\frac{1}{1.8} \sim \frac{1}{1.5}\right)$ 这个系数的选取，应根据实际情况，最好用实验的方法确定。

例如：试求轧成 2.44mm×7.40mm 扁线坯所用圆线坯直径。

初定轧扁 1mm 的宽展为 0.6mm，则

$$D = 2.44\text{mm} + \frac{1}{1.6} \times (7.40\text{mm} - 2.44\text{mm})$$

$$= 5.44\text{mm}$$

此时的延伸系数为

$$\mu = \frac{1}{4}\pi D^2 / (ab)$$

$$= \frac{1}{4} \times 3.14 \times 5.55^2 \text{mm} / (2.44\text{mm} \times 7.4\text{mm})$$

$$= 1.34$$

第二种方法：

这种方法适用于由圆线坯经一道或数道轧制后再经过一次拉伸的方法生产扁线。

如图 5-15 所示，根据经验曲线选定圆线坯的直径，然后依据扁线的宽厚比（b/a），按经验表格确定轧制道次（表 5-16），最后经一道拉制得到成品。

轧制一道时不需滚边轧辊，只用活辊线模即可，轧制两道以上时，需用滚边轧辊。每次轧扁量视厚度确定，对不止轧制一道的工艺，

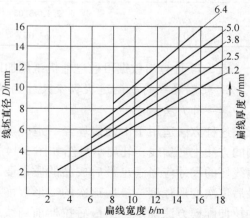

图 5-15　由扁线宽度和厚度求圆线坯直径

除最后一道轧扁量不宜太大（一般为 0.3~0.5mm）之外，其余各道次轧扁量见表 5-17。

表 5-16　扁线轧制道次数

编号	宽厚比（b/a）	轧制道次数	举例/mm
1	<1.8	1	5.1×6.4　3.05×3.8　2.26×3.53
2	1.8~2.0	1~2	1.25×3.5　1.3×2.5　5.5×10.8
3	1.8~3.5	2	3.15×8.0　2.26×7.4
4	3.5~5.0	3	2×8　2.1×9.3　2.8×12
5	>5.0	4	1.6×9　2.44×14.5　2.1×11.6
6	（b<7.0）3.0~5.0	2	1.0×3.8　1.25×4.0　1.5×6
7	（b≤12.5）3.0~5.0	3	3×10　4×12.5　3.53×11.8
8	（b≥12.5）>4.0	4	3.63×12.5　3.28×14.5　3.15×14

表 5-17　扁线的轧扁量

厚度/mm	≈2.0	≈2.5	≈3.0	≈3.5	≈4.0	≈4.5	≈5.0
轧扁量/mm	0.7~0.9	0.9~1.1	1.1~1.3	1.3~1.5	1.5~1.7	1.7~1.9	1.9~2.2

轧制时的轧扁程度不同，其宽展量和宽厚比的变化有一定的规律，即都随轧扁程度的增加而增加。某电缆厂曾在一台轧扁机上用 $\phi 3.0 \sim \phi 6.0$mm 的圆线坯轧成 1.5mm、2.0mm、2.5mm、3.0mm、4.0mm 各种不同的厚度的扁线，得出的规律如图 5-16 所示。

注：轧扁程度 $A = \dfrac{a_0 - a_n}{a_0} = \dfrac{\Delta a}{a_0}$；宽展程度 $B = \dfrac{b_n - b_0}{b_0} = \dfrac{\Delta b}{b_0}$；宽厚比 $C = b/a$；a_0 和 b_0 即实验时的圆线坯直径（初始）。

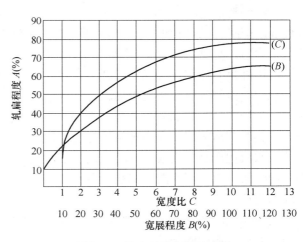

图 5-16　轧扁时的宽厚比变化

上面举出的扁线配模方法和图表，对不同的设备和生产情况应有所不同，必须结合生产实际，做出适合自己生产特点的图表和方法，但无论采用什么方法，在生产第一根扁线前，都要通过试验，总结经验，才能在生产中实际使用。

◇◇◇◇ **第4节　拉线润滑**

一、润滑剂在拉线过程中的作用

拉线时采用润滑剂能良好地润滑拉伸金属与模孔表面，在它们之间形成一层能承受拉伸模孔中的高压力而不被破坏的薄膜，极大地降低摩擦因数，使拉伸时热量减少，能采用较大的变形程度和拉线速度，降低功率消耗，提高模具和设备寿命。采用润滑剂还能避免金属与模孔直接接触发生粘连，保证制品光洁、规整、尺寸正确。液体润滑剂还具有冷却作用，能将拉线时产生的热量带走，使拉线过程正常，并可改善工作环境。

润滑剂应能容易进入模孔，并形成能承受拉线时的高压力而不被破坏的薄膜。在多次拉伸过程中，应能经数道次拉伸仍存留于拉伸金属表面，经退火后在金属表面无残留物或虽有少量无害残留物，但极易除去。对液体润滑剂，还要求具有良好的冷却性能。润滑剂应经拉伸或保存不变质，不分层。所有润滑剂都要求具有稳定的化学性能，对拉伸金属、设备、人体、环境均没有腐蚀和污染。拉线时不形成阻塞模孔的凝固性物质。另外，润滑剂不应有刺激性气味，无挥发、不易燃、容易配置、不含有稀贵物质，价格便宜，来源广泛。

对润滑剂的要求是多方面的，目前还没有一种能满足各项要求的"万能"润滑剂，只能根据各种润滑剂的特点进行选用。

二、润滑剂的种类

根据拉线设备和生产产品品种的具体要求，选用不同性能特点的润滑剂是很重要的。选择合适的润滑剂，能保证拉线过程正常，拉线质量合格，减少能源消耗，提高生产效率。

目前电缆生产企业所用的拉线润滑剂主要是用于铜线和铝线的拉拔。

铜线润滑剂是以低黏度矿物油为基础油，并添加多种添加剂而制成的，按使用要求与不同硬度的水配制成不同浓度的乳化液，具有良好的洗涤、润滑和冷却作用。配制乳化液时，油品应混合均匀，使用中应注意控制乳化液的浓度，并及时补充和定期更换新液。对于乳化液的浓度，大拉机为11%~15%，中拉机为7%~11%，小拉机为3%~7%，细拉机为1%~2.5%。

铝线润滑剂常称作铝拉丝油，也称为铝拉伸油、铝拉拔油，是铝及其合金拉拔工艺过程中的一种助剂，具有润滑、清洗、冷却和防锈等作用。铝线润滑剂分为油基型和水溶型两种类型。铝线润滑剂用于大中规格铝杆的拉拔，其主要成分是基础油、油性剂、极压剂和聚沉剂等；水溶型产品含润滑剂、乳化剂、铝缓蚀剂、清洗剂、消泡剂、杀菌剂等，用于小规格铝线的拉拔。由于用水溶型铝线润滑剂拉拔的铝线表面光亮洁净，铝灰少，特别适用于漆包铝线的生产。

高速拉线时的润滑：为进行高速拉线，就必须有良好的润滑，因此对润滑剂的要求除了有与普通润滑剂相同条件以外，还应具有更为优良的润滑性、冷却性和清洗性，易于把金属屑过滤与沉淀，这样在高速拉线时润滑剂通过循环系统所提供的液体，在整个生产过程中将始终保持最佳的润滑状态，模具、线材、鼓轮也不致因温度升高而妨碍拉线速度的提高。

三、润滑剂对拉线的影响

润滑剂对拉线的影响有三个方面。

1. 浓度

润滑效果与润滑剂的浓度有密切关系。润滑剂浓度增大，金属线材与模壁的摩擦因数减小，相应的摩擦力也减小，拉伸力也随之下降。反之，则摩擦力增大，所需拉伸力也上升。拉制各种直径的金属线材时，应根据工艺要求配制各种相应浓度的润滑剂。润滑剂的浓度较大时，其黏度也随之上升，对模孔的冲洗作用将减小，拉伸中产生的金属屑不易被润滑剂冲刷带走，造成线材表面起槽等质量问题；若其浓度过大，金属屑将悬浮在润滑剂中，不易沉淀，影响润滑效果及拉伸后线材的表面质量。

2. 温度

润滑剂的温度对拉伸有较大影响。温度过高，拉伸金属线材时所产生的热量不易带走，使金属线材及模具的温度升高，线材容易氧化变色，降低模具的使用寿命，也会影响油脂润滑膜的强度，润滑效果下降。温度过低，黏度上升，不利于拉伸。因此拉线时润滑液温度应控制在一定的范围，一般应为 $25 \sim 55 ℃$。

3. 清洁度

润滑剂应保持洁净，如果在润滑剂中混入酸类物质，会造成润滑剂分层，失去润滑效果，不利于拉伸。若润滑剂中含碱量增加，拉伸后的金属线材表面残留的润滑剂对金属有腐蚀作用，进而影响使用寿命。若润滑剂中杂质增加，会影响润滑系统的畅通，造成润滑剂供应量不足，影响润滑冷却效果。

四、拉线润滑的方法

拉线润滑的方法有很多种，但都要满足拉线对润滑的要求，常见的主要有 3 种。

1. 单个模槽分散润滑

这种润滑方法主要用于一次拉线机或无滑动的积蓄式多次拉线机，所用润滑剂主要呈固态粉状或半液态膏状。

为了冷却线模和润滑剂，模槽壁做成空心状，这样通入冷却水，空心槽壁可以将拉线时产生的大部分热量带走。这种润滑方式是靠线材经过润滑剂时，润滑剂附着在线材表面，由于线材的运动而进入模孔，从而达到润滑目的。由于是开启式模槽，容易弄脏设备和工作场地，但可直接观察润滑剂及其润滑情况，便于进行调整，如图 5-17 所示。

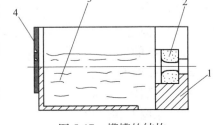

图 5-17 模槽的结构
1—模槽 2—线模 3—润滑剂 4—密封垫

2. 浸入式润滑

这种润滑方法适用于采用乳液状和液体油状的润滑剂的滑动式连续拉线机。将润滑剂盛注在拉线机专设的槽内，而鼓轮和部分线材线模则浸入到润滑剂中。这种方式不要求有复杂的系统，却能保证线模、线材、鼓轮得到连续的润滑和冷却，其作用十分可靠。但是，由于润滑剂在不停地运动，使其中由于拉线而生成的金属屑没有沉淀的可能，并不断地被带进线模和鼓轮上。另外，由于润滑剂槽体积有限，润滑剂温升较快，但可在其中装置冷却水管以利于散热。

3. 循环式润滑

在滑动式连续拉线机上拉线或在链式拉伸机上拉薄壁管时，希望润滑剂有固定的成分和保持一定的温度，由此产生了循环式润滑方式。循环式润滑方式可以在单台设备上使用，也可以在数台设备上集中使用。循环式润滑方式也可以通过设备改造而用于其他种类的拉线机上。循环式润滑方式由润滑剂储存池（箱）、泵、上下水管路、冷却和加热装置、沉淀或过滤装置等几部分组成。某厂所用的集中循环润滑系统，储存池可放润滑剂 $13m^3$，供应 10 台滑动式连续拉线机，在回水槽路中，有三个小沉淀池，储存池中有隔墙，润滑剂在这些地方流速降低，便于其中金属屑和凝固脂肪粒沉淀，每年彻底清理两次。由于拉线时润滑剂不可避免会有损失，必须适时补充。对润滑剂的成分，需要定期检查并加以调整。

无论哪一种润滑剂供应方式，都必须注意采取措施，避免混入杂质。例如：可采取加盖密封等措施，同时还要注意检修，避免因润滑剂流失而造成不必要浪费，特别是系统较复杂时更应注意。

五、润滑剂的监测

拉线用润滑剂应定期或不定期进行监测，以保证拉线过程的正常进行。主要监测内容如下：

1）一般应每三个月检测一次液面高度，及时补充液体并更新部分液体。

2）每月检测一次液体的化学成分（如溶液中的油脂含量、pH 值等）及杂质含量。

3）随时观测润滑剂流动情况，如有堵塞等运行不畅，应及时处理。

◇◇◇ 第 5 节 拉线工艺

进行拉线生产时要按照一定的标准规范操作，对于不同的产品和在制品（半成品），有着不同的标准。对拉线成品，应按照相应国家标准生产；对于在制品（半成品），应按照企业标准和工序中间控制标准进行生产。虽然相关标准是随生产和技术的发展不断充实、提高和修订的，但是各种标准一般均具有以下几个方面的内容：

1）标准的适用范围。

2）产品的型号规范。

3）产品技术要求：

①尺寸偏差和形状偏差。

②表面质量要求。

③产品力学性能，包括抗拉强度、拉断伸长率、弯曲次数等。

④电气性能，主要要求电阻率不超过一定的限值。

⑤对采用原材料的要求。

⑥其他，如接头、交货重量等。

4）包装与标志的方式。

5）试验规则与试验方法。

以上各项应在生产时按不同的产品，查阅相关的标准加以执行。

一、铜杆和铝杆的准备

准备拉线用的铜杆和铝杆应符合相关的国家标准，例如：杆材表面不能有氧化变色，表面应清洁，不允许有飞边、裂纹、夹杂物等缺陷。

由于杆材的长度有限，为了提高生产效率，拉线前要进行坯料焊接。焊接的时间要短，防止杆材过度氧化。焊接冷却后，需要对焊缝进行修整，使其平滑，经反复弯折两次应不折断，这种情况下就可进行拉线操作了。接头时，杆材端部剪去的长度以去除全部端部缺陷为准。

为使杆材顺利穿过模孔，必须将线坯端部在压头机上轧细。按照线坯的截面形状在轧辊孔型中逐渐碾轧，每碾轧一次，线坯都要翻转 90°。要求压头后线坯端部呈圆锥形，以能穿过 2~3 个模孔为宜，不应有轧扁或飞边（耳子）等缺陷，其长度控制在 100~150mm。

二、拉线设备的选择

铜单线的拉制都采用滑动式多模拉线机，根据拉制单线的规格将拉线机分为大拉机、中拉机、小拉机、细拉机和微拉机，见表 5-18。

铜单线需要退火时可采用连续退火铜大拉线机。

表 5-18　铜单线拉线设备进出线规格

拉线机种类	最大进线直径/mm	出线直径/mm
大拉机	8.0	1.2~4.0
中拉机	3.0	0.4~1.2
小拉机	1.6	0.12~0.4
细拉机	0.6	0.05~0.15
微拉机	0.12	0.02~0.05

在滑动式拉线机上还可以生产电车线等型线，因为在这种设备上，杆材不会发生扭转，杆材可以直接收绕在线盘上，也可以收绕成圈。

拉制铝线常用的设备有非滑动式积线式拉线机和滑动式拉线机。以 $\phi 9.5mm$ 的铝杆为进线，基本上可以生产所有架空导线所用各种规格的硬铝线、铝合金线。

目前，生产型线的设备主要是连续挤压机和分电动机拉线机，它们可用来生产不同形状的线材。

三、拉线外径的确定

拉线外径要根据铜、铝及其合金的性能要求、所选设备、工艺过程确定变形程度后再进行加工。

1）在设备能力和金属塑性允许的情况下，尽量采用较大的变形程度，减少中间退火次数，缩短生产周期。

2）由于杆材焊接处抗拉强度较低，第一道次应采用较小的变形程度。

3）对同一种金属，大规格线材的变形程度大于小规格线材的变形程度，一次拉伸变形程度大于多次拉伸变形程度。

4）塑性好的金属和经过退火的金属采用大变形程度，反之则采用小变形程度。

5）根据产品的不同性能要求，必须控制最后一次中间退火至成品间的总变形程度，若变形程度过小，则热处理后的金属晶粒将比较粗大。各种金属加工率的确定见表 5-19。

表 5-19　各种金属加工率的确定

材料	两次退火间总压缩率（%）	成品直径/mm	成品前总压缩率（%）		
			软	半硬	硬
铜	30~99	0.01~6.0	33~99	—	60~99
铝及铝合金	不限	0.06~6.0	不限	—	85~95

四、典型配模举例

拉线的典型配模举例，见表 5-20~表 5-22。

表 5-20　LFD—450/10 型非滑动拉线机铝圆线典型配模

道次	0	1	2	3	4	5	6	7	8
铝	9.50	8.70	7.60	6.60	5.70	4.90	4.25	3.68	3.20
道次	9	10							
铝	2.80	2.38							

表 5-21　LH—450/15 型滑动高速铝大拉线机铝圆线典型配模

道次	0	1	2	3	4	5	6	7	8
铝	9.50	—	8.25	6.87	5.78	4.91	4.21	3.65	3.17
道次	9	10	11	12	13	14	15		
铝	2.78	2.44	2.16	1.93	1.73	1.54	1.35		

表 5-22　连续退火铜大拉线机电工圆铜线典型配模

道次	0	1	2	3	4	5	6	7	8
铜	8.00	6.830	5.62	4.68	3.935	3.35	2.87	2.49	2.16
道次	9	10	11	12	13				
铜	1.89	1.66	1.47	1.316	1.89				

五、工艺操作规范

（1）设备使用注意事项

1）操作人员应穿戴好防护用具，并检查防护网、防护罩等安全装置是否完整、牢固、可靠，如有异常，应及时通知维修人员，待防护装置修复后方可开机生产。

2）对本机操作按钮不熟悉的人员及非本机人员，不准随便上机操作。本机起动前，应检查确认无误，再正式起动主机。

3）正常生产时，操作人员应各负其责，经常巡回检查，不得擅自离开机台。

4）如设备为多人操作，应服从机长指挥，下盘时，应相互配合，防止发生设备或人身伤亡事故。

5）接头焊接时，侧身偏向，严禁正面操作。

6）机器在运转时，禁止在机台上进行清洁或调整修理。

（2）设备日常保养的内容及要求

1）设备维护保养需要执行相应规范。

2）日常保养的内容和要求：

①班前检查。

②清点工具箱内工具、量具等是否齐全。

③逐点检查设备各部位正常后方能签字接班。

④开机前必须检查各零部件是否齐全，联接螺栓是否牢固可靠，各转动部位的转动是否灵活，及时清理机器齿轮箱中的杂物并加注润滑油。

（3）材料的质量要求

1）材料的性能应符合相关标准。

2）表面光滑无飞边、划痕、凹坑、斑点、氧化等缺陷；表面洁净无油污。

（4）模具的选配原则及装配要求

1）选配原则：选配模具时应检查模具的孔径是否光滑，孔径内是否有杂质堆积。

2）装配要求：模具安放到模座上时应注意不要歪斜，模具应装正。

注意：更换模具后应及时将换下的模具或不用的模具放到模具柜内。

（5）生产前的准备工作

1）上班前应穿戴好劳保服、劳保鞋、安全帽、手套、耳塞和口罩等劳保用品。

2）核对生产计划，将要生产的规格、长度等参数输入到设备操作台中，按生产计划选用符合工艺规定的原材料，将原材料吊到设备的放线处，焊接好端头，并等待开机。

（6）生产设备的检查

1）检查设备机械传动部分是否安全可靠。

2）检查主、辅设备的各电气部分是否灵活可靠。

3）准备好生产所用的工具和量具。

4）按照生产工艺要求准备好收线盘，并检查其质量是否符合要求。

5）按照设备维修保养制度检查并对设备加注润滑油。

6）检查润滑系统是否良好畅通，润滑油是否清洁、可用。

7）检查冷却水系统是否良好畅通。

（7）安全防护措施的检查

1）检查设备是否完好，传动部分是否灵活，电气部分有无异常情况。

2）选用合格的收线盘，上盘时应上紧顶尖，将拔销轴插入拔销孔，防止线盘飞出伤人。

3）收线装置在开机前必须关闭，以减少噪声、防尘、防止线头飞出。

4）机器运转中人不能停留在收线盘正前方位置，也不能离机器太近，更不能用手接触拉线鼓轮。

（8）原材料、半成品的领取、核对及质量检查

1）按照生产计划的安排，准备好将要加工的原材料。原材料应逐件检查其规格及表面质量，必须符合要求。

2）按照生产计划安排，准备好足够的收线盘或收线篮，逐个检查，凡有破损、歪斜、变形等缺陷的，均不得使用。

（9）工位器具的检查　检查本工序的主要装备和工具的完整性和完好性。

（10）生产参数的设定　按生产计划将生产的规格、拉制长度在设备上设置好。

（11）正式生产、过程检查及注意事项

1）将原材料吊置放线处，切除有缺陷的原材料端部。

2）生产出的产品经检测符合要求时，各种工艺参数可不再调整，设备进入正常工作状态。

3）生产中操作人员应随时注意放线情况，发现乱线时，应立即整理，甚至停机整理。原材料将要用完时，应及时停机，从另一盘预备原材料中理出线头，与剩下原材料尾部对焊，对焊后，应用锉刀修平熔核，并检查焊接牢固程度，符合要求时，方可继续开机生产。

4）当生产过程中因断线或其他原因停机时，应根据实际情况确定是将润滑液放出再穿模，还是处理故障。

（12）拉线过程的详细记录

1）班前工作做好及原材料准备好后将机台、班次、日期、型号规格、原材料编号等填写在生产记录表上，生产完一盘后应将测量的产品直径填写在生产记录表上。

2）生产记录表应填写规范，字迹要清晰。

六、典型工艺过程卡举例

1. 某公司铝线工艺过程卡（表5-23）

表5-23　某公司铝线工艺过程卡

执行标准	GB/T 17048—2017、GB/T 3955—2009		电工圆铝线工艺							日期：		
产品型号	2B12									编制：		
拉制规格 d	道次 进线	一	二	三	四	五	六	七	八	九	公差	
mm	mm	mm	mm	mm	mm	mm	mm	mm	mm	mm	mm	
2.82	9.50	8.30	7.25	6.34	5.54	4.84	4.23	3.70	3.23	2.82	+0.03	−0.03
2.85	9.50	8.30	7.25	6.34	5.54	4.84	4.23	3.70	3.23	2.85	+0.03	−0.03
2.98	9.50	8.30	7.25	6.34	5.54	4.84	4.23	3.70	3.23	2.98	+0.03	−0.03
3.00	9.50	8.30	7.25	6.34	5.54	4.84	4.23	3.70	3.23	3.00	+0.03	−0.03
3.13	9.50	8.30	7.25	6.34	5.54	4.84	4.23	3.70	3.23	3.13	+0.03	−0.03
3.15	9.50	8.30	7.25	6.34	5.54	4.84	4.23	3.70	3.23	3.15	+0.03	−0.03
3.20	9.50	8.30	7.25	6.34	5.54	4.84	4.23	3.70	3.22	3.20	+0.03	−0.03
3.22	9.50	8.30	7.25	6.34	5.54	4.84	4.23	3.70	3.22	/	+0.03	−0.03
3.36	9.50	8.30	7.25	6.34	5.54	4.84	4.23	3.70	3.36	/	0.03	−0.03
3.50	9.50	8.30	7.25	6.34	5.54	4.84	4.23	3.70	3.50	/	+0.04	−0.04
3.57	9.50	8.30	7.25	6.34	5.54	4.84	4.23	3.70	3.57	/	+0.04	−0.04
3.60	9.50	8.30	7.25	6.34	5.54	4.84	4.23	3.70	3.60	/	+0.04	−0.04
3.66	9.50	8.30	7.25	6.34	5.54	4.84	4.23	3.70	3.66	/	+0.04	−0.04

2. 某公司铜线工艺过程卡（表 5-24）

表 5-24　某公司铜线工艺过程卡　　　　　　　　　　（单位：mm）

执行标准	GB/T 3953—2009				工艺过程卡								13	
产品型号		TR	TY											
进线直径/mm	1	2	3	4	5	6	7	8	9	10	11	12	TR 成品模	TR 成品参考线径/mm
8.0	6.830	5.62	4.68	3.935	3.35	2.87	2.49	2.16	1.89	1.66	1.47	1.316	1.14	1.13
8.0	6.830	5.62	4.68	3.935	3.35	2.87	2.49	2.16	1.89	1.66	1.47		1.36	1.35
8.0	6.830	5.62	4.68	3.935	3.35	2.87	2.49	2.16	1.89	1.66	1.47		1.39	1.38
8.0	6.830	5.62	4.68	3.935	3.35	2.87	2.49	2.16	1.89				1.72	1.70
8.0	6.830	5.62	4.68	3.935	3.35	2.87	2.49	2.16	1.89				1.78	1.76
8.0	6.830	5.62	4.68	3.935	3.35	2.87	2.49	2.16					2.02	2.00
8.0	6.830	5.62	4.68	3.935	3.35	2.87	2.49						2.12	2.10
8.0	6.830	5.62	4.68	3.935	3.35	2.87	2.49						2.17	2.15
8.0	6.830	5.62	4.68	3.935	3.35	2.87	2.49						2.25	2.23
8.0	6.830	5.62	4.68	3.935	3.35	2.87	2.49						2.27	2.25
8.0	6.830	5.62	4.68	3.935	3.35	2.87	2.49						2.39	2.37
8.0	6.830	5.62	4.68	3.935	3.35	2.87							2.53	2.50
8.0	6.830	5.62	4.68	3.935	3.35	2.87							2.58	2.55
8.0	6.830	5.62	4.68	3.935	3.35	2.87							2.65	2.62
8.0	6.830	5.62	4.68	3.935	3.35	2.87							2.71	2.68
8.0	6.830	5.62	4.68	3.935	3.35	2.87							2.79	2.76
8.0	6.830	5.62	4.68	3.935	3.35								2.86	2.83
8.0	6.830	5.62	4.68	3.935	3.35								3.01	2.98
8.0	6.830	5.62	4.68	3.935	3.35								3.04	3.01

◇◇◇ 第 6 节　线材焊接

　　线材在生产过程中因断线或由于线坯接续的需要，必须对线材进行焊接。焊接的方式有：电阻焊和冷压焊。

一、电阻焊

　　电阻焊在焊接时，在焊接区内施加压力，并通以较大的焊接电流，利用电流通过焊件所产生的电阻热，加热焊接区，当加热到适当的温度后，断开电流，焊接区继续在压力作用下冷却，便形成牢固的焊接接头。

　　电阻焊过程的主要特点是，在加热和加压的共同作用下形成焊接接头，加热源是电阻热，加压使焊接区产生塑性变形。

　　电阻焊具有接头可靠，效率高，功耗低，机械化和自动化程度高，劳动条件好等优点。图 5-18 所示为电阻焊原理。

电阻焊机的外形如图 5-19 所示。

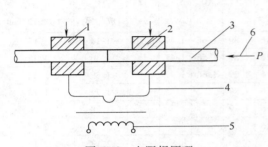

图 5-18　电阻焊原理

1—固定夹头　2—活动夹头　3—焊件
4—二次绕组　5—一次绕组　6—顶锻压力

图 5-19　电阻焊机的外形

电阻焊接头的焊接区必须加热到适当而均匀的温度，产生足够的塑性变形，尽可能减少接口中的氧化夹杂物。

二、冷压焊

冷压焊是对韧性非铁金属材料进行连接操作的一种方法。冷压焊的工作原理是在集中压力载荷作用下，使需要连接的两接触面面积扩大，面积的扩大使被焊表面上原始阻碍焊接的保护膜破裂，高压载荷又使暴露的纯净金属基体紧密接触，从而产生原子之间的结合。通过在线材轴向施加压力，来顶墩线材的末端，使接触表面面积增大，被污染的不干净的表面被挤出，纯净金属就能结合在一起，继续加力就可以实现焊接。

冷压焊的优点是：接头牢固，焊接时不发热，使接头保持高强度；模具的错位设计，使焊接飞边非常容易去除。其缺点是：对模具的要求较高，而且模具的通用性较差，因此模具的造价较高；设备结构复杂，精密度高，对使用和保养的要求较高。

冷压焊机的型号主要有 CW3E 型、CW4型两种。其中，CW3E 型冷焊机是台式人工操作的非铁金属材料线材冷压焊机，铜线的焊接尺寸为 1.0 ~ 3.25mm，铝线的焊接尺寸为 1.0~4.70mm，相应截面的扁线或型材也可焊接。CW4 型冷焊机是一种小车上装有气动装置的焊机，铜线的焊接尺寸为 1.0 ~ 5.0mm，铝线的焊接尺寸为 1.0 ~ 6.35mm。经过涂色、镀锡或阳极处理表面的线也可焊接。CW3E 型冷压焊机的外形如图 5-20 所示。

图 5-20　CW3E 型冷压焊机的外形

◇◇◇ **第 7 节　拉线常见质量问题及解决方法**

　　拉线产品都有相应的标准，凡不符合标准的产品均属废品。废品有些经过修理后可作为合格品，有些可以进行改拉操作，有些则要重新熔铸。废品的产生必然影响生产计划的完成，使原材料供应变得困难或造成管理上的混乱，这将浪费大量的人力、物力和财力。

　　但是，由于生产是千变万化的，出现不合格产品是不能绝对避免的。根据以往的经验，列出以下常见的质量问题的产生原因和解决方法。当然这些解决方法还需要在实际生产中进一步充实、提高和完善。

一、断线（表 5-25）

表 5-25　断线的产生原因和解决方法

产生原因	解决方法
接头不牢	正确调整电阻焊机的焊接电流、压力、通电时间，使两端头对正，并对焊接处进行退火处理
原料中有夹杂物	严格原材料的验收
配模不合理	对配模进行调整，消除变形程度过大或过小的现象；控制滑动率不可过大或过小
模孔形状不正确或不光滑	严格按标准修理线模，拉伸半角不可过大或过小，定径区不可过长，要选择合适的抛光剂对模孔进行足够的抛光
反拉力过大	放线张力不可过大，塔轮上绕线圈数要适当，过多则滑动困难，过少则反拉力增加，可调整绕线方式
鼓轮上压线	将表面沟槽过深的鼓轮换掉，拿去进行修理；将鼓轮表面抛光；改变绕线的方式和圈数
压延问题，即存在氧化皮压入、折边、飞边等缺陷	对于压延不合格的产品，不能流入下道工序
熔铸时扒渣不净，除气不完善，铸锭温度不均匀，使结晶不好，速度不均匀产生夹层，铸锭有缩孔、夹渣等	严格按熔铸工艺温度进行操作，发现有问题的铸锭，不能进轧机
铝杆潮湿	防止铝杆受潮湿的影响
润滑不良	定期补充和更换润滑剂，清除脏物，使用时注意保持清洁，如是循环系统供应润滑剂，应排除管路、阀门、喷嘴、泵等故障，调节润滑剂温度和浓度

二、尺寸形状不正确（表 5-26）

表 5-26　尺寸形状不正确的产生原因和解决方法

产生原因	解决方法
线模磨损	经常测量线材尺寸，发现有超差现象，应及时更换线模
安全系数过小，线材拉细（甚至造成断线）	想办法降低拉线应力，如改善润滑、改进模孔形状和抛光质量
用错线模	穿模时，一定要测量线材尺寸

（续）

产生原因	解决方法
线模钢印规格与实际规格不符	修模后要认真检查模孔尺寸，及时打上钢印
线材受到刮伤、擦伤等	穿线要正确，工作时勤检查，发现有造成伤害线材的地方，要进行检修
线模偏斜，即模孔中心线与拉线中心线不同心	上模时注意摆正，如有妨碍因素，应予以检修
线模尺寸形状超差	换新模，并将不合格线模回修

三、表面质量不合格

1. 擦伤、刮伤、碰伤（三伤）（表5-27）

表5-27　擦伤、刮伤、碰伤的产生原因和解决方法

产生原因	解决方法
锥形鼓轮上有跳线现象	鼓轮表面修光，角度检修正确
鼓轮上有沟槽	拆下加工修理
排线时线磨擦线盘边	调整排线宽度并平整线盘，必要时，可穿上皮管
设备上有伤害线材的地方	注意观察，进行检修，如：鼓轮钢圈接口不平，鼓轮窗口有锐边，拨线杆导轮和排线杆不光滑，转动不灵活等
线盘互相碰撞	线盘要放整齐，互相交错，下盘时先将通路上的盘移开，控制线盘滚动速度，运输时要注意拉开距离
地面不平	整修地坪，铺胶垫、钢板等
收线过满	生产时坚守岗位，集中精力，防止收线过满

2. 起皮、麻坑、三角口、飞边（表5-28）

表5-28　起皮、麻坑、三角口、飞边的产生原因和解决方法

产生原因	解决方法
熔铸、压延有缺陷，如飞边、压入、夹渣、缩孔	严格原材料验收，不合格的原材料不流入拉线工序
模孔不光滑，变形区和定径区有裂纹、斑疤、砂眼等缺陷，工作区与定径区交接处不圆滑或圆弧过小，模孔中有凹痕	认真修模抛光，严格检验，不合格的坚决不用
润滑不良	提高润滑效果
鼓轮不光滑，滑动率过大	调整配模，磨光鼓轮

3. 波纹、蛇形（表5-29）

表5-29　波纹、蛇形的产生原因和解决方法

产生原因	解决方法
配模不当	调整配模，尤其成品模变形程度不可过小
拉线机振动厉害	检修设备，排除振动
线抖动厉害	调节收线张力，使收线速度变化稳定均匀
模孔形状不合适	注意模孔形状，定径区要有一定的长度，不可过短或没有
润滑剂供应不均匀，不清洁	保持润滑剂均匀供应，将润滑剂进行过滤

4. 道子（表5-30）。

表 5-30　道子的产生原因和解决方法

产生原因	解决方法
线材有刮伤	检查与线材有轴向摩擦的部位，如导轮、排线杆等
润滑剂温度过高	加强冷却，疏通水管，也可采用风冷
润滑剂含碱量高，脂肪量低，不清洁	保持润滑剂的清洁，定期更换，或者采取过滤措施，定期化验润滑剂的成分，保持稳定
模孔不光滑，有裂纹、砂眼	加强线模修复工作，不合格线模不使用
模孔润滑区被堵塞	改良润滑剂成分，作为临时措施可以清理堵塞现象。如线模没有损坏，可继续使用，否则，需换新

5. 氧化、水渍、油污（表5-31）

表 5-31　氧化、水渍、油污的产生原因和解决方法

产生原因	解决方法
润滑不足，润滑剂温度过高	供给充足的润滑剂，加强冷却
润滑剂带出过多，飞溅等，多见于细拉	堵塞溅出润滑剂的地方，出线处用棉纱或毛毡擦线
堆线场地不清洁，手套上油污过多	坚持文明生产，保持工作场地整洁

四、收排线不合格（满、偏、乱、紧、松等）（表5-32）

表 5-32　收排线不合格的产生原因和解决方法

产生原因	解决方法
排线调整不当	按收线盘规格调整排线宽度和排线位置
收线张力调整不当	调整收线张力，调整收线速度与拉线出线速度同步
排线机构有故障	细心观察，排除故障，如塔轮固定不牢，各杠杆轴销磨损晃动，滑块松旷等
收线盘不规整	平整线盘，如不能修理应报废
收线过满	加强责任心，坚守工作岗位，或改进设备、加装满盘自停装置

五、线材性能不合格（表5-33）

表 5-33　线材性能不合格的产生原因和解决方法

不合格类型	产生原因和解决方法
力学性能不合格（抗拉如强度、拉断伸长率、弯曲次数等）	总变形程度小，原材料不合格、变形不均匀等原因引起，可选用合格原材料、增加总变形程度，设计加工合理的模具，控制拉制过程中的温升、润滑等环节
电阻率不合格	主要是原材料不合格引起，应采用合格原材料，控制拉制过程中润滑温升、润滑等环节，可微弱影响电阻率。当退火工艺不合理时，也会使得电阻率不合格

思 考 题

1. 影响拉伸力的因素有哪些?

2. 什么叫作安全系数? 应如何选择?

3. 相对前滑值的意义是什么?

4. 在圆单线生产中, 配模的主要要求是什么? 配模的目的是什么?

5. 拉线润滑剂的主要作用是什么? 拉制铜、铝线材各用什么润滑剂?

6. 对拉线用润滑剂的质量要求是什么?

7. 有一根试样, 其直径为 $\phi2.0mm$, 当受拉力为 1256N 时, 试样断裂, 试求其抗拉强度。

8. 有一型材经拉伸后, 其截面由 4mm×15mm 拉制成 3mm×12mm, 试求其拉断伸长率 λ, 延伸系数 μ 和压缩率 δ 各为多少?

9. 有一线材, 其坯料直径为 8mm, 长度 30mm, 经拉伸后, 长度变为 120mm, 试求其拉伸后的直径。

10. 拉线过程中尺寸形状不正确产生的原因及采取的措施有哪些?

11. 线材表面出现起皮、麻坑、三角口、飞边产生的原因及解决方法是什么?

12. 生产过程中线材断线产生的原因及解决方法是什么?

第6章

线　　模

◇◇◇ 第1节　线模种类和应用

　　拉线的主要工模具就是线模，线模的工作部分是模孔，拉线时线材通过模孔受力而变形。线模模孔的几何形状、表面质量和制模材料对线材的质量、成品率、道次加工率、能量消耗、生产效率以及线模的使用寿命都有很大的影响。

　　线模的种类很多，分类方法也不同。常见的分类方法有按线模结构分类、按模孔形状分类和按制模材料分类等几种。

　　（1）按线模结构分类　此时线模分为整体模和组合模两种。

　　1）整体模：一个线模为一个整体。

　　2）组合模：组合模中有合成模和辊柱模。组合模是由能在一定范围内改变模孔尺寸的零部件组合而成的，多用于拉制型线。组合模和整体模相比，具有修模简便，同一模具可用于不同尺寸的线材，能采用硬质合金作为模衬，提高耐磨性，从而比采用整体硬质合金模节省制模材料等特点。组合模由于结构复杂，因此造价较高，但由于其使用寿命长，相对来讲，价格还略低于整体模。另外，如采用辊柱式组合模，还能提高拉伸速度和道次加工率，由

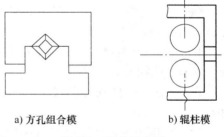

a) 方孔组合模　　　b) 辊柱模

图 6-1　简单组合模

于线材与辊柱间很少滑动，因而滑动摩擦力大大减小，一方面减少能量消耗，另一方面还可减少拉线时的不均匀变形。简单组合模如图 6-1 所示。

　　（2）按模孔形状分类　此时线模分为圆模和型模两种。

　　1）圆模：模孔为圆形，主要是拉制圆线时使用。

　　2）型模：模孔除圆形外的所有形状的线模都称为型模，如矩形、梯形、扇形、双沟形、椭圆形等。

　　（3）按制模材料分类　此时线模分为金刚石模，硬质合金模和钨钢模。

　　1）钻石模（即金刚石模）：分为天然金刚石模、人造金刚石模和纳米涂层金刚石模。

　　天然金刚石是碳的同素异形体，在目前已知的元素和化合物中，它具有最大的硬度和耐磨性。天然金刚石性质较脆，不能承受较大的压力，同时价格昂贵、稀少，加工较费时间，所以一般仅用于制造直径在 1.0mm 以下的线模，目前最大孔径也只有 2.5mm。天然金刚石的密度一般为 $3.15 \sim 3.55 \text{g/cm}^3$。钻石的大小用重量来表示，单位是克拉（Ct）。

　　以前，金刚石模都是由电线电缆厂自行制造，现在，则由专门的生产厂家提供。金刚石模芯在模套中应镶焊牢固，模孔的中心线应与模套中心线重合，模孔中心线与模套出口端面

裸电线制造工艺学

应垂直，模孔表面无凹痕和裂纹，各交接处应以光滑圆弧连接，工作区、定径区、出口倒锥应呈光泽的光滑表面。金刚石尺寸应符合表 6-1 的要求。

表 6-1　金刚石的尺寸与模孔直径的关系

定径区的直径/mm	金刚石加工前的重量/Ct	金刚石加工后的高度/mm ≥
≤0.4	0.10~0.15	0.9
0.041~0.100	0.10~0.15	1.0
0.101~0.200	0.16~0.20	1.2
0.201~0.300	0.21~0.30	1.4
0.301~0.400	0.31~0.40	1.6
0.401~0.500	0.41~0.55	1.8
0.501~0.600	0.56~0.70	2.0
0.601~0.800	0.71~0.85	2.3
0.801~1.000	0.86~1.00	2.5
1.001~1.200	1.01~1.25	2.7

金刚石石模有 4 种不同的类型：

Ya——用于抗拉强度大于 1000MPa 的硬金属丝和合金丝的拉制，如钢、镍铬合金及热拉钨、钼丝等。

B——用于抗拉强度为 500~1000MPa 的半硬金属丝和合金丝的拉制，如黄铜、青铜、镍、康铜、锰铜等。

R——用于抗拉强度为 200~500MPa 的软金属丝和合金丝的拉制，如铜、银、金、铂等。

TR——用于抗拉强度小于 200MPa 的特软金属丝和合金丝的拉制，如铝、锌等。

人造金刚石聚晶拉线模，即人造金刚石石模，是近年来发展起来的。人造金刚石同天然金刚石一样，具有优异的物理力学性能，它是以石墨为原料，镍合金为触媒，在高温高压条件下制成的，制造温度达 2000℃，压力高达几万至数十万个大气压。人造金刚石聚晶拉线模的材料是采用经过精选的优质人造金刚石微粒加上硅、钛等元素作为结合剂在高温高压条件下制成，属于多晶体。某些品种人造金刚石的硬度已超过天然金刚石，在某些电线电缆厂试验，其寿命在拉硬线时为天然金刚石的两倍，拉软线时是天然金刚石的三倍，是硬质合金的 150 倍以上。

人造金刚石聚晶拉线模有以下两种类型：

Y——用于极限强度为 1000MPa 以上的金属及合金丝的拉制，如热拉钨、钼丝等，热拉时模温应控制在 720℃ 以下。

R——用于极限强度为 1000MPa 以下的金属及合金丝的拉制，如铜、铝等。

2）硬质合金模：制造硬质合金模的硬质合金属钨钴类合金，这些合金是由碳化钨和钴组成的，碳化钨是整个合金的"骨架"，主要起坚硬耐磨作用。钴是黏结金属，是合金韧性的来源，改变任一种成分的比例，合金性能都有显著的变化。随着含钴量的增加，合金的密度、硬度、抗压强度、弹性模量、导热性、电阻率均降低，而韧性和抗弯强度升高。随着碳化钨含量的增加，其性能变化与含钴量增加时正好相反。

制造线模的硬质合金模芯的生产过程：将钨酸（H_2WO_4）煅烧，分解为三氧化钨（WO_3），WO_3 置于管式电炉或马弗炉中，用氢气或碳还原成钨粉；再将钨粉与炭黑混合，在碳管炉中进行炭化，即得碳化钨。钴粉的制取是在管式电炉中于 $550 \sim 600℃$ 下用氢气还原氧化钴而制得。将碳化钨和钴按所需的比例进行配制，然后加入酒精，进行球磨。球磨后经干燥、过滤、加入成型剂，再进行干燥、擦碎过筛，便得到所需的混合料，混合料经过压制成型和烧结，最后制成硬质合金模芯。

目前，硬质合金模几乎完全取代了钢模，因为硬质合金模具有优异的性能：

①耐磨性好。能长期使用，保证加工线材的尺寸准确。通常硬质合金模的使用寿命比钢模高十几倍至数百倍。

②抛光性好。能加工出表面粗糙度低的模孔，能保证拉制出的线材具有较高的质量。

③黏附性小。这就使得线模的使用寿命进一步提高，使线材的表面质量更好。

④摩擦因数小。可降低能量消耗，减小拉线时的不均匀变形。

⑤耐蚀性高。这一特性使得硬质合金模对润滑剂的适应性广，尤其是当润滑剂的酸、碱性高时或采用酸溶液作为润滑剂时该性能更为优越。

以前，硬质合金模芯都是由电线电缆厂自行制造，现在，则采用由专业厂商提供的产品，并且已有了正式的硬质合金模标准——《拉制模 硬质合金拉制模 技术条件》（JB/T 3943.1—2017）。

对硬质合金模芯表面质量的要求：

①模芯工作面不得有掉边、掉角缺陷。非工作面掉边、掉角深度不大于 0.5mm。

②模芯断面不得有黑心（欠烧）、气孔、分层、裂纹、未压好、严重脱碳、渗碳和严重脏化等。

③模芯表面不得有起皮、分层、裂纹、过烧和鼓泡。

3）钨钢模：钨钢模修治较容易，且价格较低，但其硬度和耐磨性均较差，因而其使用寿命较短。许多原来采用钨钢模的地方，现已几乎全部被硬质合金模取代。

线模的加工方法有普通的机械研磨法和特种加工方法，因为制模材料都是硬而脆的材料，正可以发挥特种加工的长处。用于线模加工的特种加工方法主要有电解加工、超声波加工、电火花加工和激光加工。

◇◇◇ 第 2 节 模孔形状及其对拉线的影响

模孔一般都由四个区域组成，它们的作用已在拉线一章中介绍，下面分析模孔形状及其对拉线的影响。

一、润滑区

润滑区的形状有截圆锥形和复合型。对硬质合金模，可采用 40° 圆锥角的截圆锥形润滑区，也可采用 60° 和 40° 的复合型润滑区。对金刚石模，则推荐采用 90°、60° 和 30° 或 35° 的复合型润滑区，这种形状经球磨后，基本上属于弧线形。润滑区的长度一般不应小于工作区的长度。润滑区的长度应控制在使入口处的直径等于 $1.8 \sim 2.0$ 倍的定径区直径，当采用 40°

圆锥角润滑区时，其长度约等于 0.8 倍的定径区直径。当润滑区的角度过小或长度过大或两者同时存在时，将会造成在拉线过程中产生的沉积物和金属粉末堵塞模孔，使润滑剂不能进入或很少进入模孔，造成润滑不良。如果圆锥角过大或长度过小或两者同时存在，将使润滑剂不宜储存，也会造成润滑不良的后果。润滑区入口处应修成圆弧状，以防进线跳动造成刮伤。

二、工作区

工作区是模孔四个区域中的主要部分，它的形状有弧线形和截圆锥形两种。对于小直径模孔，由于修模时要采用摆动的磨针和拉光工序，很容易修成弧线形，而大直径模孔要修成弧线形就比较困难。采用弧线形模孔可以使不同大小的变形程度都有足够长的变形区，而当采用截圆锥形工作区时，对不同的变形程度要选不同的圆锥角。

工作区的角度按以下原则选择：

1）压缩率小，角度也要小。

2）拉制材料越硬，角度就越小。

3）拉制直径小时较拉制直径大时的角度要小。

工作区的长度按以下原则选择：

1）拉制低抗拉强度的金属比拉制高抗拉强度的金属工作区要短。

2）拉制小直径线材比拉制大直径线材工作区要短。

3）湿法润滑比干式润滑工作区要短。

一般情况下，工作区的长度约等于 $1.0d_k$。对于延伸系数不大于 1.4 的线棒材拉伸，工作区长度可取 $0.7d_k$。

如果工作区角度过小，则会使变形区的长度增加，不均匀变形程度增大，拉线时会产生鱼鳞状裂口和飞边，同时由于接触面积增加，导致拉伸应力增大。如果工作区角度过大，则会使线材对模孔的正压力增加，容易破坏润滑油膜，同时使线材在变形区急剧弯转，附加剪切变形增加，降低线材质量，增大拉伸应力。

三、定径区

定径区的理想形状为筒形状，但是，在实际加工中，往往会带 1°~2° 的锥度，这个锥度对拉线和线模也有一定的好处。拉制铜线、铝线时，小头向出口区，拉钢线时，小头向工作区，这是因为钢线的弹性强，这样可防止出口区和定径区被拉坏。定径区的长度应符合以下要求：

1）足够的耐磨性。

2）被拉制线材断线最少。

3）能量消耗最小。

定径区长度的选择原则如下：

1）拉制低抗拉强度金属比拉制高抗拉强度金属定径区要短。

2）拉制大直径线材比拉制小直径线材定径区要短。

3）湿法润滑比干式润滑定径区要短。

如果定径区过长，拉制时摩擦力会增加，线模温度升高，拉伸应力增大，拉线时会造成缩线甚至断线，降低线材表面质量。如果定径区过短，会缩短线模的使用寿命，不能保证线材尺寸和形状均匀，还会造成线材成品波纹和蛇形。一般拉伸低抗拉强度金属时定径区长度取 $0.2~0.65d_k$，拉伸高抗拉强度金属定径区长度取 $0.60~1.0d_k$。定径区的长度的选择见表5-4。

四、出口区

出口区的形状有截圆锥形和凹形两种。拉伸中线和粗线时，出口区常采用 60° 圆锥角和截圆锥形，当拉伸细线时，常采用凹形出口区。凹形出口区的优点是当定径区与出口区的轴线不重合时，孔型不歪扭。对金刚石模出口区则多采用 45° 截圆锥形、凹形和 70° 截圆锥形的复合形状。出口区的长度一般为 $0.5mm \sim 0.5d_k$。当拉伸高强度的金属时，其长度不可过小，否则，定径区容易崩裂。

模孔各区域连接处必须呈弧线形过渡，应特别注意工作区和定径区之间的连接形状，否则将引起线材质量下降。模孔表面质量不好，有局部凹痕、裂纹、砂眼、气孔等缺陷，如果模孔抛光不良，特别是当存在于工作区和定径区时，将会使摩擦力增加，线模寿命缩短。如果模孔歪斜，特别是当工作区和定径区不同心时，将引起拉伸应力增加，同时使模孔局部磨损严重。

因此，对各种线模都必须达到如下要求：

1）严格控制各区域的角度和长度。

2）各区域必须同心，并与出口端面垂直，特别是工作区和定径区。

3）模孔工作区和定径区中不允许存在凹痕、裂纹、砂眼、气孔等缺陷。

4）表面抛光良好。

5）各区域连接处必须充分研磨，呈弧线形过渡，应注意出口区和工作区与定径区连接处。

6）制模材料应当硬度高，耐磨性好，摩擦因数小，黏附性小，抛光性能好，导热系数大，耐腐蚀。

圆铜铝线模的形状和尺寸如图 6-2、表 6-2 和表 6-3 所示，钻石模的形状和尺寸如图 6-3 和表 6-4 所示。

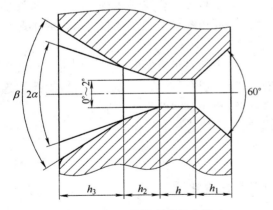

图 6-2　圆铜铝线模的形状和尺寸

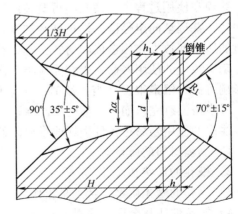

图 6-3　金钢石模的形状和尺寸

表 6-2　铜铝线模的拉制角度

拉制材料	$2\alpha/(°)$	$\beta/(°)$
铜	16	40
铝	24	60

表 6-3　铜铝线模的尺寸

d_k/mm	0.7~2.0		2.01~4.0		4.01~8.5	
拉制材料	铜	铝	铜	铝	铜	铝
h_3	$(0.7~1.2)\,d_k$					
h_2	$0.8d_k$		$0.9d_k$		$1.0d_k$	
h	$0.9d_k$	$0.5d_k$	$0.7d_k$	$0.4d_k$	$0.5d_k$	$0.25d_k$
h_1	$0.5\text{mm}~0.5d_k$					

注：h_3超过表中规定时，多余部分修成60°。

表 6-4　金钢石模的尺寸

尺寸类型	Y	B	R	TR
h	$(0.7~1)d$	$0.75d$	$0.5d$	$0.3d$
$h_1 \geqslant$	$1.5d$	$1.5d$	$1.0d$	$1.0d$
$2\alpha/(°)$	10 ± 2	12 ± 2	16 ± 2	24 ± 2

其他线模的尺寸和形状根据各自的特点分别制订。模孔尺寸的公差及圆度要求，应根据不同的产品用途加以确定，一般按线材允许的下极限偏差加上少量的余量作为线模下极限偏差，上极限偏差要考虑经济性。

◇◇◇ 第3节　线模的使用寿命

线模在使用过程中，模孔不可避免地受到磨损。磨损首先是在变形区接近线材入口处形成凹环，并逐渐向定径区一端扩展和加深，当凹环的凸起边缘被磨损得比较尖薄而经不起拉线时的压力和拉力作用造成脱落，引起模孔崩溃。

确定线模的使用寿命，以它能拉出合格线材的数量来衡量最有实际意义，因为线模使用时影响寿命的因素很多，当拉线时产生了模孔增大、产生道子、发生线材金属与模孔粘连时，线模虽没有完全崩溃，但已不能保证获得合格的线材，这时线模就报废了。

线模的使用寿命是各种损坏线模原因的综合表现，它决定于：

1）制模材料的质量。
2）模孔的形状和尺寸。
3）模孔的抛光质量，特别是工作区和定径区的抛光质量。
4）被拉伸线材金属的质量。
5）道次变形程度。
6）润滑剂的质量。
7）添加润滑剂的方式和冷却效果。
8）反拉力的存在与否。
9）拉线速度。

实践证明，在被拉伸线材金属质量一定的情况下，对线模使用寿命影响最大的是制模材料的质量、润滑剂的质量、反拉力的存在与否。

当需要简略计算线模使用寿命时，可采用表 6-5 的平均使用寿命进行计算，这是拉制铜线时的平均使用寿命，如计算拉其他金属线材的平均使用寿命，可乘以表 6-6 中的换算系数。

表 6-5 拉铜线时线模的平均使用寿命

制模材料		拉线直径 d/mm	平均使用寿命	
			km	kg
钢	不镀铬	15.0~10.0	1	$7d^2$
	镀铬	15.0~10.0	4	$28d^2$
硬质合金		16.0~10.0	50	$350d^2$
		9.9~1.0	143	$1000d^2$
		0.99~0.70	100	$700d^2$
		0.69~0.40	71	$500d^2$
金刚石	2Ct	1.59~1.00	5100	$4000d^2$
	1Ct	0.99~0.40	7200	$5000d^2$
	0.5Ct	0.39~0.20	8000	$6000d^2$
	0.25Ct	0.19~0.10	10000	$7000d^2$
	0.16Ct	0.09~0.03	11400	$8000d^2$

表 6-6 拉其他金属线材时平均使用寿命对铜的换算系数

线材金属	把铜的平均使用寿命换算成其他金属平均使用寿命的系数		拉其他金属 1kg 相当于拉制铜线的质量/kg
	km	kg	
铝	1.50	0.45	2.22
铝合金	1.00	0.30	3.33

◇◇◇ 第 4 节 模具的检查

模具的检查包括：表面质量、模孔形状和尺寸等。检查不应当限于成品生产结束后，在工序间和加工过程中也要进行检查，这样可以减少废品，保证产品质量。

一、表面质量的检查

1. 金刚石模

对于定径区直径不大于 0.12mm 的模孔，用 100 倍带光源的生物显微镜检查模孔的表面粗糙度及各区域的连接质量。对于定径区直径大于 0.12mm 的模孔，用 30 倍带光源的体视显微镜检查模孔的表面粗糙度及各区域的连接质量。

2. 碳化钨模

采用放大镜或显微镜进行观察。

二、形状和尺寸的检查

1. 模孔的尺寸

可采用拉头的办法测量拉出的线材尺寸，这是模孔的名义尺寸，拉头的压缩率为 10% ~ 15%。如要测出实际尺寸，可利用工具显微镜进行测量。对于模孔形状，可通过投影仪投影与标准图样进行比较。

2. 定径区的长度

将线材以一定的压缩率拉过模孔，在出口处的线材上涂以少量使线材变色的药剂，然后反向拉出，测量未变色的平直部分的线材长度。

3. 工作区的长度

浇铸模型测量，如浇铸铅、蜡。

4. 工作区的角度

用样板粗略测量，也可以将浇铸的模型进行投影放大进行测量。

5. 润滑区的长度

采用和工作区同样的测量方法。

6. 各交接处的过渡情况

观察浇铸模型，或用放大镜显微镜直接观察。

整个模孔形状的检查，都可以采取把浇铸的模孔模型进行光学投影放大，和标准图样进行比较和测量的方法，这样比较准确可靠。

◇◇◇ 第 5 节　模具的选择及维修保养

天然钻石（金刚石）模用于生产微细线或出口模；人造金刚石（聚晶）模用于小拉机中间模和大、中拉中间模、出口模；国产钴基金刚石（CD）模用于生产绞线。

一、选模标准

模具的选择需要遵循材料特性、经济成本分析、表面质量特性要求及使用寿命的要求。

一般来说，拉线规格不大于 0.3mm 时，选用天然金刚石模具（单晶金刚石模具），拉线规格大于 0.3mm 时，选用合成金刚石模具。

1）天然金刚石模具/单晶金刚石模具，主要用于对线材表面质量要求很高的线材拉制，孔内表面粗糙度比合成金刚石模具高，但是其使用寿命比合成金刚石模具短。

2）合成金刚石模具主要用于拉拔线径比较大，对线材表面质量要求不是特别高的产品。孔内表面粗糙度比天然金刚石模具差，但是使用寿命比天然金刚石模具长。

二、拉线模具的使用和维护

拉线模具在长期使用过程中，模壁受到金属线材强烈摩擦与冲刷作用，不可避免会产生磨损现象。为了延长拉线模具的使用寿命，提高经济效益，制订一套标准规范对模具进行保养：需要选择合适的拉线模具模坯材料、设计合理拉线模具孔型尺寸、提高拉线模具制造水平、使模孔表面粗糙度达到最高水平以及确定合理的拉伸道次、合理的压缩率。除此之外，在日常工作中，一旦模具出现磨损，要及时进行抛光，使模具恢复到原始抛光状态。使用过程中应勤洗、勤检测、勤保养、勤修复，并保证拉伸过程中有良好的润滑效果，这样才能延长拉线模具使用寿命，增大其经济效益。具体拉线模具的使用与维护见表 6-7。

表 6-7 拉线模具的使用与维护

模具类型	模具类别	材质及规格	上机天数（累计）	维修方式
多头拉线模具（含镀锡、裸铜线）	出口模	天然金刚石：0.08~0.10mm	7 天	常规：跳级修理
		天然金刚石：0.10~0.20mm	10 天	常规：跳级修理
		天然金刚石：0.20~0.30mm	15 天	常规：跳级修理
		进口聚晶：0.30~1.0mm	30 天	视磨损情况抛光或跳级修理
	套模	天然金刚石：0.08~0.10mm	15~20 天	常规：跳级修理
		天然金刚石：0.10~0.30mm	20~30 天	常规：跳级修理
		进口聚晶：0.30~1.0mm	30 天	视磨损情况抛光或跳级修理
		进口聚晶：1.0~2.31mm	60 天	视磨损情况抛光或跳级修理
微拉线模具	出口模	天然金刚石：0.05~0.08mm	5~7 天	常规：跳级修理
		天然金刚石：0.08~0.10mm	7~10 天	常规：跳级修理
	套模	天然金刚石：上半段（入线以下）	10 天	常规：跳级修理
		天然金刚石：下半段（出口以上）	15 天	常规：跳级修理
小、中拉线模具		同多头拉线模具规则一致		
大拉线模具	出口模	进口聚晶：1.4~5.0mm	2~3 月（视客户公差要求而定）	抛光或跳级修理
	套模	进口聚晶：1.6~7.0mm	4~6 个月	常规抛光/特殊情况才跳级

思 考 题

1. 按制模材料不同，拉线模分为几种？

2. 在被拉伸金属线材质量一定的情况下，影响线模使用寿命的因素主要有哪些？

3. 线模的工作区和定径区的结构及形状对拉线过程有哪些影响？

4. 线模在日常使用中，应做好哪些维护和保养工作？

第 7 章

线材热处理

线材热处理是将经过冷加工的金属线材在一定的介质中加热到适宜的温度，并在此温度保持一定时间，然后以不同速度冷却的工艺过程。金属线材热处理是铜、铝或合金材料生产线材中的重要的工艺之一，与其他加工工艺相比，热处理一般不改变线材的形状和整体化学成分，而是通过改变其内部的微观组织，赋予或改善线材的使用性能。

在电线电缆生产过程中，线材热处理工艺通常有退火、淬火和时效。

◇◇◇ 第 1 节　热处理的作用和原理

一、热处理的作用

金属经过冷加工，因晶粒形状及其方位等均发生变化，导致金属的性能也发生变化。因此，在许多情况下，都要对经过冷加工的金属进行热处理，使金属恢复冷加工前的性能以达到使用要求。在电线电缆生产过程中，一般有下列几种热处理工艺。

1）中间退火，使经过冷加工硬化的金属的塑性恢复到冷加工前的水平，以便继续拉制。中间退火的次数由被拉金属二次退火间所能承受的总变形程度所决定。

2）为了使拉线的成品恢复拉线前的力学性能和电阻率，进行成品退火。

3）为使铝合金杆（线）达到合适的工艺性能参数，需要进行淬火或时效处理。

4）对于成品铝线，采用适当的退火工艺，可以得到性能介于硬线和软线之间的半硬线。

5）对于铜电刷线，则在束绞和绞制完成后进行退火，以消除由于束绞和绞制在单线内产生的应力，使成品柔软适用。

6）对于在温度较高的场合使用或使用时导体本身发热的合金产品，为了避免使用过程中由于受热发生电性能的变化，预先进行退火。但这种退火的温度应略高于使用温度，且退火时间较短。

二、金属退火的基本原理

金属经过冷加工塑性变形后，因其内部晶粒碎化、晶格畸变和存在残留应力，因而是不稳定的，有向稳定状态变化的自发趋向。但在室温下，原子的扩散能力很弱，变化过程很难进行。将冷变形的金属进行加热，使原子的动能增加，促使其发生变化。其变化有以下三个阶段：

1. 回复阶段

当加热温度不高时（低于最低再结晶温度），因为原子扩散能力尚低，虽有微小扩散，但不能引起组织的变化。原子的微小扩散，能使晶格畸变程度大为减轻，从而使内应力大大下降，导电性及耐蚀性等均显著提高，但其力学性能变化不大。这个阶段称为回复阶段，也称去应力退火。

2. 再结晶

冷变形金属加热至较高温度时，将形成一些晶格方位与变形晶粒不同、内部缺陷较少的等轴（各方向直径大致相同）小晶粒，这些小晶粒不断向周围的变形组织中扩展长大，直到金属的冷变形组织全部消失为止，这个过程称为金属的再结晶。

冷变形金属经过再结晶，其由于冷变形而产生的晶格畸变等缺陷及内应力完全消除，因而强度下降，电导率增加，塑性和韧性大大提高，冷加工硬化状态完全得以消除。

再结晶过程中，金属的晶格类型不发生变化，即并未形成新相，故不是相变过程。

3. 再结晶后的晶粒长大阶段

冷变形金属在刚完成再结晶过程时，一般都能获得细小而均匀的新的晶粒。随着加热温度的过分提高，或者保温时间的过分延长，再结晶后的晶粒还要互相吞并而长大，使晶粒变粗，力学性能也相应恶化，这个过程称为聚集再结晶，这种粗晶粒金属的强度和塑性均下降。所以，过高的加热温度或过长的保温时间均能引起"过烧"或"过热"。

以上三个变化阶段如图 7-1 所示。

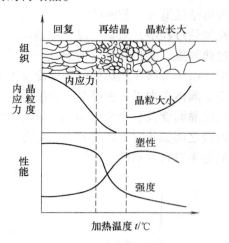

图 7-1　冷变形金属加热时组织和力学性能的变化

冷变形金属经过加热而生成新的晶粒，其大小和方位均与加热前的晶粒不同。新晶粒的大小与加热前的冷变形程度有关，从图 7-1 可以看出，其还与加热温度有关，此外还与加热时间有关。晶粒大小与这三者之间的关系如图 7-2 所示。

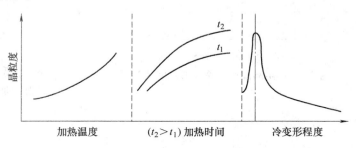

图 7-2　晶粒大小与加热温度和时间及冷变形程度的关系

由图 7-2 可以看出，当加热温度升高时，晶粒度就增大；当加热时间长时，晶粒度也增大，温度越高，影响就越显著；加热前冷变形程度对晶粒度的影响在 2%～10% 处有一个尖峰，一般认为是变形程度不大时，妨碍再结晶的晶间物质破裂，显微空隙压合，但晶核数量不多的原因，这个变形程度称为临界变形程度。超过临界变形程度后，一般随着变形程度的增加，加热后晶粒度减小。

什么是最低再结晶温度呢？试验证明：金属材料的最低再结晶温度与它的冷变形程度、化学成分、加热速度和加热时间等因素有关。再结晶温度与冷变形程度之间的关系如图 7-3 所示。

由图 7-3 看出，当冷变形程度很大时，再结晶温度逐渐趋于一个稳定值 t，这就是最低再结晶温度。通过大量的试验发现，工业纯金属的最低再结晶温度与其熔点之间有如下关系

$$t \approx (0.35 \sim 0.4)\ T_{熔点}$$

式中的 t 及 $T_{熔点}$ 均按热力学温度（开氏温度）计算。

电线电缆生产中使用的主要金属为铜和铝，而应用较多的热处理方法为退火。如上所述，冷加工塑性变形后的金属，加热到一定的温度（低于最低再结晶温度），经过回复阶段，能基本上消除形变内应力，而加工硬化现象却基本保留，这种热处理方法称为去应力退火。为了完全消除加工硬化现象，必须加热到更高的温度，使其能完成再结晶过程，这时称为再结晶退火。前面已提到，再结晶温度与许多因素有关，它没有一个固定的临界点，只是在加热过程中，从某一温度开始结晶，这个温度的参考值就是上面讲到的 t。为了防止产生过热现象，防止金属性能恶化，生产中应严格控制退火温度及加热保温时间。在实际生产中，由于金属在加热前的内部冷变形并不是均匀的，变形程度并不完全相同，因此为了使整个金属体积内进行再结晶，再结晶退火温度应该比最低再结晶温度高些。图 7-4 所示为最低再结晶温度及整个金属体积内进行再结晶与加热前冷变形程度之间的一般关系。金属在两条曲线之间加热时，将得到由一部分细晶粒及一部分旧有的晶粒所组成的不均匀组织，这种产品是不符合要求的。

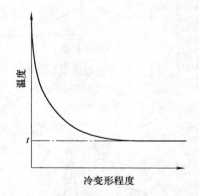

图 7-3　再结晶温度与冷变形程度的关系

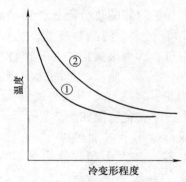

图 7-4　最低再结晶温度及整个金属体积内进行再结晶与加热前冷变形程度之间的一般关系
①—最低再结晶温度　②—整个金属体积内进行再结晶的温度

综上所述，生产中一般采用的再结晶退火温度都比最低再结晶温度高 $100 \sim 200℃$ 以上，即

$$T_{退火温度} = t + (100 \sim 200)℃$$

去应力退火温度则相当于最低再结晶温度。

◇◇◇ 第 2 节　铜铝线的热处理工艺和设备

一、铜铝线对热处理条件的基本要求

一般工业纯铜和工业纯铝的退火温度可参考表 7-1。

表 7-1 工业纯铜和工业纯铝的退火温度 （单位：℃）

材料	最低再结晶温度	去应力退火温度	再结晶退火温度
工业纯铜	200~270	200~300	500~700
工业纯铝	150~240	140~160	350~400

退火时的保温时间，应能使整个金属体积内的再结晶过程得以充分进行。它与加热温度、金属材料的体积、加热方式等因素有关，没有确定的统一临界点，一般认为有 30~60min 就可以了，但需要通过生产实践加以验证和确定。

一般认为铜和铝退火的冷却速度，对性能基本没有影响，因而可以采用水冷、空冷或风冷等方法。

由于铜的表面氧化物比较疏松，与铜的基体结合力较差而易于剥落，因此能被不断地氧化而使导体截面积减小。所以铜线退火时，须在无氧环境中加热退火，或在充满保护气体的环境中加热退火，或在真空环境中加热退火。

而铝线或铝合金线由于其化学性质活泼，在加热时（或在室温条件下）表面生成致密牢固的氧化物薄膜，能保护基体金属不被进一步氧化，因而这一类产品，当不提出特别要求时，可以暴露在空气中退火。

退火时，对不同的金属或合金应当采用不同的保护气体，常用的保护气体有：

1）惰性气体——氦（He）、氖（Ne）、氩（Ar）、氙（Xe）。

2）中性气体——二氧化碳（CO_2）、氮（N_2）或它们的混合气体。

含有氢的还原性气体不适用于铜制品，因为在高温条件下，氢可引起铜产生"氢病"。所有保护性气体中均不能含有硫的成分，以防止制品与硫发生化学作用，损害制品质量。

电线电缆导电线芯经退火后，应具有光亮的金属光泽，否则会对产品质量产生有害作用。如：

1）表面氧化会增加导体电阻。

2）当用作漆包线芯时，如有氧化，漆层的附着力会下降，或者涂不上漆。

3）用作橡胶或塑料绝缘电线电缆导电线芯的线材如有氧化，则会加速绝缘材料老化，缩短使用寿命。

因此，必须重视退火质量，这是保证电线电缆产品质量的重要环节。综上所述，为保证退火质量，应严格控制退火时的加热温度和保温时间，对于铜线的退火，尤其要选择合适的保护气体，创造退火所必需的无氧环境。

二、铝镁硅合金的淬火和时效处理

铝镁硅合金线材是可通过淬火和时效处理获得合适的工艺性能参数的线材。将铝镁硅合金加热到临界温度以上，然后急速冷却的热处理方法就是淬火。淬火后重新以低温加热，以使合金的组织稳定，消除或减小残留应力，使合金满足一定性能要求的热处理方法，就是时效处理，也称低温回火。如果时效处理是在环境温度下进行的，就称为自然时效。用人工加热方法进行的时效处理称为人工时效。当金属在缓慢结晶过程中，随着时间的增加，温度将会出现某个停顿点，这个停顿点就是它的临界温度。

铝镁硅合金的淬火是在铝合金连铸连轧生产线上直接完成的，在经过连轧机组多次轧制后，轧制的圆铝杆经淬火系统急速冷却至室温，这就完成了淬火过程。这时铝镁硅合金的抗拉强度仍然很低，但是塑性好，易于拉伸。铝镁硅合金轧制的圆铝杆在淬火后的 7 天之内必须进行拉制，否则，由于自然时效的作用将使塑性下降，抗拉强度增高，使拉制过程难以进行。

时效处理要在拉线之后马上进行，如果条件不允许，则应将拉制工作安排在可能进行时效处理之时进行，当然，这要和前面的淬火过程一并考虑，以保证线材的性能及其均匀性。时效处理在有强迫热风循环的加热炉内进行，温度控制在 150～180℃，保温 3～5h。时效处理的加热温度和保温时间要严格控制，确定合适的时效温度和时间以保证铝镁硅合金的拉力和导电性能的最佳匹配。

因为硬铝合金线拉制过程中冷却硬化现象显著，所以要进行中间退火，加热温度为340～370℃，保温 1.5h 左右，然后随炉冷却至 250～270℃才能出炉，因为这种合金在高温出炉时能在室温空气中淬火。

三、热处理设备

铜铝线的退火和时效设备可分为间歇式和连续式两大类，所用退火和时效炉的种类也较多，目前电线电缆生产常用的品种有：

间歇式退火（时效）炉：包括地坑式罐式退火炉、钟罩式电热退火炉和热风循环式退火时效炉。

连续式退火（时效）炉：包括热风循环连续时效炉、管式退火炉以及与拉线设备配套使用的接触式连续退火装置。

下面对常用的热处理设备分别加以介绍。

1. 地坑式罐式退火炉和钟罩式电热退火炉

这两种退火炉主要用于软铜线和软铜带的生产，两种设备的构造基本相同，地坑式罐式退火炉的容量比钟罩式电热退火炉大。这两种设备加热常用电热方式，但其用电量很大。其结构如图 7-5 和图 7-6 所示。

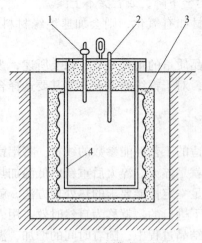

图 7-5　地坑式罐式退火炉
1—阀门　2—热电偶　3—电热器　4—装料罐

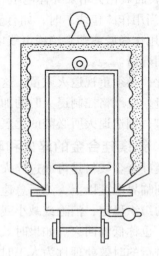

图 7-6　钟罩式电热退火炉

这两种退火炉的特点是：

1）生产占地面积大，劳动条件较差。

2）生产周期长。

3）退火后线材的表面质量高。

4）地坑式罐式退火炉的装料容量大，可以进行较大件产品的退火。

这两种退火炉生产铜线的工艺过程是：装料→抽真空→充气→加热保温→出炉冷却→出料。

使用这两种退火炉的关键是保证退火时铜线不发生氧化，即保证装料罐内的无氧条件，这就要求：

1）设备的密封性好。

2）抽真空后，罐内残余压强应在 10mmHg（1333.22Pa）以下。

3）充气压力应稍高于大气压，但一般都在 2 个大气压（202.65kPa）以下。

氧气出现在炉内的原因主要是从密封不良处漏入或炉内氧化物或含氧物质在高温下分解。所以，装料时要认真检查罐口密封垫的完整性及弹性，若已有缺陷，应及时予以更换，同时装料时应注意装入的材料及罐内是否有油污等，以免加热时油污等分解而造成铜线氧化。充入的保护性气体通常为二氧化碳、氮气或它们的混合气体，并且是经过干燥处理的。含有氢的气体在用于铜线退火时受到一定限制，因为氢在高温时能引起含氧铜的"氢病"。为了能进一步减少炉内残留的氧，可放入燃烧的木炭，但仅适用于残氧极少的条件。

细线的退火一般都采用真空退火，但容易发生退火后粘连现象，影响使用，可以采取措施加以解决。解决方法是在罐内的空隙处用不氧化的废铜线填满，罐内加一个铜胆，装料前清除罐内所有材料及铜胆上的油污和氧化物，这样可以使退火后的铜线不发生粘连，表面质量好，如再充入保护性气体，则效果更好。

进行铝线退火时，不必抽真空和充入保护性气体。

钟罩式电热退火炉由电热器、升降架、装料罐车及运行轨道组成，另外还配备有真空泵和通风冷却室。

钟罩式电热退火炉使用时，先将待退火的线材放进装料罐车内，此时应注意密封情况，然后将罐内抽真空。抽完真空后，可充入氮气或二氧化碳保护气体，也可不充气。将装料罐车推到加热器升降架上，放下加热器，定好上下加热区的温度，即可升温工作。这时可做其他装料和抽气工作，以便在上一炉加热过程结束后，及时进行下一炉的回热，以节省能源和提高工作效率。加热完后的线材要待完全冷却至室温时，方可放气和出料，以免线材氧化。铜线和铜带在钟罩式电热退火炉中的加热温度和保温时间可参考表 7-2。

表 7-2　钟罩式电热退火炉工艺参考值

线材直径/mm	加热温度/℃		保温时间/min	真空度残压/mmHg
	上部	下部		
>0.8	490~500	400~410	110	<10
	360~370	340~350	150	
0.8~1.0	500~510	410~420	110	<10
	380~390	360~370	150	
铜带	430	410	150	<10

2. 热风循环式退火炉和热风循环连续时效炉

热风循环式退火炉的加热温度最高可以达到450℃，主要用于铝线的退火，也可用于铝合金线的时效，由于工作区不能完全密封，不能用于铜线的退火。

设备主要由炉体工作室、装料车、炉门及压紧装置、电热器、电风扇、电气控制系统、温度自动控制系统等组成，它的结构如图7-7所示。

退火或时效生产的工艺过程为：装料→加热→保温→炉体冷却→出料。

热风循环式退火炉的生产方式为间歇式。使用时，应注意使装入退火炉的线材之间留有空隙，以利于热风循环，使炉内各部位温度均匀，保证线材退火质量。开动设备时，应打开循环冷却水。热风循环式退火炉的大部分为工作室，顶部装有电热器，它发出的热量被电风扇吹动，强迫在工作室内循环，

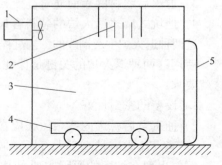

图7-7　热风循环式退火炉
1—电风扇　2—电热器　3—工作室
4—装料车　5—炉门

电动机中有冷却循环水，以利于电动机散热。温度是由仪表自动控制的，可以预先设定加热温度，工作中仪表能将温度稳定在这一设定点。将要进行热处理的线材放在特制的架子上，不能堆积在一起，以使退火均匀。用小车将架子推进工作室中央，不要靠在门边或某一炉壁上。定好温度，打开循环水，即可升温工作。铝线的退火温度可参考表7-1中工业纯铝的再结晶退火温度，保温时间为1~2h，如温度偏低，可适当延长保温时间。

热风循环式退火炉也可用于半硬铝线的热处理。半硬铝线有两种生产工艺：

（1）拉制—退火—拉制法　这种方法是先将坯料在拉线机上拉制成一定尺寸的线材，然后经过再结晶退火，最后再经过约两次的拉制得到成品半硬铝线。这种方法生产的半硬铝线表面光亮，性能均匀，易准确控制，但要多一道中间工序。

（2）拉制—退火法　这种方法是将坯料在拉线机上拉成成品尺寸的线材，然后经过不完全退火，使线材的性能介于硬线和软线之间，获得半硬线。用这种方法生产半硬线的关键是退火温度和时间的控制要适当，否则达不到预期效果。但是，由于在炉内各处温度的不一致性，特别是使用无强迫热风循环的退火炉时更是如此，将会造成近热源处先热，且温度较高些，远热源处温度则较低些，这和炉膛的形状及结构都有关系。因此，半硬线材的性能一致性难以保证，且性能难以控制，易出现软、半硬，甚至软硬参差不齐的现象。由于生产环境及生产条件的不同，如生产时的电压、风速、气温等不同，线材的软硬状态和截面不同，退火前硬线材性能的差异等条件的影响，给制订半硬线的退火工艺参数造成很多困难。一般将温度控制在240℃左右，将保温时间控制在约4h，这当然不能一成不变，应根据实际生产情况加以验证。目前，已有用接触式连续退火法生产半硬铝线的，从原理上讲，用这种方法生产的半硬铝线，性能均匀且易于控制。

热风循环连续时效炉主要用于铝合金线材的时效处理，时效炉持续运行的温度为149~320℃，由于工作温度相对较低，不适用于铝线的退火。热风循环连续时效炉的结构如图7-8所示。铝合金单线或绞线时效退火温度及时间参考值见表7-3。

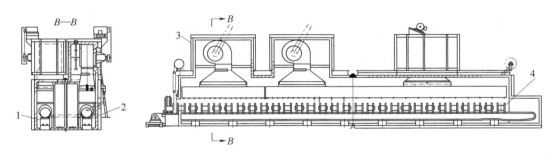

图 7-8　热风循环连续时效炉的结构
1—出料门　2—进料门　3—风机室　4—盘具

表 7-3　常用铝合金单线或绞线时效退火温度及时间参考值

规格	退火温度/℃	保温时间/min
中抗拉强度铝合金	175~180	560~570
高抗拉强度铝合金	150~160	350~360
电缆导体用铝合金	370~380	360~380

　　热风循环连续时效炉是一种专门用于铝合金线材时效的电热炉，可连续作业。作业时，当炉温达到工艺要求后，把装有铝合金线材的工艺盘经进料门（按一定的时间间隔），持续加入炉腔内，生产中盘具由传送链实现自动运行，最终从出料门运出。热风循环连续时效炉的优点是：与间歇式工作的热风循环退火炉相比，自动化程度高，易于操作，通过热风循环使炉内温度均匀，时效质量稳定，尤其适合大批量连续生产，热能损失小，节能效果明显，缺点是设备的投资成本较高。

　　3. 接触式连续退火装置

　　接触式连续退火装置是单线通过式连续退火的一种，此外还有高频或工频感应加热的方法，它们的主要特点是通过与拉线机等设备联合配套使用，实现生产连续化；由于是利用电流的热效应直接使导线本身发热而达到再结晶退火温度，因此热效率高，一般比辐射式电加热方法省电 40%左右；它们的适应范围广，退火后线材的性能均匀，设备体积小，操作轻便，可以缩短生产周期，取消了单独设置的退火工序。这些退火方法的缺点是，结构复杂，操作技术要求高，接触要良好可靠（感应式加热除外）。接触式连续退火装置目前主要用于铜线退火。

　　接触式连续退火主要有以下三种基本形式：
　　1）二段式，即预热—退火，这是最常用的。
　　2）三段式，即预热—退火—再热。
　　3）三角形式，即一段预热，一段退火，一段再热。
　　以上三种基本形式如图 7-9 所示。
　　其中预热段使线材预热到在短时间不致氧化的最高温度（对铜线约为 250℃），在退火段把线材再继续加热到再结晶退火温度，同时利用水蒸气保护线材退火段表面，退火后的线材经过水槽冷却，水槽中可放置少量拉线润滑剂乳液，待线由水槽中出来后，用毛毡擦干水或利用压缩空气吹干。再热段的形式主要是为了加速线材干燥，以使表面光亮。三角形式也

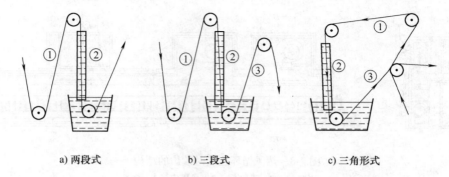

a) 两段式　　　　　　　b) 三段式　　　　　　　c) 三角形式

图 7-9　接触式连续退火的三种基本形式
a）两段式　b）三段式　c）三角形式
①—预热段　②—退火段　③—再热段

属于三段式，但由于各导轮间的距离小，使线在行进过程中减少了抖动和由于抖动引起的接触不良造成的火花灼伤，同时通电的导轮是主动的，减轻了线材的张力，所以，三角形形式适用于细线的接触式连续退火。

由于线材受热要伸长，为了保证线材与导轮接触良好，当各导轮转速相等时，导轮直径应按顺序稍微增大，以维持必要的张力，导轮的基本直径一般为线材的 100 倍。

无论采用何种通过式连续退火的方法，都要维持退火电压（电流），保证其速度与拉线机或其他设备出线（或进线）速度同步，这可以采用速度反馈或线力反馈等方法实现。

接触式连续退火基本工艺参数如下：

1）退火温度。由于退火过程加热速度快（以秒计），保温时间极短，所以其退火温度应高于其他退火方式约 50℃。

2）退火电压。退火电压用下式计算

$$U = \sqrt{\frac{\rho P_0 C_p}{0.24} VL(T_2 - T_1)[1 + \alpha_p(T_1 - T_2)]}$$

3）退火电流退火电流用下式计算

$$I = F\sqrt{\frac{\rho C_p}{0.24 P_0} \frac{V}{L} \frac{T_2 - T_1}{1 + C_p/2(T_1 + T_2)}}$$

式中　ρ——密度（g/cm^3）；

　　　P_0——20℃ 时的电阻率（$\Omega \cdot cm$）；

　　　C_p——比热容；

　　　V——退火速度（cm/s）；

　　　L——退火长度（cm）；

　　　T_2——退火末端温度（℃）；

　　　T_1——退火始端温度（℃）；

　　　α_p——电阻温度系数（$1/℃$）；

　　　F——退火线材截面积（cm^2）。

以上介绍了几种常见的退火设备，当在生产中选用时，还有其他形式的退火炉可供选用，如管式炉、气封炉等。选用退火设备一般都遵循以下几项基本条件：

1）如是周期性生产，宜选用间歇式退火炉；如是连续性生产，则宜选用连续式退火炉，这样比较经济。

2）应能满足热处理工艺要求，使热处理后线材表面质量及组织、性能满足要求。

3）能源问题应易解决，要因地制宜，可选用电能、天然气、煤气、重柴油等。

4）退火炉结构力求简单，坚固耐用，节省占地面积，节约投资，但不能因此而恶化劳动条件，应积极选用机械化、自动化程度较高的设备。

四、退火工序常见的质量问题

退火时，经常遇到的不合格品的类型有：

1）乱线或碰伤。主要是由于操作不当造成的。

2）退火不足。表现为抗拉强度高及断后伸长率低，可以通过适当提高退火温度和延长保温时间解决。

3）过热或过烧。表现为抗拉强度及断后伸长率均低，此时应降低退火温度及缩短保温时间。

4）退火不均匀。主要是由于装料堆积，单件质量过大或退火温度与保温时间选用不当造成的。

5）光亮退火时氧化。主要是由于退火时有氧存在，应查找原因加以排除，可参考前面分析过的几个原因。

思 考 题

1. 铜线退火需要隔氧，而铝线没有要求，原因是什么？

2. 热处理中退火与时效处理有什么区别？

3. 铜线退火后表面有氧化，分析可能导致这种缺陷产生的原因。

4. 分析铜线退火前后性能的变化（以力学性能和电性能为主）。

5. 铝线的退火温度和退火时间一般怎么确定？

第8章

金属导体连续挤制工艺

◇◇◇ 第1节 概述

金属材料挤制技术早在 20 世纪 80 年代就应用到电线电缆行业，但主要用于挤制同轴电缆的铝护套及铝包钢线的挤压包覆。铜连续挤制技术作为铝连续挤制技术基础上的延伸和发展，国内很多学者和研究机构在攻克了挤压轮槽、腔体结构和模具材料等一系列技术难题后，成功研制了铜扁线连续挤压生产线，随后，又创造性地提出将连续挤制技术应用于接触线制造，并开展了一系列试验研究。近年来，连续挤制技术在接触线制造领域的应用取得了突破性进展。目前，导体挤制工艺在线缆行业主要用于电力牵引用接触线、铜排及铜合金型材、铝排及铜包铝排、软铝型线及软铝导体、铝包钢线等的制造。

一、金属导体连续挤制的基本理论

金属导体连续挤制的设备是连续挤压机，装在连续挤压机中的挤压轮在电动机驱动下连续转动，将金属喂料连续不断地送入连续挤压机而形成连续的压力。在压力和摩擦力的作用下，产生机械能转换为热能的能量转换，使喂料加热至熔融状态，进入挤压模而被挤出成型，获得无限长制品。连续挤压法主要有以下三种：

1. Conform 连续挤制法

Conform 连续挤制法是于 1971 年由英国学者 D. 格林先生发明的，同年获得英国专利（专利号 No. 1370894），由英国原子能局（UKAEA）斯普林菲尔德原子能研究所先进金属成型技术研究室开发成功。

Conform 连续挤制法的基本原理如图 8-1 所示，基本由四部分构成：

1）挤压轮圆周上车制有凹形沟槽，它由驱动轴带动旋转。

2）固定靴块，与轮槽接触部分为一个弓形块，该弓形块有一个凸缘，以便嵌入槽轮的凹形沟槽形成四周封闭的挤压型腔，相当于传统挤压的挤压筒，挤压型腔的三面为可动沟槽的槽壁，第四边为静止的弓形块凸缘。

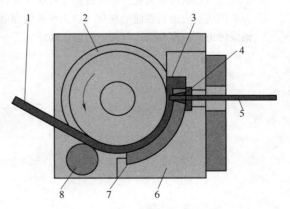

图 8-1 Conform 连续挤制法
1—材料 2—挤压轮 3—堵头 4—挤压模
5—制品 6—靴体 7—槽封块 8—压轮

3）固定在挤压型腔出口端的挡块，作用是迫使金属只能从挤压模孔流出。

4）挤压模安装在挡块上实行切向挤出，或安装在靴块上实行径向挤出。多数情况下安装在靴块上，因模具的安装空间大，可以挤压尺寸规格较大的管材和型材。

当从挤压型腔入口端喂入挤压坯料时，由于挤压型腔的三面是向前运动的可动边，在摩擦力的作用下，轮槽咬着坯料，并牵引着坯料向模孔流去，当总的摩擦力足够大时，可在模孔附近产生高达 $1000MN/m^2$ 的压力，迫使金属从模孔流出。Conform 连续挤压法十分巧妙地利用了轮槽槽壁与坯料之间的机械摩擦作用，并依靠它提供所需的挤压力。而且，只要挤压型腔的入口端能连续地喂入坯料，便可达到连续挤出无限长制品的目的。

2. Conclad 连续挤制包覆法

Conclad 连续挤制包覆法是在 Conform 连续挤制技术的基础上发展起来的，在 20 世纪 80 年代初期，分别由英国 BWE 公司和 HOLTON 机器公司研发成功，于 1985 年制造出第一台 Conclad 挤压机，主要进行铝包钢线的生产。

国内开展 Conclad 技术研究的有东北大学、大连交通大学、昆明理工大学等单位，这些单位均开展了较多的基础理论研究及连续挤制包覆技术的成套设备设计制造，并将其应用于电线电缆制造业，如电视同轴电缆（CATV）的外导体及护套、高压电缆的挤制包覆金属护层、双金属包覆导线等。

Conclad 连续挤制包覆法的基本原理如图 8-2 所示。旋转的挤压轮圆周上带有沟槽，通过压实轮使杆料毛坯在轮槽摩擦力的作用下被拽入轮槽内，并随挤压轮一同旋转运动，直到被伸入到轮槽内的挡料块挡住，在不断旋转的挤压轮产生的摩擦力作用下，坯料的温度不断升高，所受的压力也不断增大，当达到材料的塑性流动极限时，便在模具中形成围绕在从模腔中穿过的芯线周围的套管，再从模孔中挤出，形成包覆产品。

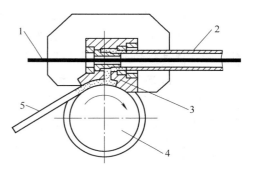

图 8-2　Conclad 连续挤制包覆法
1—缆芯　2—护套　3—模具　4—挤压线　5—坯料

根据芯线材料和模具结构的不同，Conclad 连续挤制包覆法可分为间接包覆和直接包覆。间接包覆的芯线是软绝缘材料，为避免灼伤芯线，所挤成的套管与芯线间留有一定间隙，待离开模具后加以迅速冷却，然后通过在线的拉拔工序消除间隙，从而使套管与芯线贴合达到成品尺寸。间接包覆可用于制造有线电视同轴电缆（CATV）、光纤复合架空地线（OPGW）、电力电缆金属护层等。直接包覆的芯线是金属线材，铝料直接包覆在芯线表面上，并形成牢固的冶金结合，可保证后续的拉拔工序顺利完成，生产的典型产品有铝包钢线。

3. Castex 连续铸挤包覆法

Castex 连续铸挤包覆法是在连续挤制技术（Conform）、连续挤制包覆技术（Conclad）基础上发展起来的。Castex 技术出现于 20 世纪 80 年代中期，最早由英国 HOLTON 机器公司开发成功，1986 年，在英国 A1form 合金公司建立了一条生产线，用于纯铝生产线材和其他制品。到 1998 年，英国 HOLTON 机器公司已生产 3 台连续铸挤包覆机。在我国，1989 年，当时的大连铁道学院研制出一台 Castex200 连续铸挤包覆机，进行了较完善的设备设计，工艺研究及产品试制，可以稳定地生产纯铝、6061、6063、铝-锌合金线材及小截面型材。Castex 连续铸挤包覆法是一项高效、节能新技术，现已被广泛用于非铁金属材料的加工工业。连续铸挤包覆成型是在连续铸造、连续挤压及连续包覆技术的基础上发展起来的一项集成技术，可在一台设备上实现直接用金属熔体或半固态熔浆进行连续铸造、挤压、包覆一体化生产，为非铁金属材料为主的新型材料提供一种成型加工工艺和装备。该技术缩短了成型加工的工艺流程，节约能源，降低投资成本，由于其连续性生产，提高了效率和成材率。

Castex 连续铸挤包覆法基本原理如图 8-3 所示。

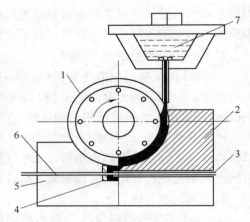

高温金属熔体或半固态熔浆经流管流入旋转铸挤轮的轮槽中，熔体与槽壁接触后凝固结晶，在轮槽侧面及底面黏性摩擦力拖曳下前进，当前进到堵头时，便积聚起来，金属所受压力越来越大，当压力达到挤压所需的应力时，金属通过模孔挤出制品；当挤压模切于切向位置，并且有通过模孔的芯材时，即可实现包覆变形。这样在铸挤轮 90°～180°圆周的范围内可实现连续铸造、挤压、包覆技术的高度集成。

图 8-3　Castex 连续铸挤包覆法
1—铸挤轮　2—挤压靴　3—包覆材　4—包覆模
5—堵头　6—芯材　7—金属液

二、金属导体连续挤制工艺的特点

根据上述三种金属导体连续挤制的基本理论，三种金属导体连续挤制有以下各自特点。

1. Conform 连续挤制的技术特点

1）由于挤压型腔与坯料间的机械摩擦能大部分得到有效利用，因此，仅挤压过程本身的能耗就可比传统挤压降低 30% 以上，因为传统挤压 30%～40% 的能量消耗于克服挤压筒壁上的有害摩擦上。

上述机械摩擦的作用不仅为 Conform 连续挤压过程提供挤压力，而且由于摩擦生热，加上塑性变形热，二者的共同作用可使挤压坯料的温度达到很高的值，如它可使室温下喂入的铝及铝合金坯料在模孔附近的温度达到 480～500℃，铜及铜合金坯料的温度达到 480～520℃。铝材 Conform 连续挤压过程摩擦热和变形热的有效利用可使铝材在挤压前无须加热，直接喂送冷坯而挤压出热态的制品。因此，对铝及铝合金的 Conform 连续挤压可以省去加热装置，大大降低电耗，比传统挤压可省去 3/4 左右的电耗费用。

2）可实现连续挤压作业，连续喂料，挤压无限长的成盘卷取的制品，如长达千米以上的小铝盘管。由于大大减少了非生产时间，提高了劳动生产率，而且挤压过程稳定，制品的组织性能均匀一致，挤压无挤压余边，切头尾量少，所以 Conform 连续挤压过程中金属材料的利用率可高达 98.5%～99.5%，节省了大量金属材料。

3）设备紧凑，轻型化，占地少，设备造价及基建费用低。据文献介绍，Conform 连续挤压设备的造价只有同等生产能力传统挤压机的 1/3，厂房面积也可大大减少。

Conform 连续挤压也有某些不足之处，如坯料不能太大，制品的尺寸规格也较小，设备制造精度要求较高，模具材料及制造技术要求高。

2. Conclad 连续挤制包覆法的技术特点

Conclad 连续挤制包覆法工艺简单，可连续生产，连续挤压变形是靠旋转的挤压轮对坯料的摩擦来驱动的，其操作不受最大行程限制，可以不间断地连续生产，因而可以大大提高生产率。

1）坯料无须加热。这种工艺方法将压力加工中做无用功的摩擦力转化为变形的驱动力和发热源，省去了加热设备，可将能耗降低 60%。

2）变形金属受力状态好，组织致密。坯料在连续挤压过程中处于强烈的三向压应力状态，有利于提高金属的塑性，消除铸造缺陷，改善组织结构，从而提高金属的力学性能和电性能。

3）无挤压余边，材料利用率高，可达 95% 以上。

4）包覆层厚度可在较大范围内任意调节，一般允许包覆层可占总截面的 13%~86.7%。

3. Castex 连续铸挤包覆法的技术特点

连续铸挤包覆法过程对合金的范围基本上没有限制，可以连续铸挤包覆成型多种复合金属线材。

1）Castex 连续铸挤包覆法加工工艺流程缩短，减少了原料到成品的加工过程，由金属熔体或半固熔浆直接铸挤包覆成成品。

2）Castex 连续铸挤包覆法与连续挤压法比较，降低了金属的变形力，减少了对模具的磨损，扩大了挤压包覆材料的范围。采用切向结构可进行连续包覆成型，也可进行常规连续铸挤成型。可生产非铁金属材料管、棒、型线及复合管棒型线。

3）Castex 连续铸挤包覆法是一种柔性加工技术，更换产品品种规格时，仅需更换模具，对于中小批量、多品种生产很合适，宜于开发系列新产品。

4）Castex 连续铸挤包覆机可高效节能地用于生产高技术性能的产品，如不同结构复合材料铜合金包钢、铝合金包钢、铝包覆扩容导线、电缆、铝包光纤复合线、锌包钢线、纤维（弥散）强化复合材料等、挤压 Al-Li(X)、Al-Ti-B、Al-Fe、金属-非金属等新合金线材及高温合金异型材等。

5）Castex 连续铸挤包覆机在生产中使用（尤其在废料回收上）较为灵活，年产量力 1500~5000t，适用于电缆企业、非铁金属材料深加工企业生产。

◇◇◇◇　第 2 节　金属导体挤制设备

一、金属导体挤制设备的分类

金属导体挤制是采用连续挤压机，在压力和摩擦力的作用下，金属坯料被连续不断地送入轮槽后形成熔融状态，经挤压至模腔再从装在模腔中的模具被挤出成型，获得无限长制品的挤压方法。金属导体连续挤制设备主要有以下三种。

1. Conform 连续挤制设备

Conform 连续挤压机的喂料通常为杆料或粒料，喂料被送入旋转的挤压轮槽与槽封块构成的型腔，喂料与型腔表面产生摩擦，摩擦力的大小取决于接触压力、接触面积与摩擦因数。Conform 连续挤压机在摩擦力的作用下，完成机械能转化为热能的过程，将喂料加热至熔融状态。在挤压轮转动的驱动力下，喂料被送达嵌入挤压轮槽的挡料块（称为堵头），在此区域（称为积压区）金属喂料被迫进入安装在模腔内的模具而被挤出成型。

目前，Conform 连续挤压机按驱动轴的位置方向分为立式和卧式两类。立式 Conform 连续挤压机的驱动轴为垂直安装，它的操作性能好，工模具等更换方便，现主要用于导线生产。卧式 Conform 连续挤压机的驱动轴为水平安装，刚度高，生产效率高，还适用于喂送颗粒料或粉末料，使用较广，多用于挤压管材和型材。

　　Conform 连续挤压机按挤压轮槽的数目分为单轮单槽机（图8-4）、单轮双槽机（图8-5）和双轮机（图8-6）。双轮槽连续挤压机是近几年开发的新机型，特点是挤压能力较大，可挤压尺寸规格较大的管材和型材，而且特别适合挤压双金属的管材、线材和某些型材，如铝包钢双金属导线、电缆铝护层等。

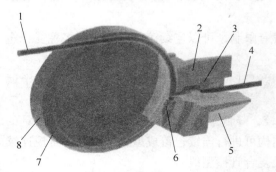

图 8-4　Conform 单轮单槽连续挤压机结构
1—单喂料杆　2—模腔　3—模具　4—产品
5—靴体　6—堵头　7—挤压轮槽　8—压轮

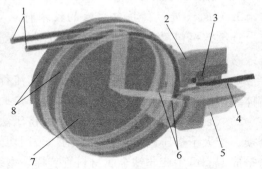

图 8-5　Conform 单轮双槽连续挤压
机结构（双槽径向模式）
1—双喂料杆　2—模腔　3—模具　4—产品
5—靴体　6—堵头　7—挤压轮　8—轮槽

2. Conclad 连续挤制包覆设备

　　Conclad 连续挤制包覆技术是在 Conform 连续挤制技术的基础上发展而来的复合双金属线材加工新方法。铝包钢线就是典型的 Conform 连续挤制包覆工艺的产品。钢芯线穿过挤压模与轮靴的进料口，轮靴上安有防止金属泄漏的槽封块，槽封块与旋转的挤压轮进料槽组成一个动态的挤压室，铝杆坯料由挤压轮的进料槽通过摩擦力进入挤压室，挤压力由挤压轮的转动提供，铝杆在挤压轮和模腔之间摩擦而形成挤压温度，铝料进入模腔后包覆在钢芯线周围，钢芯线在外力牵引下对中穿过挤压模，从而形成铝包钢双金属包覆线。图8-7 所示是 Conclad 连续挤制包覆机的结构。

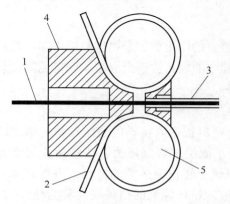

图 8-6　Conform 双轮槽连续挤压机结构
1—芯线　2—坯料　3—挤包的产品
4—靴座　5—挤压轮

图 8-7　Conclad 连续挤制包覆机
结构（双槽切向模式）
1—包覆层　2—模具　3—模腔　4—挤压轮槽
5—挤压轮　6—双喂料杆　7—芯线

3. Castex 连续铸挤包覆设备

Castex 连续铸挤包覆设备是在 Conform 连续挤制和 Conclad 连续挤制包覆技术的基础上发展起来的铸挤包覆设备，它将固体金属坯料变成液体金属坯料直接导入铸挤轮的轮槽与槽封块构成的挤压型腔中，在铸挤轮槽与坯料之间的摩擦力作用下，使坯料充满型腔，并在型腔中发生"动态凝固—半固态形变—固态塑性变形"三个过程，金属组织由铸态组织逐渐变为变形组织。图 8-8 所示是典型的铝包钢线用 Castex 连续铸挤包覆设备结构。

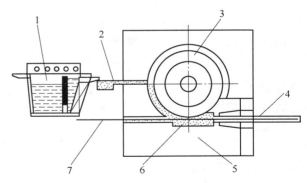

图 8-8　Castex 连续铸挤包覆设备结构
1—液态金属保温炉（电磁泵）　2—流槽　3—挤压轮
4—复合线　5—挤压靴　6—模具　7—钢丝

Castex 连续铸挤生产线在电线电缆行业中的应用还不够广泛。

二、金属导体挤制设备的组成

1. 金属导体连续挤压与连续挤压包覆设备的组成

（1）主机部分　金属导体连续挤压与连续挤压包覆设备主机由主轴系统、辅助系统和控制系统三部分组成。

1）主轴系统。主轴传动采用串套液压预紧主轴结构，直流电动机通过行星齿轮减速器带动主轴旋转，完成金属挤压成型工作的动力驱动。主轴系统用于挤压金属的结晶凝固、变形与挤压成型，主要由挤压轮、轮靴座、挡料块（堵头）、挤压模、槽封块、机架及传动装置等组成。

2）辅助系统。辅助系统包括液压、润滑及冷却系统，以完成辅助操作的各种动作及为主轴传动运行提供必要的保障。其中，液压部分由泵电动机组、压力控制单元、模座开闭控制单元、模座压紧控制单元、热交换器、过滤器等组成（泵电动机组为系统提供液压油源；压力控制单元用于调整和控制系统的工作压力；靴座开闭控制单元用于控制靴座的运动，将其从机头内移出或移入，以便更换模具；靴座压紧控制单元用于靴座工作位置的锁定；油液的温度由热交换器控制）。润滑系统由两部分组成，一部分用于润滑主机空心主轴的轴承，称为主轴承润滑系统；另一部分用于润滑减速器，称为减速器润滑系统。润滑方式均为强迫自循环润滑，由齿轮泵供油，配有热交换器，通过外循环冷却水控制润滑油温度。液压系统和润滑系统结合在一起，占地小，结构简洁。

3）控制系统。控制系统一般采用直流调速控制技术，挤压轮转速根据挤压材料性质最高可达 30r/min。设备的各种操作、运行状态与工艺参数显示均在总控制台和摇臂控制盘上进行，通过控制系统进行调整和控制。该系统主要由主电动机、直流驱动器、减速器、触摸操作控制屏等构成。

（2）辅助设备部分　辅助设备包括：放线与收线部分、生产前模腔及铜（或铝）杆预热部分、清洗与清洁装置、送料校直剪断装置、产品冷却部分、测速和计米装置等。

2. 连续铸挤与连续铸挤包覆设备的组成

连续铸挤与连续铸挤包覆设备由熔化炉、保温炉、流量控制装置与导流管、主机、冷却智能控制系统、成品冷却槽、收线机等组成。图8-9所示是连续铸挤与连续铸挤包覆设备示意图。

（1）熔化炉与保温炉　利用熔化炉将配制好的固体金属料进行加热熔化，然后将熔化好的金属导入保温炉进行保温，并在金属流量控制装置的作用下，通过导流管定量的供给连续铸挤与连续铸挤包覆设备主机，熔化炉和保温炉的容量大小根据主机的生产能力确定。

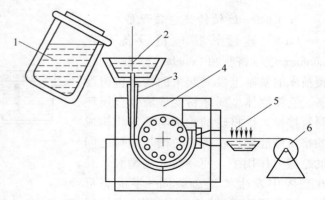

图 8-9　连续铸挤与连续铸挤包覆设备
1—熔化炉　2—保温包　3—流槽控制装置与导流管
4—主机　5—冷却槽　6—卷取机

（2）主机　主机用于液态金属的结晶凝固、变形及挤压成型。主机由挤压轮轴、轮靴、凝固靴、槽封块、挡料块（堵头）、模具、机架及传动装置等组成。

1）铸挤轮轴。铸挤轮通过超高压螺母固定在空心主轴上，轴与轮均有通冷却水的装置，轮采用高压螺母固定在挤压轴上，铸挤轮上刻有环形的沟槽，沟槽的大小与铸挤轮的直径及压缩比有关，沟槽与固定的靴块形成90°~180°的包角。

2）固定靴块。固定靴块由靴座与槽封块组成，靴座上有冷却水通道和测温孔，并且有模具及出料通道，挡料块也固定在靴座上，挡料块的作用是将沟槽内的料挡住，使其进入模区。靴块分两部分：凝固靴与轮靴。凝固靴是液态金属凝固结晶的区域，而轮靴是使凝固后的金属发生塑性变形的区域。靴块也有整体形式的。

3）挤压模。挤压模根据所要求的成品进行设计，有空心材模、实心材模及包覆材模，模具的材质为4Cr5MoSiV1热作模具钢。

4）机架及传动装置。机架主要用于固定轮轴、靴块及其他部件。传动装置采用直流电动机与大减速比的行星齿轮减速机传动，主机的转速可以控制。

3. 两种典型的连续挤压与包覆生产线

（1）铜扁线连续挤压生产线　铜扁线是制造变压器所用的主要材料，其导电性能、抗拉强度、延展性、表面质量直接影响到变压器绕组的性能和制造质量。早期，生产铜扁线采用上引→轧制→拉拔→退火工艺，这种工艺流程长、工序复杂、能耗大、材料利用率低、产品质量难以控制。目前，铜扁线的制造广泛采用连续挤压工艺方法。

铜扁线连续挤压生产线由连续挤压机和辅助设备组成（图8-10），具体由铜杆放线装置、校直装置、连续挤压主机、防氧化和产品冷却系统、牵引与收线装置组成。

铜杆放线装置通常将上引法生产的成圈无氧铜杆，由坯料放线盘放出，经校直后送入连续挤压机。

连续挤压机是生产铜扁线的核心，铜杆被压轮咬入进入挤压轮的轮槽，通过旋转挤压轮使铜杆与轮槽、靴座、挡料块间产生摩擦而变形成为塑性体，经挤压模孔挤压成铜扁线，挤压轮、挡料块等承受了比铝挤制更高的温度，所以在挤压机的产品出口处装有防氧化装置和冷却系统。

挤制成型的产品冷却后，经计米、牵引或张力控制摆臂、涂油等装置，最后由收排线机

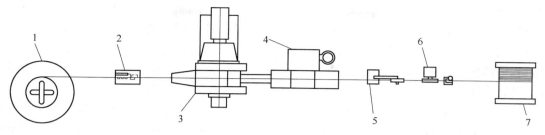

图 8-10　铜扁线连续挤压生产线设备配置
1—铜杆放线盘　2—校直装置　3—连续挤压机　4—防氧化和冷却系统
5—摆臂　6—计米及涂油　7—收排线机

收卷成盘。

同传统的铜扁线生产工艺（拉拔法）相比，采用连续挤压方法生产铜扁线具有以下优点。

1）采用连续挤压工艺生产铜扁线，铜坯料在挤压模口前的温度可达 600℃ 以上，压力高达 1000MPa 以上，而且为三向压应力，在这种高温、高压条件下，铜坯料的原始内部缺陷，如气孔等可以在连续挤压过程中消除。而采用拉拔工艺则由于其轴向应力的作用，会使横向缺陷发生并扩展。

2）由于连续挤压铜扁线仅需一道工序即可将铜盘条直接挤压成铜扁线成品，使得铜扁线表面不会产生毛刺等表面缺陷，铜扁线具有良好的表面质量。而传统的拉拔工艺中，铜杆表面的原始缺陷一般会"遗传"到铜扁线最终成品，易使铜扁线表面产生毛刺等缺陷。

3）由于采用单一的坯料，仅需要简单更换模具就可以生产各种规格的铜扁线产品，且不需要退火，因此生产周期非常短，可实现及时生产交货，而不需要库存和准备各种规格的坯料，大大缩短了生产周期，减少了资金占用，提高了材料利用率和成品率，特别适用于多品种、小批量的铜扁线生产。

4）经优化的模具材料和结构可保证产品具有较高的尺寸精度，不仅可以达到国家标准的要求，而且保证了同批产品具有相同的尺寸。

5）整条生产线采用先进的计算机控制系统，生产过程可自动监测和运行，实现了自动化生产，降低了操作工人的劳动强度。

（2）铝包钢线连续挤压包覆生产线　铝包钢线连续挤压包覆生产线主要由主机系统、铝杆供料系统、芯线供给系统、产品后处理系统和控制系统组成。

1）主机系统。铝包钢线连续挤压包覆生产线主机系统包括连续挤压包覆机、液压站、冷却装置等。连续挤压包覆机是生产线的核心设备。连续挤压包覆机挤压轮采用单轮双槽结构，轮径为 $\phi340mm$（标称直径为 $\phi350mm$），采用直流电动机驱动，工模具装拆采用液压控制操作，由冷却装置完成传动装置和模具的冷却。该结构与双轮结构和单轮单槽结构相比，具有结构简单紧凑、模具简单易调整、产品质量好、产量高、投资低等一系列优点。此外，连续挤压包覆机通用性强，既可以切向挤压包覆，又可以径向挤压包覆，以满足不同产品的需要。多数厂家普遍使用单轮双槽型连续挤压包覆机。

2）铝杆供料系统。铝包钢线连续挤压包覆生产用的原料多是连铸连轧的铝杆，直径为9.5mm，呈盘圆状态供应。铝包钢线连续挤压包覆生产线铝杆供料系统包括料架、校直、导向和清洗装置，其中最关键的设备是清洗装置。挤压产品的质量在很大程度上取决于原材料的质量，因此要求铝杆在熔炼时必须经过除气和过滤工序，保证纯度；铝杆外表面洁净，不得有油垢等污染。由于国产连铸连轧铝杆在成盘前大都存在润滑油垢的污染，加上贮存、运输过程中的污染，铝杆在使用前必须经过严格的清洗。清洗质量不高，往往是产品出现气泡、针孔的主要原因。

目前，生产中多采用在线清洗方法。铝杆开卷校直后呈直线状态通过清洗装置，首先经过行星式轮刷装置的机械清理，然后通过高压涡流清洗装置，该装置由碱液清洗单元、酸性中和单元和漂洗单元组成，最后经过干燥处理。实践证明，采用这种清洗技术，可取得十分满意的清洗效果，对提高产品质量起到重要的保障作用。

3）芯线供料系统。生产铝包钢线采用直接包覆方式。钢线的预处理是必要的且较复杂。钢线须经过筛选、校直、清洗处理，清除钢线表面的氧化皮及其他污垢，感应预热后在张紧状态下进入包覆腔体。目前也有事先处理好的钢线，表面洁净无氧化皮现象，可免除清洗工序。

4）产品后处理系统。铝包钢线连续挤压包覆生产线产品后处理设备根据产品来配置。

铝包钢线的制造采用的产品后处理系统是：产品冷却、在线检测、牵引、收排线机直接收取成盘。

5）控制系统。铝包钢线连续挤压包覆生产线全线设备由多个电气控制单元组成。这些单元既可单独控制又可在总控制台上集中控制，由计算机完成逻辑和时序功能，对生产线的状态（电动机的状态、多点温度限值、液位限值、液路堵塞等多种参数限定值）进行监控，同时记录下工作过程中的工作压力、挤制温度、主轴转速、主轴电动机参数、产品速度、长度等主要工艺参数，可以随时查阅有关参数设定值和过程记录数据。

图8-11所示为铝包钢线连续挤压包覆生产线的设备布置示意图。

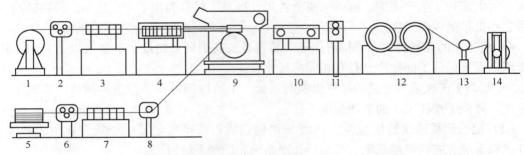

图8-11　铝包钢线的连续挤压包覆生产线平面布置
1—张力放线　2—钢丝校直　3—钢丝清洗　4—钢丝加热　5—铝杆放线　6—铝杆校直
7—铝杆清洗　8—导向架　9—挤压包覆机　10—产品冷却　11—计米装置
12—绞盘牵引　13、14—收排线机

三、金属导体挤制用模具

1. 铝及铝合金导体挤制模具

（1）铝及铝合金连续挤制模具的设计原理。Conform连续挤压与连续挤压包覆的弓形型腔和挤压轮槽上的凹形轮槽构成一个闭合挤压空间；通过压轮引入的铝坯料依靠与轮槽和弓形型腔曲面四个表面的接触产生驱动摩擦力，使室温坯料逐步升到450～500℃的塑性加工温度。塑性流动的坯料靠轮槽两侧提供的挤压力进入型腔，实现连续挤压。铝及铝合金连续挤制模具可以用于挤制铝型线、铝管、铝金属护层、同轴电缆金属屏蔽层、空心异型材、铝包钢线、光纤复合架空地线（OPGW）等。

（2）铝及铝合金连续挤制模具的设计

1）模孔。对于不同的断面形状，即使各部分标注尺寸相等，由于模具制造上的精度偏差，模孔的变形和磨损等，都会使实际挤出制品尺寸有差异。因此，在模具设计与制造时就应保证在工艺温度下挤出而在常温下冷却制品的尺寸在偏差范围内，同时要最大限度地延缓模具的失效。

在生产实践中经常采用选取一定的模孔余量系数（k）来控制模孔的精度偏差。根据生产经验，不同金属的模孔余量系数（k）选取不同。

2）模孔成型工作区。模孔成型工作区长度过短，模孔易磨损，生产的制品偏差会很快超出制品标准的尺寸偏差，同时容易压伤产品，出现压痕、椭圆等缺陷；工作区过长，容易在工作区表面上粘接金属，使制品表面上出现划伤、毛刺、麻面等缺陷，同时挤压力也随之增加。工作区的最小长度须根据挤压时能保证产品断面尺寸的稳定性和工作区的耐磨性来确定，一般为1.5～3.0mm。根据铝坯料与模孔成型工作区之间的最大有效接触长度来确定工作区的最大长度，若工作区长度超过其最大有效接触长度，工作区对金属不再起阻碍作用，从而就不能起到调整金属流动速度的作用。根据生产经验，模孔成型工作区长度应根据挤压产品的铝及铝合金性质来确定，一般在表8-1所列的范围内选取。

表 8-1　模孔成型工作区长度

金属种类	轻金属	纯铜、黄铜、白铜	青铜、镍合金	稀有金属、难熔金属	钢
模孔成型工作区长/mm	2.0～8.0	8.0～12.0	3.0～5.0	4.0～8.0	4.0～6.0

3）挡料块（堵头）。挡料块具有直角改变坯料塑性流动方向的作用，通过阻挡坯料从而完成挤压过程。挡料块一般为矩形，设计时应使挡料块能最大限度地改变坯料的运动方向，实现对挤压轮槽内坯料的有效密封。

4）凸模和凹模。凸模通常固定在腔体上。为了提高产品的内表面质量和延缓模具失效，可将凸模设计成两部分：一部分是模芯，其采用硬质合金制造；另一部分是凸模体，用来实现与腔体的连接和镶嵌模芯。为达到利于铝及铝合金坯料流动的性能，其外轮廓一般设计成曲面，其材料则选用4Cr5MoSiV1热作模具钢。模芯和凸模体使用热压法安装和定位。凹模成型部位应采用硬质合金制造，凹模被安装在下模套上。

5）垫片。垫片是为改善铝坯料塑性流动不均匀性，在连续挤制模具中采用的特殊方法。设计者通过设计不同形状的垫片达到调整坯料塑性流动状态的目的。

2. 铜及铜合金导体挤制模具

铜及铜合金连续挤压工作时，挤压型腔的工作温度可达600℃，使用条件十分恶劣，不但要承受超高温而且还要承受高的冲击力。挤压轮是连续挤压与包覆成型机的关键部件，其在工作中承受压力、热应力及摩擦力的综合作用。在连续挤压过程中，堵头是整个工作过程的关键，挤压进料在挤压轮的带动下持续冲击堵头顶尖部位，但由于堵头的阻挡被迫进入挤压型腔，因此进料所有的形变压力完全作用其上，如果堵头失效，其顶尖将可能会突然断裂嵌入挤压轮槽并严重破坏压力装置。综上所述，对挤压型腔、挤压轮、堵头这些部位所用材质均有较高要求，要求在高温下有很高的强韧性配合，抗氧化性好，热疲劳性能及冲击强度优异等。

挤压制品模具更是挤压机的关键部件，模具随着制品的不同而更换。由于模具在工作中承受压力、热应力综合作用，所以对模具材质同样有较高要求，要求有很高的强韧性配合，一般选择 4Cr5MoSiV1 热作模具钢作为连续挤压机模具用钢。铜合金杆挤压模具如图 8-12 所示，异型铜排挤压模具如图 8-13 所示。

用 4Cr5MoSiV1 热作模具钢制作的连续挤压模具，其损坏的形式为磨损，其使用寿命较低。科技人员正在研究优质的 4Cr5MoSiV1 热作模具钢以及在 4Cr5MoSiV1 热作模具钢的基础上，降低 Cr 含量，增

图 8-12 4Cr5MoSiV1 铜合金挤压模具

图 8-13 异型铜排挤压模具

加 Mo、V 含量，也就是在不增加合金元素总量的前提下降低 Cr 含量，提高 W、Mo、V、Nb 等含量，提高高温热强性，延长连续挤压模具的寿命。

3. 双金属导体包覆挤在模具

连续挤压包覆模具的结构可以用图 8-14 所示的原理来分析。堵头改变料的流动方向，进入型腔的通道可认为是外挤压筒，模具腔为内挤压筒，此外还有固定挡板和挤压模（挤压凸模、挤压凹模）共四个部分组成。

双金属连续挤压包覆过程为：芯线穿过内挤压筒、挤压模及出料孔，包覆层所需杆坯料在挤压轮槽与槽封块摩擦

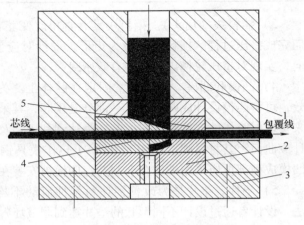

图 8-14 双金属导体包覆模具
1—外挤压筒 2—内挤压筒 3—固定挡板
4—挤压凸模 5—挤压凹模

力作用下被挤入外挤压筒，然后通过料的挤压力使包覆料进入模腔后与芯线包覆，从而形成

双金属包覆材料。

◇◇◇ 第 3 节　金属导体挤制工艺

金属导体挤制是通过带有沟槽的挤压轮旋转时对金属坯料产生的摩擦，不断地软化金属坯料使其进入融熔腔内，同时随着挤压轮连续转动喂料，对金属坯料施加强大的挤压力，迫使金属坯料产生定向塑性变形，从挤压融熔腔的模孔中挤出而获得所需制品断面形状、尺寸，并具有所需的力学性能的成品或半成品的金属塑性变形加工方法。

一、金属导体挤制的变形过程及工艺参数

1. 金属导体挤制过程的变形分析

这里着重分析 Conform 径向连续挤制金属变形过程，可将金属导体整个连续挤制变形过程分为初始黏着区、镦粗变形区、挤压咬合区和挤压变形区四个变形区。

初始黏着区：指金属坯料由压紧轮喂入挤压轮槽直至进入挤压型腔内开始镦粗变形前的这一段区域。在初始黏着区内，坯料除咬入时发生少量塑性变形外，基本上不再发生变形，只是紧紧黏在挤压轮槽底和槽壁上，随挤压轮旋转而向前运动。

镦粗变形区：坯料受到挤压轮槽的有效摩擦力的作用，在轴向上发生镦粗变形，使坯料由原来的截面尺寸镦粗到与挤压进料型腔断面面积相等的截面尺寸。

挤压咬合区：指坯料完全充满挤压进料型腔后到堵头前的这一段区域。此时，金属一方面受到挤压轮槽底和两侧的有效摩擦力作用，另一方面还要受到槽封块表面的摩擦阻力作用。在这两种应力状态下，金属发生了大量的剪切变形，伴随有大量的变形热和摩擦热产生，这是使金属坯料升温的主要因素。

挤压变形区：指金属从挤压咬合区的后部通过带非圆形孔的槽封块挤入模具前的变形腔，最终使金属从模孔挤出的整个区域。

2. 挤制变形工艺参数

（1）咬入系数　为了使坯料顺利进入挤压轮型腔，在坯料进入挤压轮入口附近安装有压紧轮，压紧轮的作用是将坯料压入挤压轮凹槽。要求压紧轮与挤压轮凹槽对中，并保证压紧轮深入凹槽一定深度而压住坯料，使挤压轮能够咬入坯料，进入挤压型腔。为了实现此过程，应合理设计压紧轮的压入角与压入凹槽深度，使坯料被旋转挤压轮带入。挤压轮凹槽与坯料间产生的摩擦力与压紧轮对坯料产生的阻力之比，称为坯料咬入系数，也可以认为是压紧轮与挤压轮凹槽之间的面积与金属坯料横断面积之比，它是描述坯料咬入状态的参数。

连续挤压坯料咬入系数是衡量能否实现连续挤压的重要参数。当咬入系数<1 时，轮槽与坯料之间的摩擦力不足，达不到咬入条件，不能实现连续挤压，坯料在压紧轮的压力作用下易于滑脱；当咬入系数≥1 时，压紧轮对坯料的压力作用并未使坯料被压至挤压轮凹槽底，坯料并不能很好地粘在挤压轮凹槽底上，这时也不能建立稳定的初始变形区；仅当咬入系数>1 时，且压紧轮对坯料的压力作用并未使坯料受挤压而发生塑性变形，坯料能很好地粘在挤压轮凹槽底并随挤压轮旋转向前运动，坯料才能被咬入。此外，当铜杆坯料预热后，

较大梯度温度场的存在，会使压紧轮的使用寿命极大缩短。通过实践表明，当咬入系数为1.04~1.10时，能建立稳定的初始黏着区，此时圆形断面的金属坯料咬入后变成近似的矩形断面，断面形状发生变化，由圆到方，而其横断面积基本不变。综上所述，咬入系数对实现连续挤压过程具有很重要的意义。一般圆形坯料进入方形凹槽，系数取1.05~1.10。

（2）填充系数　坯料进入型腔后要发生塑性变形，发生塑性变形的结果是金属坯料充满挤压型腔，即镦粗变形。为了衡量坯料在此阶段的变形大小，引入了坯料填充系数的概念，即挤压进料型腔的横截面积与坯料的横截面积之比，称为填充系数，填充系数大于1。填充系数越大，镦粗变形区也就越大。

例如，坯料直径为20mm，挤压型腔的截面尺寸为21mm×21mm，则坯料的填充系数为1.4。一般视坯料材质和型腔的大小，填充系数也可以取大一些，加大坯料的横向变形。

当挤压大截面型材时，填充系数可增至1.5~1.6，这样做有利于提高制品的力学性能，特别是横向力学性能。

（3）扩展系数　一般情况下，当挤压成型模前的贮料区（或挤压变形区）的横截面积大于挤压型腔的横截面积或槽封块（堵头）上进料孔的横截面积时，金属坯料变形存在一个由小变大的过程，因此，引入扩展系数的概念，即贮料区的横截面积（或挤压模具前变形区的面积）与进料孔横截面积之比，称为扩展系数。当扩展系数一定时，挤压成型模前的变形腔越大，所需提供的挤压力就越大；当挤压成型前的变形腔一定时，扩展系数越小，所能提供的挤压力越大。扩展系数视挤压制品而定，一般扩展系数在1.5~2.5之间。

例如：贮料区横断面直径为45mm，进料孔横截面积为22mm×32mm，则扩展系数为2.26。

总之，连续挤压是金属由小截面经挤制而成大截面的变形过程。在此过程中，扩展系数越大，则所消耗的挤压力就越大。

（4）挤压系数（或称压缩比）　挤压系数是喂料杆的横截面积与挤压制品的横截面积之比。挤压系数是反映连续挤压变形的重要参数，如图8-15所示。挤压系数具体视挤压制品而定，挤压系数一般在1.0~5.0之间。通常将挤压系数大于1的称为正挤压（喂料截面积大于产品截面积）；挤压系数小于1的称为反挤压（喂料截面积小于产品截面积）。

图8-15　各种挤压变形实物

例如，进料横断面直径为45mm，挤制品直径为24mm，则挤压系数为3.5。而进料横截面直径为 45mm，即面积为 1589mm^2，挤制品铜母排的横截面积为 2400mm^2，则挤压系数为 0.66。

挤压系数越大，越有利于金属流动与融合，但挤压系数大会增加挤压力。

（5）运转间隙　连续挤压轮面与模腔之间的间隙构成运转间隙，是实现连续挤压稳定工作的关键参数，直接影响到挤压过程的正常、泄漏量以及工模具的磨损。如果该间隙过大，一是会降低模腔内部压力，从而减少挤压力；二是会造成运转间隙中残留大量金属，导致摩擦力增加，严重时导致闷车；三是金属会失去对挤压轮和腔体的润滑作用，加大了挤压过程中的工作转矩并使变形温度大幅度提高，使挤出困难，降低材料的利用率。同时严重的摩擦将导致挤压轮及其模具温度上升过快，造成设备软化，损毁设备。

如果该间隙过小，在热力作用下，挤压轮和模腔膨胀后使该间隙进一步减少，溢料量也会随着运转间隙的减小而减少，当减小到一定程度后，挤压轮与腔体直接接触，挤压轮和模腔之间发生刚性接触摩擦，急剧升温，影响挤压轮与腔体的寿命，并且使产品质量下降，严重时会导致设备毁坏。

合适的间隙应以"最大限度地减少刚性摩擦和保持适当轻微溢出量（2%～5%）"为控制原则。运转间隙取决于被挤压的材料、产品规格、挤压温度、挤压速度等因素，并需经常调整。对于铜及铜合金产品，一般控制运转间隙在 0.3～1.0mm。可以根据不同工艺状态，采用上下限值进行控制，如挤压力大时，采用下限值控制。在实践中运转间隙一般控制在 0.30～0.35mm 范围。

金属溢料是连续挤压过程中特有的产物。通过控制合理的运转间隙可产生适宜的溢料和保证挤压过程所需的压力，能使挤压连续正常进行。合理的运转间隙会使金属在溢料处出现拉伸应力，这有利于坯料表面的杂质从溢料口流出，从而提高制品的表面质量。

（6）挤压温度和速度　挤压温度是连续挤压的一个重要工艺参数。挤压温度是指连续挤压前贮料区内变形金属的温度，是由坯料与挤压轮之间摩擦发热和金属塑性变形热的共同作用所提供的。挤压温度的选择基于保证金属具有良好的塑性及较低的变形抗力，同时保证制品获得良好的组织性能。随着变形温度的升高，金属变形抗力下降，塑性提高。当温度达到再结晶温度（$T_{再} \approx 0.25T_{熔}$，如取铜银合金 $T_{熔} = 1085℃$，则其再结晶温度约为 270℃），金属抗拉强度和硬度显著下降，塑性明显提高。对于变形抗力大的铜银合金，挤压温度下限一般应比再结晶温度高 150℃ 以上。

挤压速度是指连续挤压金属出模的速度。挤压速度由挤压轮的转速提供，挤压速度可以由挤压轮转速确定。挤压温度与挤压速度密切相关，挤压速度越快，挤压温度就越高。因此，在挤压过程中，要想控制合理的挤压温度，就一定要控制好挤压速度及挤压轮与槽封块和模具的冷却。金属材料从挤压理论上分析，挤压温度越高，挤压成型性越好。但是，受挤压轮、槽封块、堵头及模腔材料的受热限制，挤压温度不可能是理想温度，而是有一定的限制。

例如，铝和铝合金的挤压温度为 400～480℃；纯铜挤压温度为 420～500℃；铜银合金挤压温度为 450～520℃；铜锡合金挤压温度为 500～580℃；铜镁合金挤压温度为 550～620℃。

挤压机从起动到稳定挤压需要经过升温阶段和基本稳定挤压阶段。升温阶段需要向挤压型腔喂入一些长为 200～500mm 的短坯料，必要时，短坯料是需预加热的热料。当挤压轮低速运转时，使挤压型腔金属温度与变形区温度基本保持一致；当达到挤压温度时，才能进入基本稳定挤压阶段。

在挤压过程中，影响挤压温度的原因很多，但只要确定合理的挤压温度与挤压速度的匹配关系，就能保持挤压温度稳定，保证连续挤压的正常进行。

（7）轮靴包角　轮靴上的槽封块与挤压轮接触弧部分所对应的角度称为轮靴包角。轮靴包角大，摩擦距离大，挤压力增大，电动机负荷增加。因此，在保证连续挤压正常进行的条件下，应尽量减小包角。轮靴包角增大，则坯料摩擦热增加，使挤压温度增高，因此可以利用轮靴包角调整挤压温度，根据挤压轮的大小和挤压条件确定轮靴包角大小。目前，一般常用的挤压机轮靴包角都在80°~90°。

二、铝型线及铝（合金）导体挤制工艺

1. 铝型线及铝（合金）导体挤制工艺流程

通过连续挤制生产的铝型线是一种软态铝型线，铝型线的形状依据制品的要求可设计呈梯形、S（Z）形或其他形状，由于其电导率高，可达63%IACS，是制造输电线路用导线的良好线材，也可制成弯曲性能非常好的电缆导体。铝（合金）导体既可以用多根软铝型线绞制而成，也可以直接挤出成型实心软铝导体，可以是圆形，也可以是扇形。铝（合金）导体不仅电导率高，而且具有其他导体不能比的高填充系数，因而制成的电缆线结构紧凑，外径小，节省材料。铝型线及铝（合金）导体连续挤制工艺流程如下：

铝杆坯 → 校直 → 超声波清洗 → 热水洗 → 吹干（或烘干） → 连续挤压 → 冷却 → 张力轮 → 收线

包装入库 ← 检验 ←

2. 铝型线及铝（合金）导体挤制工艺控制要点

连续挤压生产铝制品的原材料一般采用的是铝杆坯料，是用经精炼再过滤的铝熔液连铸连轧得到的。生产时，在开卷引杆进行挤压之前，需要清洗除去铝杆表面的油污和氧化物等，然后才可沿挤压轮的凹槽将铝杆送入压紧轮。压紧轮紧紧地将铝杆坯料杆压在凹槽内，依靠挤压轮旋转凹槽与两侧的料杆摩擦力将铝杆坯料带入，在此过程中会产生很大的摩擦，依靠摩擦发热以及变形热，使变形的金属铝杆温度由室温快速上升到250~450℃，在进料孔附近甚至达到500℃以上。然后铝杆坯料在凹槽内产生塑性变形流动，在模腔堵头处改变流动方向，直接进入型腔分流孔使其充满腔体，最后被挤出模孔形成所需的产品。其工艺关键点主要有：

（1）挤压速度和温度　在连续挤压加工铝型线与导体的过程中，挤压速度和温度是影响制品挤制质量和使用寿命的重要因素。如前所述，挤压速度与温度密切相关，提高挤压速度，则挤压温度也随着升高，反之亦然。为了保持挤出制品的形状整体性，塑性变形区的温度必须与金属塑性最好时的温度相适应。变形温度对金属的塑性有着重大影响，就大多数金属而言，总的趋势是：随着温度的升高，其塑性增加。然而，温度的提高绝不能高出金属固熔线温度，不然，铝就会熔化形成铝液，此时挤制型材就无法成型。模具出口温度一般应保持在500~550℃，即使铝镁合金类制品也不宜高出575℃，不然就会影响铝镁合金内镁的稳定性，从而影响制品的性能。

（2）铝的流动性　所谓流动性是指铝充满腔体及模具型腔的能力。若铝及其合金的流动性不佳，则无法完全充满模腔，会导致挤压制品的组织性能、表面质量、外形尺寸和形状精度、成材率等均不能满足设计要求。挤压模具的正确设计、挤压生产效率、质量等，均与

铝材料的流动性有着十分密切的关系。

（3）模具温度 模具温度对挤制型材的品质非常重要。要根据生产的产品规格按工艺规定选择合适的模具，要检查模具、模孔的表面粗糙度是否符合规定。模具温度在装配挤压前必须预热保持在 426℃ 左右。不然容易产生模具内铝材堵塞甚至损毁模具的现象。

（4）制品冷却与收缩 铝制品在冷却过程中，由于冷却速度的不均匀性，会产生各部分收缩的非均匀性，容易造成材料表面受拉、内层受压，从而产生热应力，影响其表面质量。此外，铝在冷却过程中可能发生相变，相变过程导致体积变化可能使材料晶粒内部产生组织应力，当叠加的应力超过铝的抗拉强度时，就会破坏产品的完整性，在制品内部或表面产生微观和宏观的裂纹，导致产品形状变形。为了避免铝制品在冷却过程中产生不均匀的收缩或尺寸变形等质量问题，必须选择冷却水的适宜温度和冷却速度，按规定的经过冷却验证的规范冷却制品。

（5）牵引速度 牵引速度是生产效率的另一个重要指标。不同的型线、型材、合金材料和制品尺寸大小等都有可能影响牵引张力与速度。对于铝型线挤制，一般有 3~5 根出线，出线速度范围较宽，对于小规格铝型线可达到 80m/min 的牵引速度。速度的稳定性非常重要，在生产过程中，难免会出现速度的波动与调整，这就要求挤压轮转速与牵引速度应保持线性关系，即使在开机升速或停机减速过程中都应保持一致。

3. 铝型线及铝（合金）导体制品质量要求

1）无论型线还是铝实心导体，其外表面都应光洁，不应有目力可见的凹坑、划痕、皱边、起皮、裂纹、夹杂物、扭曲、气孔等缺陷。

2）铝型线或铝（合金）导体的结构尺寸在连续挤压过程中应保持一致，符合设计要求，可通过在线测量或手工测量导体尺寸，根据测量结果对相关工艺参数作必要的调整。为使尺寸稳定一致，要求连续挤压过程各项工艺参数保持稳定，挤压力、挤压温度、挤压速度与产品冷却是能否保持产品性能一致的关键。

3）铝型线或铝（合金）导体收线应排线整齐，不能出现压线、交叉、抽丝等现象。应选择合适的收线盘。为便于下道工序使用，每个线盘一般只收取一根型线或导体。收线盘具必须完好，两侧应填纸隔离，生产和流转过程中应防止出现碰、撞损伤现象。

4）导体挤制操作工还应对每盘产品进行编号，在铝杆（坯料）换圈时，应保持挤压轮供料的连续性。收线换盘时，应保持连续生产的型线或导体不变形，一般应采用双盘连续切换。对于每盘型线或导体应在流转卡上标明下盘时间，记录相应的内容。

5）挤压生产的每盘铝型线或铝（合金）导体，应按工艺和质量检验规定抽取一定量的样品，进行物理和力学性能、电性能的测试检查。

三、铝包钢线挤制包覆工艺

1. 铝包钢线挤制包覆工艺流程

铝包钢线强度高、耐热性极好，因为其主体是钢材。铝包钢线的耐蚀性优良，因为其表面有铝层保护。铝包钢线可以根据需要在较大范围内调整强度和电导率，因为铝连续挤压工艺可以在钢芯外包覆不同厚度的铝层。在同步拉伸的条件下，铝包钢线的铝/钢结构比、电导率、密度等基本参数是固定不变的。其工艺流程如图 8-16 所示。

表面洁净的钢丝由牵引机拉入挤压机压线模腔内，同时双铝杆（坯料）由双槽挤压轮

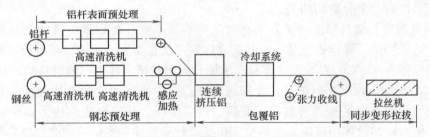

图 8-16　铝包钢双金属包覆工艺流程

喂压入同一模腔中，并将钢丝完全包覆。在摩擦力的作用下，融熔状态的铝充入模腔内，其压应力很高，压线模给钢丝施加很大的前张力，使铝和钢丝表面在挤压模内产生摩擦，形成钢与铝间的冶金结合，由此而获得的铝包钢母材再经过"流体动力润滑"同步变形拉拔成要求的铝包钢线材。

2. 铝包钢线挤制包覆工艺控制要点

（1）钢丝预处理系统

1）钢丝的原材料要求及在线校直。铝包钢线挤制包覆生产中包铝后的毛坯需经多道次拉拔才可达到成品尺寸，中间不允许有退火工艺，因此，要求钢丝的原始组织必须为索氏体。钢丝的盘重最好在 1000kg 以上，因为连续挤压包覆工艺的生产速度可达 l00m/min 以上，用小盘会经常停机，很不经济，而且钢丝焊接的抗拉强度常常达不到成品质量要求。

钢丝经搬运及放线后常常带有一定程度的不平直，这在连续挤压包覆工艺中是不允许的。因此，生产线上必须配有校直设备。校直的另一作用是钢丝经反复弯曲后，表面氧化皮疏松，易去除，为后续钢丝除锈提供了较好的工艺准备。

2）钢丝表面清理。钢丝表面的油污、氧化皮都将影响钢铝间的结合强度，因此在进行包铝之前，钢丝表面必须清洁。目前在连续挤压包覆生产线上采用的钢丝预清理方法有两种：喷丸去锈法；高压涡流清洗法。

3）钢丝的加热与保护。当钢丝通过挤压包覆机进行包铝时，挤压包覆温度为 400~500℃，钢丝要预热到一定温度方能实现包铝。加热功率要求与挤压包覆速度同步调整，挤压包覆速度快，钢丝走线速度快，相应加热功率就要提高，从而保证钢丝加热温度恒定。

钢丝在加热过程中极易发生氧化，而带有氧化层的钢丝必然会影响钢铝间的结合强度。因而，必须对钢丝在从加热到进入挤压包覆机之间的行程进行防氧化保护。一般采用充入氮气进行保护，氮气的纯度要求达到≥99%。

（2）铝杆（坯料）预处理系统

1）铝杆（坯料）要求及在线校直。连续挤压包覆生产线所用的原料铝杆一般为 ϕ9.5mm 的成圈铝杆。铝杆的成分应满足相应的国家标准，必须满足如下两点质量要求：ⓐ铝杆表面尽可能无油污；ⓑ铝组织中含气量、含渣量低。铝杆均是成卷供应，在开卷后，都有不同程度的弯曲，因此，增加在线校直装置是必要的。

2）铝杆（坯料）清洗。铝杆在线清洗方式有如下几种

a）钢刷机械清洗法。

b）超声波水剂清洗法。

c）钢刷—清洗剂联合清洗法。

d）高压涡流清洗法。

e）钢刷—高压涡流联合清洗法。

（3）铝包钢线挤压包覆工艺

1）包覆用的钢芯线应该是索氏体化程度高，钢质均匀的优质线材。将清洗后的洁净钢丝装在放线架上，钢丝依次穿过钢丝缓冲器、校直机、中频加热炉、防氧化保护管、模具、水槽、测径仪、牵引轮，至收线盘上固定，关上防护罩。将成卷包覆铝杆放入铝杆放线架下，并依次穿过校直机、钢刷清洗、铝杆牵引装置、转向导轮，至挤压轮前。

2）当各温度达到工艺要求后，启动氮气、主机，牵引、送铝坯料，启动体积控制，调节体积比例微调，使产品外径控制在工艺规定范围。缓慢升速至工艺规定的线速度，同时注意观察设备的运行状态、工艺参数、漏铝量和产品表面质量。生产时应保持钢丝从清洗箱出来时表面干燥，避免钢丝表面带水进入中频加热炉中。

3）洁净钢丝在进入挤压机前采取气体保护感应加热预热，温度一般在 350~450℃，保护气体氮气纯度≥99%（清洗后洁净的钢丝下盘后，计米、称重，填好流转卡，放置到指定位置，并用干净塑料薄膜包装密封好。若停放时间超过 8h，应重新清洗才能流入下道工序）。

4）包覆温度控制在 500℃左右，挤压应力达 1000MPa 以上，包覆速度为 80~120m/min，视生产规格而异，大规格取低速，小规格取高速。

5）为方便拉线和保证铝包钢丝的力学性能，总压缩率一般为 75%~85%。

6）合理选择"流体动力"腔，正确选择模具几何形状与尺寸，合理配模。将钢丝外端头引向钢丝剥壳机。钢丝在剥壳轮互相垂直的两个方向连续弯曲两次后经过钢线校直机、清洗箱、钢线牵引机，到达收线架。钢丝收线排线应均匀、松紧一致，不允许上层钢丝压入下层。

7）当放线盘上的钢丝即将放尽或收线盘满盘时，逐渐调低主轴的转速，使牵引线速度降低至 50~70m/min。剪断铝杆喂料，逐步降低主轴转速为零，然后按正常停机顺序停机。同时视后续生产任务决定是否拆卸模具和钢丝剪断位置。若下次仍然生产同规格的产品，可不更换模具，将靴座打到一定开度，用垫块垫上，在放线处对焊即可。若下次开机需要更换腔体或模具，则在腔体入口处剪断钢丝，并起动牵引将钢丝从模具中拉出。

8）拆下腔体，冷却到室温后放入盛碱液容器中并加热，除去模腔及模具上附着的铝。在牵引机后留出余量剪断钢丝，将满盘的收线工字轮卸下，换上空盘工字轮，并将钢丝固定到工字轮上，为下次开机做准备。

目测铝包钢线坯杆表面质量，并测量尺寸、偏心度，检查是否符合工艺要求。

3. 铝包钢线挤压包覆后成品质量要求

（1）外观质量　铝包钢线坯料杆表面应干净、干燥、光洁、无漏包铝现象，断面圆整，断面铝层均匀性、偏心度符合要求。

（2）性能要求　铝包钢线坯料杆20℃时的电阻率、抗拉强度及外径应符合工艺规定。

（3）其他要求　铝包钢线坯料杆排线整齐、均匀、松紧一致，不允许上层坯料杆压入下层，线盘放置合理，流转卡完整清晰。

四、铜扁线连续挤制工艺

1. 铜扁线连续挤制工艺流程及特点

铜扁线连续挤压生产线由连续挤压机和辅助设备组成，工艺流程如图 8-10 所示。坯料可选用上引法生产的无氧铜杆，由坯料放线盘放出，经校直后送入连续挤压机。通过挤压机挤压成铜扁线，但此时温度较高，所以在挤压机的制品出口处有防氧化装置和冷却系统。最后经摆臂、计米和涂油等装置，由收排线机收卷成盘。

采用连续挤压工艺生产铜扁线，具体有以下特点：

1）由于制品状态为热挤压态，可获得优良的力学性能与微观组织结构。消除了冷变形对电导率的影响，使制品的电导率得以提高。

2）由于是热成型，制品无须退火，省去了传统工艺的退火工序，避免了退火过程中的不均匀性，可保证制品性能和长度的均匀一致。

3）成型过程为连续热挤压塑性成型，可消除原材料表面的缺陷及机械损伤对产品表面质量的影响，制品表面不会产生传统工艺方法极易出现的起皮、毛刺等现象。而且由于工序简短，也避免了制品在工序间流转时的表面砸碰损伤。

4）原材料为统一规格的铜杆，备料方便，简化了生产工艺，只要一套模具即可直接成型，生产成本降低，变换产品仅需更换一只模具，快捷方便，准备周期短，特别适于小批量、多品种生产。

5）优选的模具材料和结构可保证制品具有较高的尺寸精度、表面粗糙度和长的使用寿命，可实现大长度产品的连续生产。

2. 铜扁线连续挤制工艺控制要点

（1）挤制前的准备与工艺条件

1）添加预热料。准备 3~5 根（ϕ12.5mm）短铜杆（150~300mm），在开机前 5~10min 加热到 500~550℃，使主轴转速保持在 5~5.5r/min，在压紧轮凸缘与挤压轮凹槽之间进料口中送入预热料，间隔约 200mm 距离再加入第二根预热料，以后每隔 200mm 距离由短到长依次加入其余预热料，直至温度升至 370~420℃时才可以送入长铜杆。

2）模膛预热。连续挤压用的模膛、模具在挤压之前要进行预热。主要原因为：坯料与冷模具的温度差会使模具和坯料接触面与模具中心层产生温度差，形成温度应力，当温度应力的方向与挤压变形时模具所形成的拉伸应力方向相同时，则加剧了模具破裂的趋势；其次，坯料与模具的温度差，会使坯料迅速降温，变形抗力增大，给挤压造成困难。因此，在挤压前，需对与坯料直接接触的凹模、凸模和顶件杆等进行预热。常见的预热方式有：在模膛周围安装专门的电阻预热器、喷灯、箱式电阻炉等（预热温度视挤压温度而定）。

3）工艺条件

挤压温度：500℃左右。

挤压速度：挤压速度需根据挤压温度的变化而进行调整，挤压温度偏高可适当降低挤压速度，反之，温度偏低则须提高挤压速度。

压紧压力：40~55MPa。

工装冷却：不断流，不超温，温度波动范围为 25~45℃。

产品冷却：产品不氧化，不断流，不超温，温度波动范围为 25~45℃。

主轴润滑：压力为 0.45~0.6MPa，温度波动范围为 25~45℃。

减速器润滑：观察减速器窗口或观察润滑站压力表的压力，温度波动范围为 25~45℃。

挤压轮：观察表面状态和溢料情况，挤压轮表面应无磨损。

（2）影响铜扁线挤制工艺的因素

1）挤压速度和温度。在连续挤制铜扁线的生产过程中，挤压速度和温度是影响铜扁线加工质量和使用寿命的重要因素。一般而言，挤压速度越大，被周围介质吸收的热量就越少，则铜扁线塑性变形的温度就越高，反之亦然。在铜扁线连续挤压过程中，接近挤压模腔中心的金属部分流动速度较快，而远离模腔中心的金属部分由于受到挤压模腔接触摩擦力的作用，在外层金属中产生脉动剪应力，使金属的流动速度减慢，从而使铜扁线在挤压过程中流动速度不均匀，导致铜扁线尺寸缺陷，故模孔中心尺寸应较边缘处增厚。另外铜扁线的连续挤压是在高温下进行的，在挤压过程中，由于铜扁线与挤压轮轮槽间摩擦生热以及铜扁线挤出模孔产生变形热效应，铜扁线和挤压模具均会发生热膨胀，只要模具与铜扁线的线胀系数相等，那么不论温度如何变化，模具与铜扁线均伸缩一致，不影响挤出铜扁线的尺寸精度。但在实际生产中，二者线胀系数不可能完全相等，因此只要保证二者近似相等即可，而相近程度越高，加工精度就越好。为了保证挤出铜扁线的形状整体性，铜扁线塑性变形区的温度必须与金属塑性最好时的温度相适应。以 T2 型铜材（质量分数为 99.95%的 Cu，质量分数为 0.03%的 O）为例，在 450℃时，抗拉强度为 147MPa，断后伸长率为 40%；在 500℃时，抗拉强度为 120MPa，断后伸长率为 48%。由此可见，铜扁线在 450℃时塑性较好。此外，随着挤压条件的变化，挤压过程中的挤压温度也在不断变化，它与坯料直径、挤压轮直径、挤压机主机额定功率、额定转速、机器效率等很多因素有关。

2）材料的流动性。通过铜杆与轮槽的摩擦力和牵引的拉力，铜扁线连续不断地从模孔被挤出。铜在流动过程中产生塑性变形，由于金属与挤压模腔之间存在接触摩擦力，从而使挤出铜扁线产生内凹缺陷。为了减少此类缺陷，应选择合适的模具尺寸，即挤压模具的模孔中部尺寸应大于周围边缘尺寸，从而起到误差补偿的作用。

3）铜扁线的冷却与收缩。铜扁线在冷却过程中，由于各部分收缩的非均匀性，容易造成铜扁线表面受拉、内层受压，从而产生热应力，影响其表面质量。此外，铜扁线在冷却过程中可能发生相变，相变过程导致的体积变化可能使铜扁线材料晶粒内部产生组织应力，当叠加的应力超过金属抗拉强度时，就会破坏铜扁线的完整性，在铜扁线的内部或表面产生微观和宏观裂纹，导致铜扁线形状变形。为了避免铜扁线在冷却过程中产生尺寸变形，必须选择适当的冷却速度，并按一定的冷却规范进行冷却。一般情况下，铜扁线首先通过冷却液，冷却速度为 15℃/h；然后通过擦净装置，逐渐冷却至室温。由于铜扁线是热的良导体，如铜扁线厚度在 4mm 以下，挤压出的铜扁线在冷却时各部分温度变化均匀，此时可忽略热应力的影响。

4）挤压模具与铜扁线的规格尺寸。利用挤压模具连续挤压铜扁线时，合理确定挤压模具口部的尺寸及形状是顺利实现挤压的关键。挤压模具的结构对于提高金属流动速度的均匀性，最终挤制出符合尺寸要求的铜扁线十分重要。由于铜扁线连续挤压采用单孔挤压模具，因此模孔的配置应保证铜扁线断面中心与模具中心相互重合。

为减少金属在流入挤压模腔时的非接触变形，模具入口处应加工成半径为 0.20~0.75mm 的入口圆角。此外，挤压模具成型区会对金属的流动产生一定阻碍作用，因此可适当增加成型区长度，增大摩擦阻力，使该处的金属体积中的流动静压力增大，迫使金属向阻力小的部位流动，从而使铜扁线断面上的金属流量趋于均匀。对于外形尺寸较小、对称性较好、各部分壁厚相等或相近的铜扁线，其挤压模具成型区尺寸通常可取 1.0~1.5mm。

在连续挤压过程中，由于不同规格尺寸铜扁线的相对厚度（铜扁线宽度与厚度之比）不同，铜扁线与挤压模具的接触摩擦力大小不同，因此挤出铜扁线的内凹程度也不同，影响铜扁线的形状。一般情况下，挤压相对厚度较大的铜扁线时，宜采用扁形挤压模具；挤压相对厚度较小的铜线时，可采用方形挤压模具。

5）挤压力和牵引力。连续挤压时的功率消耗主要用于两方面：第一，通过凹槽槽壁作用于金属表面的摩擦力，用于实现填充变形、挤压变形及克服槽封块对金属坯料施加的摩擦阻力；第二，槽封块与轮缘之间的摩擦功耗。由于实际挤压成型是在密封条件下进行的，因此不可避免地会在挤压轮缘上产生飞边。

设作用于轮缘上的总切向力为 P_t，挤压轮旋转角速度为 ω，挤压轮半径为 R，并忽略凹槽槽底与轮缘处半径的差异，则挤压所需总功率为：$N=P_t R\omega$

牵引力是指挤压过程中为实现铜扁线从模孔连续不断挤出所需的最大拉力。

影响牵引力的因素主要有挤压速度、挤压温度等。铜扁线连续挤压系统是一个闭环调节系统，系统能自动调节挤压速度与挤压温度，以适应卷绕铜扁线拉力的变化。整个系统处于动态自动调节状态，可实时监控生产中各种情况的变化，从而保证铜扁线连续挤压的顺利进行。

3. 铜扁线连续挤压的质量要求

（1）金相组织特征　利用显微镜对上引无氧铜杆（坯料）（ϕ12.5mm）及经连续挤压机组挤压后的成品铜扁线（4.0mm×13.0mm）进行金相组织观察分析。连续挤压前所用的上引无氧铜杆（坯料）样品组织表现为晶粒粗大且大小不均，中心部的晶粒尺寸较小，为等轴晶粒，边部的晶粒较粗大，呈柱状分布，经过挤压变形后，晶粒细小且均匀。这是因为无氧铜杆坯料在连续挤压时，在摩擦热和变形热的共同作用下，温度大大超过其再结晶温度，一方面变形抗力较小，热塑性好，晶粒破碎细化，另一方面连续挤压时具备了发生再结晶的条件，在晶粒破碎和再结晶的共同作用下产品晶粒向细小和均匀的方向发展。

（2）连续挤制铜扁线的力学性能　在室温条件下，连续挤压铜扁线的性能指标应满足或优于铜扁线国家标准 GB/T 5584.2—2009 的要求，见表 8-2。

表 8-2　连续挤制工艺铜扁线的性能

项目	型号规格/mm	抗拉强度/MPa	断后伸长率/(%)	氧含量/(mg/kg)	电阻率/($\Omega\cdot mm^2/m$)
国家标准规定	$0.80\leq a\leq 2.00$	≤275	≥30	—	≤0.017241
实测产品特征值	1.00×7.50	240	41	4.0	0.01699
	1.60×14.00	242	40	3.0	0.01701
国家标准规定	$2.00<a\leq 4.00$	≤255	≥34	—	≤0.017241
	2.10×1.00	240	38.5	5.0	0.01696

五、铜合金接触线连续挤制工艺

铜合金接触线的种类较多，常用的铜合金接触线有铜银合金拉触线、铜锡合金拉触线、铜镁合金接触线。制造这类铜合金接触线，通常采用的工艺都要使用上引铸杆，先通过连续挤压过程得到晶粒细化、组织均匀、力学性能改善的铜合金杆，再经后道工序拉制成需要规格的接触导线。

1. 铜银合金接触线的工艺流程

铜银合金具有高强高导、高软化温度的特点，是电动机换向器和接触线的理想材料。采用 Conform 连续挤压机挤压铜银合金时，由于铜银不容易黏结工具表面，坯料与凹槽壁之间不易形成黏着摩擦，因此所需填充段和挤压段的长度要长些（比挤压铝合金长）。此外，在连续挤压过程中，坯料在挤压模膛内受到剧烈的剪切作用，材料流动紊乱，而且挤压模进料孔前的空间有限，很难防止坯料表面某些缺陷挤进制品中去。因此，采用盘杆坯料挤压时，一般都要对坯料进行预处理，防止坯料表面的油污、氧化皮等缺陷挤入到制品中，影响制品的质量。铜银合金杆连续挤压工艺流程基本如下：

上引铸杆→校直→清洗→连续挤压→制品冷却→在线检测→牵引→收排上盘

考虑到铜银合金成品从模膛挤出时温度较高，在连续挤压后需用水箱冷却以避免氧化，为提高产品质量，常在收线前加超声波探伤仪，检验产品质量，如出现不合格可立即调整工艺。

2. 铜银合金接触线连续挤压工艺控制要点

（1）挤压温度　挤压温度是连续挤压工艺一个重要的工艺参数。挤压温度的选择基于保证金属具有良好的塑性及较低的变形抗力，同时保证制品获得良好的组织性能。

随着变形温度的升高，合金变形抗力下降，塑性提高，当温度达到再结晶温度（$T_{再} \approx 0.25T_{熔}$，如铜银合金取 $T_{熔}=1085℃$，则其再结晶温度在 270℃ 左右），合金强度和硬度显著下降，塑性明显提高。对于变形抗力大的铜银合金，挤压温度下限一般应比再结晶温度高 150℃ 以上。考虑到铜银在 550℃ 温度时，氧化程度明显增大，并且模具在工作温度大于 550℃ 时，强度迅速下降，寿命显著缩短，故选择铜银合金挤压温度为 485~500℃。

（2）挤压速度　挤压速度是连续挤压金属出模的速度。挤压速度由挤压轮的转速提供，因此，挤压速度可由挤压轮转速确定。挤压时，材料各部分体积的流动速度是不同的（通常挤压速度越快，金属流动不均匀程度越严重）。因此，挤压断面复杂的制品时，应采用较低的挤压速度，避免金属在挤压过程中充不满模孔和局部产生应力集中，造成挤压制品产生纵向上的弯曲、裂纹等缺陷。在实际生产中，当使用新腔体时，可适当加快挤压轮转速以提高生产效率。

挤压速度与温度密切相关，挤压速度越快，挤压温度越高。因此，挤压过程中，必须合理控制挤压轮

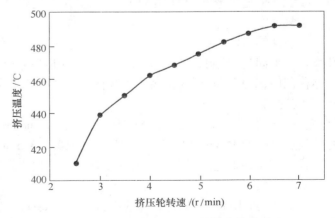

图 8-17　挤压温度与挤压轮转速的关系

转速、工模具的冷却，以使挤压温度稳定在设计范围内，即确定合理的挤压轮转速—温度的匹配关系。图 8-17 所示是挤压换向器用铜银合金型排过程中挤压轮转速与挤压温度的关系。

可以看到当挤压轮转速较低时，坯料在模膛中的温度较低。这主要是由于坯料在模膛中停留时间过长，致使一部分热量流失。

随着挤压轮转速的上升，挤压温度也随之上升，当热量平衡时，挤压温度变化就较小了。但如果挤压轮转速超过一定值（热量平衡时），摩擦热继续增加，挤压坯料的温度会急剧上升，但因工模具的散热滞后，就会出现超过挤压允许的温度。

（3）压缩比　压缩比是喂入材料横断面积与产品横断面积之比，是反映挤压变形程度的重要参数。在挤压某一制品之前，首先要考虑挤压机的能力，即能否提供驱使材料产生塑性变形的应力。TJ350 型 Conform 连续挤压机能够挤制的产品横截面积为 $30\sim450\,\mathrm{mm}^2$。

此外，选择压缩比时还应注意以下两点：①压缩比越大，挤压变形越困难，模膛内温度越高，金属流动不均匀程度越严重，为避免产生挤压制品表面粗糙化和产生挤压裂纹，应选择适当的压缩比；②要获得制品较高的力学性能，应根据连续挤压机的生产能力，尽量选择适当的压缩比进行挤压。考虑到铜银合金的连续挤压变形抗力大，一般把压缩比控制在 20 以下。

（4）运转（溢料）间隙　金属溢料是连续挤压过程中特有的产物，通过控制合理的运转（溢料）间隙可产生适宜的溢料和保证挤压过程的正常进行，合理的溢料间隙会使金属在溢料处出现应力，这有利于坯料表面的杂质从溢料口流出，从而提高产品的表面质量。对于铜银合金，一般溢料间隙控制在 $0.2\sim1.0\,\mathrm{mm}$。

3. 铜锡合金接触线的成型工艺及比较

（1）铜锡合金接触线的成型工艺　铜锡合金接触线的制造工艺与铜银合金接触线的制造工艺基本类似。首先应获得上引连铸制成的铜锡合金铸态加工坯杆，然后通过连续挤压机将其挤压成所需尺寸的软态加工坯杆，再经连续冷轧获得所需轧制杆，最后采用四模连续拉伸机将其拉制成接触线成品。拉制过程是控制接触线的成品尺寸、精度、表面质量及其他各项性能的关键。在拉制过程中主要对模具精度、拉伸速度、收线张力等要进行有效控制和调整，同时对成品线材进行在线探伤，以确保产品的高质量、零缺陷，提高成品接触线性能。

（2）铜锡合金接触线的成型工艺比较　在铜锡合金连铸制杆后再进行连挤、连轧、连拉的接触线成型工艺常用的有三种，现对其进行比较分析。

工艺方案一：

上引连铸 $\phi16\,\mathrm{mm}$ 铸态杆，经连续挤压成 $\phi25\,\mathrm{mm}$ 软态杆，再经拉制 1 道模 $\phi21\,\mathrm{mm}$（模孔直径，下同）、拉制 2 道模 $\phi19\,\mathrm{mm}$、拉制 3 道模 $\phi16\,\mathrm{mm}$、拉制 4 道模 $\phi14\,\mathrm{mm}$，最终拉制成标称截面积为 $120\,\mathrm{mm}^2$ 的接触线。这种工艺方案简称连铸连挤五道模连拉工艺。

工艺方案二：

上引连铸 $\phi16\,\mathrm{mm}$ 铸态杆，经连续挤压成 $\phi25\,\mathrm{mm}$ 软态杆，再经连续冷轧制成 $\phi17.2\,\mathrm{mm}$ 杆，然后经拉制 1 道模 $\phi15.5\,\mathrm{mm}$、拉制 2 道模 $\phi13.5\,\mathrm{mm}$，最后拉制成标称截面积为 $120\,\mathrm{mm}^2$ 的接触线。这种工艺方案简称连铸连挤连轧三道模连拉工艺。

工艺方案三：

上引连铸 $\phi16\,\mathrm{mm}$ 铸态杆，经连续挤压成 $\phi25\,\mathrm{mm}$ 软态杆，再经连续冷轧制成标称截面积为 $120\,\mathrm{mm}^2$ 的接触线。这种工艺方案简称连铸连挤连轧成型工艺。

对上述三种成型工艺生产的铜锡合金拉触线采用 SB2230 型直流数字电阻测试仪测量铜锡合金的电阻率；用 We-100 型液压拉力试验机进行室温拉伸试验，并沿拉伸方向取样进行反复弯曲、扭转试验。

对方案一连铸连挤五道模连拉工艺生产的铜锡合金接触线铸、挤、拉不同道次制品变形后性能进行测量，其抗拉强度、电阻率升幅较大，逐渐上升并最终趋于平缓，如图 8-18 所示。

可以看出，随着变形道次的增加，铜锡合金的抗拉强度呈上升趋势，同时又由于位错密度的增大而造成电子的散射能力增强，铜锡合金导电能力下降，电阻率增大。在变形后期加工硬化速率降低，位错增殖速度降低，所以抗拉强度和电阻率的增加变成缓慢增加。

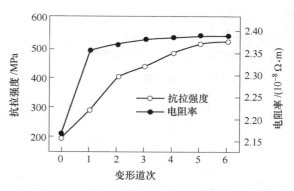

图 8-18　连铸连挤五道模连拉铜锡合金接触线性能

对方案二连铸连挤连轧三道模连拉工艺生产的铜锡合金接触线铸、挤、轧、拉不同道次制品变形后性能进行测量，铜锡合金连轧后的抗拉强度在挤压态的基础上得到进一步提高，在连轧后对铜锡合金进行不同变形量的拉拔冷变形，其强度的上升幅度逐渐减缓，这是由于经过变形量较大的连续轧制后，铜锡合金的变形抗力大大增加，且加工硬化系数随着拉拔变形量的增加而逐渐减小，加工硬化效应也相应减弱。对于电阻率的变化，在整个成型过程中由于不同形式的加工变形均会使得合金的位错密度不断增加而减弱基体对电子的传导能力，从而使其导电性能下降，电阻率上升，如图 8-19 所示。

对方案三连铸连挤连轧成型工艺生产的铜锡合金接触线铸、挤、轧不同道次制品变形后进行性能测量，铜锡合金经轧制后强度得到有效提高，而电阻率相应增加。导致这种变化的原因同样是因为在轧制变形过程中，位错增殖并发生相互作用，位错反应、相互交割加剧，形成固定割阶及位错缠结等障碍而阻止位错的进一步运动，使得铜锡合金在抗拉强度提高的同时电阻率也变大，如图 8-20 所示。

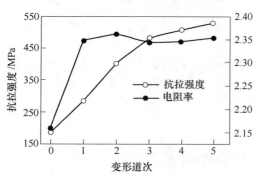

图 8-19　连铸连挤连轧三道模连拉
铜锡合金接触线性能

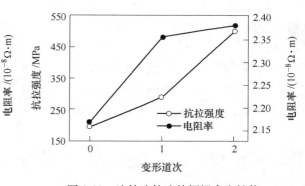

图 8-20　连铸连挤连轧铜锡合金性能

上述三种铜锡合金接触线制造工艺所生产铜锡合金接触线按 TB/T 2809—2017 标准对其抗拉强度、拉断力、电阻率、扭转、弯曲进行测量，结果见表 8-3。可以看出三种成型工艺所制得铜锡合金接触线的拉断伸长率、电阻率、扭转、反复弯曲性能均高于 TB/T 2809—

裸电线制造工艺学

2017 的要求。其中连铸连挤连轧三道模连拉成型工艺生产出的铜锡合金接触线的各项性能均高于 TB/T 2809—2017 标准，且综合性能优于其他成型工艺。但目前，对于铜锡合金接触线的生产大都采用连铸连挤四道模连拉成型工艺，优化拉制过程减少连轧过程，从而可以降低成本，并且能够满足制品性能要求。

表 8-3　三种工艺生产的铜锡合金接触线的性能比较

成型工艺	抗拉强度/MPa	拉断力 kN(未软化)	拉断力 kN(软化)	断后伸长率 %	电阻率 $10^{-8}\Omega\cdot m$	扭转圈数	弯曲次数
连铸连挤五道模连拉	529	63.48	55.20	11.5	2.390	11	10
连铸连挤连轧三道模连拉	538	64.56	56.16	12.0	2.360	11	9
连铸连挤连轧	503	59.40	53.40	14.4	2.381	13	10
TB/T 2809—2017	360~571.2	43.54~82.87	43.54~82.87	≥3.0	≤1.777~2.653	5	6

4. 铜镁合金接触线的成型工艺

铜镁合金接触线具有机械强度高，耐磨性、耐热性及抗高温氧化性好，电导率适中的特点，抗拉强度为 490MPa 左右，电导率可达 63%IACS，所以时速 300km 及以上的高速列车通常都使用这类接触线。目前铜镁合金铸杆均由上引连铸法生产，上引铸杆再经连续挤压法加工成铜镁合金接触线。

（1）铜镁合金的熔炼和铸造　铜镁合金熔体中的镁易氧化烧损，使得熔炼和铸造过程难度较大，一般采用真空熔炼铜镁合金。近些年我国在铜镁合金接触线制造方面研究取得成功，使用上引连铸炉连铸铜镁合金杆铸坯已经规模化生产。铜镁合金杆铸坯连铸过程中，铜镁合金熔体采用木炭等覆盖剂覆盖保护，减少金属镁的烧损，镁以铜镁中间合金的形式加入，操作过程中严格控制工艺参数，避免出现镁含量不稳定，合金杆化学成分不均匀的问题。

（2）铜镁合金铸杆连续挤压工艺生产接触线　铸态铜镁合金杆在连续挤压机内经连续挤压后成为加工态合金杆，连续挤压过程使金属晶粒细小、组织均匀，力学性能有很大提高。

因铜镁合金强度、硬度和抗高温变形能力相比其他铜合金均有较大提高，所以对挤压模具、挤压轮、挤压腔体的材质提出了更高的要求，必须选择适宜的材料，来满足挤压工艺要求，否则，铜镁合金连续挤压过程均存在工装模具使用时间短，生产成本较高的问题。

◇◇◇ 第 4 节　几种常见金属挤制质量问题的分析

一、铝型线及铝（合金）导体挤制的质量问题

铝型线及铝（合金）导体在连续挤制过程中良好的制品质量应该是表面光洁、尺寸稳定、性能一致。铝型线及铝（合金）导体在连续挤制过程中经常出现的质量问题具体表现有：挤制生产的制品尺寸不满足设计和工艺规定要求，有缩颈、扭曲现象，断面形状不符合要求；表面有擦伤、起皮、凹坑、气泡、裂纹、夹渣等缺陷；铝型线及铝（合金）导体的

168

性能不满足要求,抗拉强度、断后伸长率、电阻率等不符合标准。

1. 形状、尺寸不符合要求

连续挤制铝型线及铝(合金)导体制品,常常发生形状(横截面)结构变形、缩颈、扭曲、尺寸超差等现象。主要原因有以下几方面:

(1)模具孔形设计或加工精度不符合要求 模具孔形尺寸为相应铝或铝合金导体要求的尺寸乘以铝及铝合金材料挤压收缩率。挤压收缩率是一个经验数据,它和导体的截面大小、挤压温度、挤压速度、牵引张力等相关。对于小规格铝导体或精度要求高的模具,尺寸公差控制在±0.005mm 之内,大截面导体一般情况下尺寸公差≤±0.10mm。

(2)模具变形或磨损 挤压模具由于材质原因在挤压一段时间后会出现磨损、孔形变大或局部变形等现象,出现变形与磨损的程度与模具的材质、压缩比、挤压温度等因素有关。因此,即使挤制铝及铝合金制品也要选择合适的材料制成经久耐用不易变形的模具,同时,需要经常测量挤制出的铝或铝合金制品的外形尺寸或截面积,发现制品尺寸接近要求的制品尺寸公差限值的要及时更换模具。

(3)线材拉细或缩颈现象 线材拉细或缩颈现象的产生,一方面可能是挤压型腔压力下降,导致挤出量减少,线材拉细,如图 8-21 所示。

此时在挤压温度和挤压轮转速稳定的前提下,要检查铝杆供料是否脱节,是否保持了喂料连续;另一方面应检查收线牵引力是否变大,牵引张力是否稳定,发现异常应及时调整牵引张力;第三要检查挤压轮运转是否稳定,挤压电流是否稳定,挤压轮运转失去稳定或负荷波动,也会产生制品尺寸不满足要求的现象。

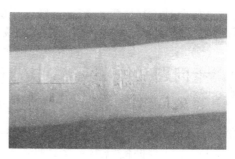

图 8-21 挤压线材拉细缩颈

(4)压缩比不合适 如果挤压轮摩擦铝杆(坯料),送入型腔的坯料截面尺寸和挤压所需要的导体截面尺寸比值过小,则会造成型腔内铝料熔融压力偏低、挤压力不足,会导致挤制的导体外形尺寸变小。因此要合理设计压缩比,对于挤制铝型线或铝(合金)导体,一般压缩比至少要大于3.0。

2. 挤制制品表面质量问题

(1)表面气泡 表面气泡是连续挤压的铝或铝合金导体外表面出现泡状缺陷。分析表面气泡产生的直接原因主要有:铝或铝合金导体连续挤压时金属温度达 400℃以上,凡被带入腔体中的气体、水或油污在高温时体积都会急剧膨胀,产生气泡,这种气泡一旦通过挤压模具就会残留在导体内部,或出现穿透性气孔时,则在模口伴随有爆炸声,无论内部还是表面产生这种气泡,都会严重影响制品质量。

导致挤铝制品产生气泡或穿透性气孔的主要原因是:

1)铝杆或铝合金杆坯料内部疏松或有气孔。

2)坯料清洗过程中表面油污未清洗干净。

3)坯杆清洗后未完全干燥或清洗后被二次污染。

4)铝合金杆表面合金元素与碱反应生成氧化物发黑。这些坯杆表面的油污、残碱、水及其他脏物均可导致铝表面产生气泡及小气孔。此外,用于吹干坯料的压缩空气中含油、水量过高；挤压轮或喂料轮上本身有水或油污；系统冷却水（带油污）溅到挤压轮上，这些都同样可引起气泡、气孔的产生。

预防措施：加强杆料清洗，及时加碱或更换碱洗液，定期清洗碱洗池；合金杆料碱洗后若表面发黑，可适当酸洗；清洗后的杆料充分干燥，不允许带有水迹的坯杆投入使用。减少冷却水流量，防止水及油污溅到坯料、挤压轮、喂料轮上。加强熔炼过程的精炼、除气；适时进行中间升温；流槽、大小分流盆，与铝液接触的工模具等充分烘干；防止铝液吸气；浇铸时减少冷却水流量，防止浇铸缩孔。

（2）表面划伤　铝型线或铝（合金）导体挤出后制品的表面划伤沿着导体轴向均匀分布，其产生的主要原因是：

1）模具工作区表面粗糙度值大。

2）模具材料在高温下耐磨性差。实践表明，连续挤压工作时由于模具工作条件恶劣，即使采用模具钢渗氮处理，模具使用寿命也很低。现都采用硬质合金嵌镶块，可大大提高模具寿命。

3）模具工作区的形状不合理。当模具在工作区出口的夹角处存留有氧化铝杂质，停机后再起动时，会发现有一圈氧化铝渣被带出而停留在模具表面而划伤制品。

（3）夹渣　夹渣产生的主要原因如下：

1）铝杆或铝合金杆在生产过程中有氧化物杂质或其他夹杂物，在挤压过程中不能很好地分散。

2）铝杆清洗不彻底，有杂质存于铝杆表面，在挤压过程中挤入制品，从而造成夹渣，如图8-22所示。

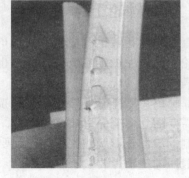

3）工件表面的磨损异物，如挤压轮表面龟裂、起皮、腔体表面以及压料轮发生磨损，它们掉下的碎屑进入模具内，被挤入制品。

4）挤压间隙过小致使模膛密封面或刮刀与挤压轮圆弧面产生接触磨损。

解决措施：

1）选用优质电工铝杆，在铝杆生产过程中避免夹渣。

2）加强挤出过程中坯料清洗、漂洗、吹干等工序的质量控制。

图8-22　表面夹渣起皮

3）及时检查工装模具，对表面出现异常或变形的模具及时更换。

4）挤压轮轮槽和压实轮、堵头、刮刀要仔细校正，工装间的配合以相互不产生接触磨损为原则。每次更换挤压轮或传动轴承后，由于加工和装配误差，要以挤压轮轮槽的位置为准，调整模（靴）座的轴向位置并进行可靠定位。

3. 断线

断线产生的主要原因如下：

1）断料。

2）压缩比过小，造成挤出过程压力不足。

3）收线张力不当，导致拉断。

4）线材有夹渣。

解决措施：

1）加强过程控制，及时补充坯料。

2）设计合适的压缩比，压缩比一般要大于 3.0。

3）调整收线张力和收线速度。

4）加强坯料质量控制，检查熔炼过程，排除夹渣，发现有夹渣应立即去除。

4．性能不合格

（1）电阻率不合格　制品的电阻率不合格会造成电阻大。电阻率不合格产生的原因主要有以下几个：

1）铝或铝合金坯料的电阻率不合格，造成挤出铝或铝合金制品的电阻偏大。

2）铝型线或铝（合金）导体制品的表面划伤，也会使电阻增大。

3）挤出过程温度过低，使得铝或铝合金在靴体中融熔不充分，造成电阻率超标。

解决措施：

1）控制铝或铝合金坯料的质量。

2）更换模具和过线导轮，防止挤出过程中的制品表面划伤或擦伤。

3）去除开始挤出温度较低部分制品，待性能稳定后再将制品上盘。

（2）强度或拉断伸长率不合格　造成铝合金导体抗拉强度不合格的主要原因：

1）坯料性能不满足要求。

2）由于挤压温度过低，铝合金达不到淬火温度。

解决措施：

1）控制坯料质量。

2）根据不同铝合金的组织结构，确定最佳的挤出温度。

二、铝包钢线挤制包覆过程中的质量问题

铝包钢线是一种双金属复合材料，即外层是铝，内层是钢芯。铝包钢线及绞线制品具有抗拉强度高、导电性能好、耐腐蚀等优良性能。因此，铝包钢线被广泛应用于电力、电气化铁路和通信等领域。

1．脱铝露钢

铝包钢线脱铝露钢产生的主要原因及其解决措施：

1）由于铝杆直径不一致而导致挤出压力不平衡或供铝不足。主要是由于包覆铝材由两根同直径铝杆提供，如果铝杆直径偏小，直径圆度大，那么在挤压过程中直径偏小或圆度大的铝杆，不能充满挤压轮槽，当挤压轮按一定转速转动时，带入挤压模腔的铝量不足或压力不均匀，造成铝包钢线局部断铝而露钢。解决措施：调整供铝量，清洁钢铝表面，选用优质铝杆。

2）钢线直径偏差大，造成供铝不足。包覆用钢线直径偏差大，甚至出现直径波动不均匀现象，造成部分地方供铝不足。解决措施：控制好淬火钢线直径偏差范围。

3）模腔堵头与挤压轮间隙太大，泄漏量大。解决措施：按工艺要求调整好模腔堵头与挤压轮间隙，控制泄露量。

4）钢线表面不清洁或不圆整，影响铝钢的结合。铝包钢线连续挤压机在自动运行过程中，挤压速度一般在 70~180m/min，那么油污和锈蚀严重的铝杆和钢芯，在这么快的运行

速度下，不能在在线清洗系统中清洗干净，使钢铝结合力下降而导致局部包覆不上而露钢。

解决措施：

1）选择铝杆时，为了适应连续挤压包覆生产，一般选择盘重大（1.5t/捆）的三辊连铸连轧电工圆铝杆，铝杆表面应清洁，无润滑脂。

2）选择淬火钢线时，其表面应清洁、无挂铅，无严重锈蚀。

3）挤压包覆在线清洗之前，对淬火钢线和铝杆进行线外清洗。

4）对在线清洗系统进行必要的日常维护和工艺参数监测，使其达到良好的清洗工作状态。

5）钢线感应加热温度低，模具加热温度低，使钢铝结合力低而露钢。解决措施：正确调整感应加热温度，一般在320~370℃，除此之外，还要调整模具加热温度，一般在450~500℃。

6）压缩比不正确造成露钢。操作人员应及时调整挤制包覆的挤出速度和挤压轮转速，使体积挤出比达到平衡位。

2. 表面质量不合规定

（1）偏心 铝包覆层在同一横截面上厚薄不均匀的现象叫偏心，如图8-23所示。

造成铝包钢线偏心的主要原因：

1）淬火钢线直径偏差过大，在连续挤压包覆生产线的高速运行过程中引起振动，造成芯线偏离中心而引起偏心。

2）在挤压包覆模具中，芯线导向模与钢线间隙过大，会引起芯线振动而偏心。

3）芯线导向模在模具装配过程中没有顶紧，在挤压过程中产生松动，也会引起偏心。

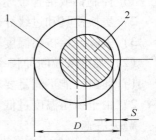

图8-23 铝包覆层偏心
1—铝层 2—钢芯
注：S——最薄铝层厚度（mm）；
D——实测外径值（mm）。

解决措施：

1）严格控制淬火钢线的直径偏差要求，对常用淬火钢线直径的规定见表8-4。

2）控制钢芯导向模与钢芯之间的间隙量，一般控制在0.5~0.8mm。

3）保证模具装配质量，导向模紧固螺钉一定要顶紧。

表8-4 淬火钢线直径偏差要求

公称直径/mm	3.88	4.0	4.5	5.3	5.6	6.2	7.1
直径允许偏差/mm	±0.03	±0.03	±0.03	±0.03	±0.04	±0.04	±0.04

（2）表面气泡 造成表面气泡的主要原因：

1）参与挤制的铝杆表面有油污、水分或其他脏物。

2）挤压轮上有水分或油污。

3）铝杆组织疏松和含气。

4）包覆模腔气密性不好。

解决措施：

1）加强杆料表面清洁。

2）加强挤压轮表面清洁。

3）加强铝杆熔炼过程控制，减少组织疏松和气体含量。

4）更换密封圈。

（3）夹渣　造成夹渣的主要原因：

1）铝杆在生产过程中有夹渣。

2）在流转环节带来的外来夹渣。

解决措施：

1）加强铝杆熔炼过程中的精炼环节控制，减少夹渣。

2）加强运输过程监管。

（4）"波浪"纹　造成"波浪"纹的主要原因：

1）模具装配不当，间隙过大。

2）供料不足。

解决措施：

1）重新装配模具。

2）调整模具间隙。

3）调节供料速度。

（5）表面发黑　表面发黑产生的主要原因：

1）表面不干燥。

2）保管不当，使产品沾水或受潮。

解决措施：

1）降低冷却强度，保证铝杆表面有一定温度。

2）改善存放条件。

（6）表面划伤　表面划伤产生的主要原因：

1）模具工作区有棱或碰伤裂痕，粗糙不平。

2）模具工作区出口不光滑。

3）收线路径不光滑。

4）排线过程层间挤压。

解决措施：

1）及时检查模具，处理模具表面棱角。

2）处理收线路径使之光滑。

3）注意排线过程，防止上层线挤入下层线。

3．电阻率不合格。电阻率不合格的产生主要有以下几个原因：

1）包覆铝层厚度达不到要求，造成钢铝截面积比不合理，造成电阻大。

2）铝包钢线的表面划伤，也会使电阻增大。

3）铝杆电阻超标。

4）包覆铝层有漏包现象。

解决措施：

1）根据电导率不同，对钢铝截面积比提出要求，见表 8-5。要保证钢铝截面积比，应检查挤压模、定径模尺寸是否正确，保证所需铝包覆层厚度。

2）要及时更换模具，防止拉拔中的制品表面划伤。

3）对包覆用铝杆电性能提出要求，严格控制铝杆电阻率。

4）加强过程控制，防止有铝层漏包现象发生。

表 8-5　钢铝截面比率

电导率/%IACS	铝、钢截面比率（%）	
	铝	钢
20	25	75
23	30	70
27	37	63
30	43	57
33	50	50
40	62	38

三、铜扁线及铜排（母线）挤制的质量问题

1. 挤制铜扁线及铜排时分层

（1）铜扁线及铜排分层现象　在挤制铜排过程中，由于工艺控制不当会形成铜排分层现象，表现为表面有裂纹、气泡、起皮、鳞片等，内部的疏松、分层、气孔等缺陷。有些缺陷会在后续加工中反映出来。

（2）原因分析

1）挤压温度影响。挤压过程中，铜及铜合金杆与挤压轮之间摩擦发热并产生塑性变形，挤压速度越快、挤压温度就越高，铜及铜合金塑性变形就越好、挤压铜料流动性就越好。流动性好的铜料，不易产生内部疏松。但受挤压轮、槽封块、堵头及模腔材料的受热限制，挤压铜料的温度均匀性受到影响，挤压温度偏低会产生挤制铜排分层现象。

2）挤压模具流道影响。铜及铜合金坯料进入挤压轮后，经过摩擦发热并产生塑性变形，铜料在轮槽中流动体积应该是逐渐变小，铜坯料经过型腔后进入贮料区。在进入贮料区之前，铜坯料中不允许有空气进入，不能发生中间断料现象。同时，贮料区到挤压模具之间，也不允许有空气进入，也不能产生断料问题，否则都会产生挤压铜排分层现象。

3）进料和出料影响。铜及铜合金坯料经过压紧轮压紧，坯料压入挤压轮凹槽，要求压紧轮压住坯料，使挤压轮咬入坯料，进入挤压型腔，铜坯料与挤压轮凹槽之间不能打滑，否则易产生挤压铜排分层现象。

（3）改进措施

1）调整合适的挤压轮转速来控制挤压温度，在确保挤压轮、槽封块、堵头及模腔材料能经受压力、热应力及摩擦力综合作用的前提下，适当提高挤压轮转速来控制挤压温度，改善铜料温度的均匀性，防止发生挤制铜排分层问题。

2）检查挤压轮、模腔、堵头和模具，发现变形及时更换，确保挤压过程中铜料流动均匀，不产生断料，防止发生挤制铜排分层问题。

3）检查压紧轮的压紧效果，减小收线牵引对模腔中铜料过分牵引的影响，防止发生挤制铜排分层问题。

2. 挤制铜扁线及铜排有气泡

气泡缺陷对铜排、铜扁线质量的影响很大，其影响与气泡的位置、数量及大小等都有

关系。

（1）气泡缺陷的危害

1）内部存在较大气泡的铜扁线在气泡处抗拉强度低，易在气泡处拉断，影响产品的力学性能。

2）表面存在气泡缺陷的铜扁线在后道工序进行拉拔时会使气泡破裂，在气泡破裂的地方，产品的表面留下划痕，影响产品表面质量。

3）个别较大的气泡在铜扁线表面形成鼓包现象，在进入后道拉拔工序时尺寸超过规定值，易损坏拉拔模。

无论是哪种形式的气泡，都会导致制品报废和设备损坏，给生产企业造成较大损失。因此，需要分析气泡缺陷产生的原因，找到避免气泡缺陷出现的具体措施。

（2）铜扁线及铜排中气泡缺陷产生原因　连续挤压铜扁线产品中的气泡缺陷按照气泡出现的时间分为两种：一是在连续挤压过程中出现的气泡；二是在后续退火过程中，也会出现连续气泡。气泡产生主要有以下原因。

1）上引无氧铜铸杆中的气泡。铜熔体易吸收氢气，且随温度与状态的变化，平衡吸氢量变化很大。高温一次电解铜液，连铸时在结晶凝固界面附近的铜熔体中会出现氢气的"浓化"，其分压增高，足以成核形成"气泡"。同时氢气和氧气可溶于铜，其中氢气以氢原子 [H] 形式溶于铜，氧气则以 Cu_2O 形式溶于铜合金液。无氧铜杆中的气孔主要是由于在熔铸过程中存在 $[O] + 2[H] = H_2O$ 的平衡反应，溶于铜液中的氢和氧在凝固时发生反应形成水蒸气而形成气泡。而此时，由于受石棉挡板限制，"气泡"无法通过中间而逸出，只能滞留在铸坯上表面的次表层，使铸坯表面在挤压后在气体膨胀压力作用下形成"气泡"。

2）无氧铜铸杆表面有氧化皮或污染。无氧铜铸杆在等待进入挤压工序前往往需要经过运输、存放，在存放和运输过程中，由于种种原因会导致无氧铜杆表面氧化等，这样的无氧铜铸杆进入连续挤压工序后，无氧铜杆表面的氧化皮被带入挤压模腔内，由于氧化皮在高温作用下易产生气体并受热膨胀，在产品表面形成气泡。

3）挤压轮冷却水泄漏。如果冷却挤压轮的冷却水发生泄漏沾到铜杆上，在连续挤压工序的模腔中，由于高温作用下易产生水蒸气，将会导致在连续挤压出的制品表面产生大量连续的气泡。

4）腔体堵头发生轻微变形带入空气。在连续挤压过程中，当压缩比很小时，就不能使铜料充满模腔，以致造成空气渗入。当模腔腔体堵头发生轻微变形时，金属流速不均，下层流速过快，金属抵达模腔上侧时，在阻力的作用下会发生回流，使模腔中空气进入制品产生气泡。

（3）气泡缺陷的改进措施　对于连续挤制铜扁线中出现的气泡缺陷，可根据其产生原因采取不同的措施加以解决。

1）上引无氧铜杆中的气泡。对于上引无氧铜杆中的气泡缺陷，首先是控制铜熔体中的气体，对于直接使用高温电解铜液做原料的情况，控制铜熔体中的气体尤其重要。在采用有效精炼剂与除气方法的同时，严格遵守操作规程也特别重要，在生产中有时制品会成批出现气泡缺陷，应该与没有严格遵守操作规程密切相关。

其次是改进结晶器结构，适当增加结晶器长度，采用铜及铜合金水平连铸。

第三是合理地控制熔炼温度，温度越高，铜液中的氢和氧含量增加越多，因此，应尽可能采用低温熔炼。

①对于铜扁线及铜排表面被氧化或污染而产生的气泡，需要在各个环节采取防范措施：如用防尘布包裹；为防止空气潮湿造成的表面氧化，存放无氧铜铸杆的库房要避免用湿拖布拖地；雨季要在无氧铜铸杆线盘外覆盖防雨布；不要用有汗水的手直接触摸无氧铜铸杆等。

②当因挤压轮冷却水泄漏污染杆料时，要及时更换挤压轮密封圈。

③对于连续挤压时堵头变形问题导致带入气体而产生的气泡，可通过降低堵头高度、减小堵头的受力来解决。也可以采用扩展模，扩展模的使用避免了起动和停机引起的堵头变形问题。

2）对于因挤压运转工作间隙不合理问题导致带入气体而产生的气孔，则按工艺规定调整工作间隙至规定值。工作间隙过大，模腔中易形成波浪状的铜层，波浪状的铜层与进入挤压轮槽的无氧铜杆之间密封了一些空气，同时波浪状的铜层通过间隙进行金属泄漏，使挤压轮面与槽封块之间的摩擦面积加大，挤压轮温度过高，使挤压工具软化，甚至使挤压过程无法正常进行；工作间隙过小，当挤压轮、槽封块受热膨胀后，容易导致挤压轮与槽封块之间出现钢对钢直接磨损，烧坏轮面、堵头和槽封块，甚至引起运转负荷剧增，损坏整个机器。所以要控制合理的运转工作间隙，以使挤压轮面与槽封块之间不出现钢对钢的直接磨损，泄漏量轻微（一般为 $1\% \sim 5\%$ 的泄漏量）。连续挤压机的运转工作间隙控制在 $0.8 \sim 1.2 \text{ mm}$ 为宜，视挤压时的具体工艺条件而异。如挤压力大时，则运转工作间隙应该控制小些；挤压温度高时，热膨胀量也大，运转工作间隙就应该控制大些等。连续挤压过程中，运转工作间隙的调整是通过在靴体底部和靴体背部增减垫片来进行。

3. 挤制铜排有"铁粒"杂质

（1）挤制铜排有"铁粒"现象　挤制铜排表面有"铁粒"现象，目测可以发现表面有黑色杂质。

（2）原因分析　铜及铜合金杆与挤压轮之间摩擦发热并塑性变形，挤压速度越快、挤压温度就越高，铜及铜合金塑性变形越好、挤压铜料流动性越好。流动性好的铜料，不易产生内部疏松。然而受挤压轮、槽封块、堵头及模腔材料的受热限制，挤压温度受到限制。挤压轮、槽封块、堵头及模腔材料长期在高温条件下工作，会产生疲劳，特别是轮槽底部和周边损坏，铁质废料进入铜料中。

（3）挤制铜排有"铁粒"现象的改进措施。

1）调整合适的挤压轮转速来控制挤压温度，在确保挤压轮、槽封块、堵头及模腔材料能经受压力、热应力及摩擦力综合作用的前提下，适当提高挤压温度，减轻挤压轮磨损疲劳，防止挤压轮过早损坏。

2）规定挤压轮、模腔、堵头和模具的使用寿命，根据材质与使用经验限定其工作压力值，到时予以更换。

3）使用涡流探伤仪在线检测，一旦发现有"铁粒"带入铜及铜合金排，应及时更换易损件。同时，剔除不合格品，并再次复检。

4. 挤制铜扁线及铜排表面氧化

常见的铜扁线及铜排在挤制过程中的氧化有三种：

（1）吸湿氧化　连续挤压的铜扁线及铜排坯料一般需要经后续拉伸、锯切加工工序，若制品堆放太高或码放排列无间隙，则铜扁线及铜排经拉伸产生的热量不能散发或有效冷却，若包装或摆放不当还会使拉伸后的铜排热量聚集，吸收空气中的湿气产生边缘氧化。铜扁线及铜排这种氧化现象在南方高热高湿的夏季特别容易产生，遇夏季高温运输，继而再转入温度相对较低的地方贮存也会产生氧化。其特征为：橘红色氧化皮、层薄，采用酸洗可有效消除氧化皮。

（2）高温氧化　铜扁线及铜排在连续挤压过程中应防止模具出口高温氧化，通常采用添加酒精的冷却水来密封通道，从而保护制品免遭氧化。当水的酒精浓度降低时，制品表面就会出现橘红色（深红色）氧化皮，成分为氧化亚铜，轻微的氧化色斑经拉伸后可有效消除。

（3）氧化发黑　特征：黑色，分子式 CuO，拉伸后不能有效消除，能降低拉伸模具寿命。氧化发黑产生的主要原因是上引铜杆硬度偏高，挤制产品温度高或来不及散热冷却，导致氧化发黑。解决措施是控制上引铜杆的质量，改善挤压工艺与控制、对挤压制品采取密封冷却保护。

5. 挤制铜扁线及铜排尺寸不符

（1）铜扁线及铜排尺寸不符现象

1）宽度方向中间薄、两边厚。铜扁线及铜排在宽度方向出现中间薄，两边厚的不均匀分布，其厚度相差达到 0.60mm 左右时，会导致铜扁线及铜排在后续拉伸模孔堆积而被拉断。

2）宽度方向中间厚、两边薄。铜扁线及铜排在宽度方向出现中间厚、两边薄或单边薄的不均匀分布，其厚度相差 0.60mm 左右时，拉伸铜排厚度偏薄部位的金属由于尺寸偏小，其金属变形速度慢，边缘部位出现金属拉细和空拉现象，拉伸后的宽度尺寸达不到规定的要求，出现尺寸超差缺陷。

（2）铜扁线及铜排尺寸不符的改进　对于铜或铜合金杆坯料挤制，应合理设计挤压工艺、挤压模具、配模与模具装配；选用耐高温、耐磨损的模具材质；注意检查挤压模具加工尺寸与公差要求；验证、优化模具尺寸，规定挤压模具使用寿命；在线及时监测挤压制品的尺寸，发现尺寸不符停机更换模具。

四、铜合金导体挤制的质量问题

铜合金导体挤制目前应用最多的是接触网导线的生产。接触网导线产品形状简单，但品种多，而且要求安全可靠性高。根据材质不同，接触网导线向铜合金化和复合金属化方向发展已成为世界接触网导线发展的总趋向。到目前为止，生产各类接触网导线的工艺很多。这里针对连续挤压包覆过程中常见的质量问题进行分析。

1. 挤制铜合金杆分层（产生原因及解决方法参见铜扁线质量分析）。

2. 挤制铜合金杆空心冷隔

1）挤制铜或铜合金杆空心冷隔现象

挤压制品表面存在类似于非金属材料铸造时出现的折叠或层叠状缺陷，或者内部出现金属不连续的现象。空心、冷隔缺陷同夹渣一样具有很严重的危害性。杆坯硬度不均导致挤压温度变化大，杆坯变形不均匀，内部产生附加应力，出现冷隔缺陷。

铜及铜合金杆的空心冷隔，是分层现象的特例。空心冷隔是局部的，一般在500mm左右，在后道拉拔过程中才能发现。表现为局部的表面起皮、竹节印等，如图8-24所示。

2）原因分析（参见铜扁线质量分析）。

3）局部冷隔、竹节的改进措施

①调整合适的挤压转速来控制挤压铜料的温度，在确保挤压轮、槽封块、堵头及模腔材料能经受压力、热应力及摩擦力综合作用的，适当提

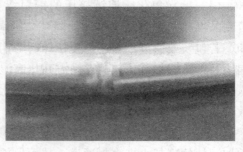

图8-24　铜及铜合金杆空心冷隔

高挤压轮转速来提高挤压温度，使铜料融熔温度适宜、温度均匀，防止挤制铜或铜合金杆局部出现冷隔竹节印现象。

②检查挤压轮、模腔、堵头和模具，发现变形及时更换，确保挤压过程中铜料流动速率均匀，不产生断料与气隙，防止挤制铜或铜合金杆局部出现冷隔与竹节现象。

③检查压实轮的压紧效果，减小收线牵引对模腔中铜料过分牵引的影响，避免气隙产生，防止挤制铜或铜合金杆局部出现冷隔与竹节现象。

④使用超声波仪器在线探伤，及时发现挤压铜合金杆局部冷隔与竹节现象，剔除不合格品。

3. 挤制铜合金杆有"铁粒"杂质（产生原因及解决方法参见铜扁线质量分析）

4. 挤制铜合金杆表面氧化

1）挤制铜合金杆表面氧化现象。表现为挤制铜杆表面的氧化发红现象，如图8-25所示。

2）原因分析。高温下挤出的铜和铜合金杆与空气中的氧气发生反应生成氧化铜，轻者使制品表面发红，严重时制品表面发黑，严重影响制品质量。

图8-25　铜合金杆表面的氧化

3）氧化质量问题的纠正措施　刚挤制出铜杆时由于温度过高，应避免直接接触空气；调整控制在线冷却水温，及时在冷却水中增加酒精溶液。

5. 挤制铜或铜合金杆尺寸不符

1）挤制铜或铜合金杆尺寸不符现象。挤制铜或铜合金杆尺寸不符现象表现为挤制铜或铜合金杆尺寸不符合工艺规定要求，一般有不圆、三角形、椭圆、截面偏大等。

2）尺寸不符原因分析。主要原因是模具受强大的挤压力后变形、磨损，或是模具材质不好。

3）尺寸不符的改进措施。选用高温、耐磨损的模具材质，注意检查模具加工尺寸与公差是否符合要求。

根据铜或铜合金坯料杆材质，规定挤压模具使用寿命。

在线及时监测挤制铜或铜合金产品的尺寸，发现尺寸不符停机更换模具。

思 考 题

1. 什么是金属导体的挤制？

2. 金属导体的连续挤制主要有哪几种方法？这几种方法的工艺特点是什么？

3. 金属导体连续挤制主要用于哪几种电线电缆产品的生产？

4. 简述金属导体连续挤制与连续挤制包覆设备的组成。

5. 什么是咬入系数？什么是填充系数？什么是挤压系数（压缩比）？

6. 请简述铝型线及铝（合金）导体连续挤制工艺流程。

7. 铜扁线连续挤制工艺中挤压温度和压紧压力各是多少？

8. 简述挤制铝及铝合金导体时造成表面气泡的主要原因及预防措施。

9. 挤制铜或铜合金时表面氧化的原因有哪些？

10. 挤制铜及铜合金导体所用模具中的堵头有哪些要求？

第9章

绞 线

◇◇◇ **第1节 概 述**

绞线是裸电线的主要品种,它广泛应用于电力、通信、电气设备和电线电缆导电线芯等方面,这是由于绞线具有单线所没有的独特优点,而这些优点都是由绞线的结构所决定的。因此,必须认真地按照标准的规定和工艺进行生产,才能够保证绞线充分发挥其优点,否则,将会造成多种缺陷以致绞线的性能降低甚至造成损失。

所谓绞线,就是按照一定规律绞合的多根单线的组合体。

一、绞线具有的特点

(1)柔软性好 因为绞线在弯曲时,受压缩的部分向受拉伸的部分有微小的滑移,因此,使绞线弯曲的外力只须克服单线的弯曲应力和单线间的滑移摩擦力就行了。如果是单线,则弯曲时的外力,要克服外侧很大的拉应力和内侧很大的压应力。绞线和单线柔软性能的比较是在截面相等或相近的情况下进行的。绞线和单线弯曲情况如图 9-1 所示。绞线的柔软性能好,有利于制品安装,可减轻因弯曲、振动、摆动时所造成的损坏。

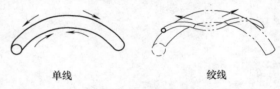

单线   绞线

图 9-1 绞线和单线的弯曲情况

(2)可靠性好 单线在制造过程中由于受到材料性能和工艺及生产条件的限制,将会出现一些缺陷,这些缺陷极大地影响单线的可靠性。而绞线则是由多根单线构成的,单线上的缺陷几乎没有可能全部集中于绞线的同一处,故对绞线的性能影响较之对单线的性能影响要微弱得多。但这并不是说对绞线所用单线的要求可以降低,绞线就可以粗制滥造,相反,绞线的标准中对单线及绞线质量都有明确的规定,违反这些规定,就不能保证绞线的可靠性。

(3)强度高 因为绞线中的单线直径比同截面的单线直径小很多,在使用同样原材料的情况下,细线所能承受的变形程度大大高于粗线,冷变形硬化程度也很大,因而其强度极限高,经绞合后引起的强度损失并不大,如铝线仅降低5%左右,所以绞线的强度大大高于同截面单线的强度。线材接头处的强度会下降很多,绞线中单线的接头按照规定都不在同一处,而单线却无法做到这一点,而接头在线材生产中是不可避免的,这也是绞线强度高于单线的一个原因。绞线的综合拉断力与各股单线力学性能的均匀性、绞合节距及绞合变形的大小有关。

此外,绞线可以按不同的需要,设计制造出多种不同性能的产品,比单线具有更大的灵活性。如:能减少涡流损耗的分割线芯;能防止水渗入的填充油蜡线芯;能减小电缆外径和重量的扇形线芯；能减小电晕损耗的扩径和空心绞线；能提高抗振性能的减振绞线；能适应各种柔软度要求的软绞线；能提高耐蚀性的防腐绞线；能提高强度的组合绞线和铝包钢绞线等。

因为绞线所具有的这些特点，因此虽然制造绞线比较麻烦，但还是被广泛应用。

二、绞线的主要工艺流程（图 9-2）

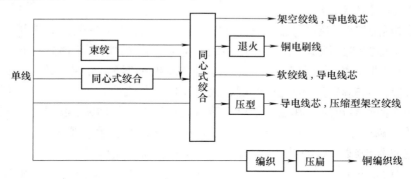

图 9-2 绞线的主要工艺流程

三、电网用架空裸铝导线的常见品种

架空铝导线经过上百年的发展，根据电网建设的不同需求，由最基础的钢芯铝绞线逐渐衍生出了很多品种，下面进行简单介绍。

1. 由同一种单线绞合而成的导线

（1）铝绞线 用规格一样和材质一样的铝单线绞合而成，主要用于支线电网。

（2）钢绞线 用规格一样和材质一样的镀锌钢丝单线绞合而成，主要用于架空地线。

（3）铝包钢绞线 用规格一样和材质一样的铝包钢芯单线绞合而成，主要用于架空地线、有特殊使用要求的电网。

（4）中强度铝合金绞线 主要用于电网输送线路。

（5）高强度铝合金绞线 主要用于强度要求高、拉重比大的大跨越线路。

（6）陶瓷纤维铝合金绞线 主要用于强度要求高，拉重比大的支、干线电网。由于技术难度大，成本高，据不完全了解，目前供应商很少，国内电网基本没有应用，国外应用也很少。

2. 由两种（加强芯和铝导体）及以上元件（通信和结构元件）组合而成的导线

（1）钢芯铝绞线 该种导线中心由镀锌钢线绞合而成，作为承重元件，外层再绞合上1~4 层不等的铝单线作为导电元件。它是由两种材质组合而成的导线，是历史最悠久、应用最为广泛的一种架空导线，广泛用于各电压等级的电网中。

（2）铝包钢芯铝绞线 该种导线是钢芯铝绞线的延伸，用铝包钢芯替代钢芯，可以提高导线的防腐能力和少许导电能力。

（3）碳纤维复合芯铝绞线 该种导线是钢芯铝绞线的延伸，用强度更大、重量更轻的碳纤维复合芯替代钢芯，以获得更优的拉断力和拉重比及防腐能力，理论上是导线产品发展的新方向，但由于成本很高，碳纤维的耐久性能还需要时间的检验，施工和运行方面的经验较少，目前在电网建设中处于谨慎推广的状态。

（4）铝合金芯铝绞线　该种导线用高强度铝合金绞线作为加强芯，外层绞合上铝单线，是拉断力和电导率综合平衡的一种导线产品。

（5）钢芯铝合金绞线　该种导线是钢芯铝绞线的延伸，外层以高强度铝合金单线绞层替代铝单线绞层。

（6）铝包钢芯铝合金绞线　该种导线是钢芯铝绞线的延伸，以铝包钢芯替代镀锌钢线，以高强度铝合金线替代铝线。

（7）钢芯软铝绞线　该种导线是钢芯铝绞线的一个品种。一般钢芯使用较高抗拉强度等级的钢线，外层铝线采用退火工艺，使铝线的电导率由61%IACS提高到63%IACS。如果钢芯采用5%（质量分数）铝镀锌层，提高镀层的高温稳定性，外层铝线又是经过高温退火的铝线，则可以大大提高导线的运行温度，大幅度提高载流量。另外，此种导线在运行温度较高，超过一定的临界点时，其拉力就全部转移到钢芯上，从而使其线胀系数较普通钢芯铝绞线大幅降低，减小弧垂，以满足复杂线路条件的导线架设、运行要求。

（8）钢芯型铝绞线　这种导线把外层的圆形铝单线换成梯形或"S""Z"形铝单线，使绞合之后的导线外层更加平滑，改善了电场分布，提高了起晕电压，并有一定的防冰能力。

（9）钢芯耐热铝合金绞线　该种导线外层的铝线由不同电导率和工作温度的耐热铝合金单线组成，主要用于线路增容和用电高峰期运行。

（10）铝包殷钢芯耐热铝合金绞线　该种导线由铝包殷钢芯替代钢芯，耐热铝合金线替代铝线。该种导线在高温下运行时，由于线胀系数很小，弧垂性能非常好，主要用于人口密集区线路扩容改造。

（11）防腐型钢芯铝绞线　该种导线在钢芯和各铝线层中加入防腐油膏，主要用于污染、滨海地区等空气中含有腐蚀性成分的地区。

（12）防风导线　该种导线表面采用特殊形状设计，起到减小风压的作用，主要用于大风较多的地区。

（13）防冰导线　该种导线通过表面形状和多种附加功能设计，起到减小冰雪灾害对导线运行影响的作用。

（14）自阻尼导线　该种导线通过导线内外层存在一定间隙的结构设计，使导线不能形成固有振动频率，从而减轻微风振动对导线疲劳性能的影响。

（15）亚光导线　该种导线对导线表面进行亚光处理，使其表面对光线的反射形成漫反射的效果，用在高速公路、机场等设施附近时，不会因其光污染而影响交通运输安全。

（16）抽股型扩径导线　该种导线在普通导线的结构上进行改进，对内层铝单线进行疏绕式绞合，使其内层有比较多的间隙存在，在导线截面一定时，其外径相比普通导线要大一些，增大外径也就增大了导线表面的曲率半径，从而改善电场分布，进而改善导线的电晕性能。这种导线主要用于高海拔地区的架空线路。

（17）空心型扩径导线　这种导线与抽股型扩径导线不同的是，其通过把导线设计成一根空管的结构来有效增大导线外径改善电晕性能。这种导线主要用于变电站母线。

（18）光纤复合架空地线（OPGW）　该种导线在由铝包钢和铝合金组合而成的地线中，加入一根光缆用于传输通信信号。这种组合式的地线通信方式改变了以前使用的导线高频载波的通信方式，使电网通信更为可靠和便捷，使电网可以更智能。

◇◇◇ 第 2 节　绞线结构和参数

由于绞线有很多种截面，下面主要以圆截面的绞线为例分析绞线的结构和参数。

绞线的绞合有退扭与无退扭两种。有退扭的绞合，单线在绞合过程中没有自转，而无退扭绞合，单线在绞合过程中则有自转，如图 9-3 所示。

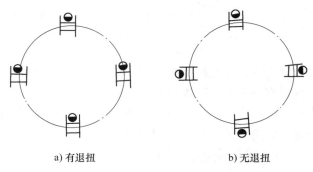

a) 有退扭　　　　　　　　b) 无退扭

图 9-3　有退扭和无退扭绞合

在绞合过程中，无论有无退扭，单线总要有弯曲变形。由于无退扭绞合时，单线有"自转"，因此还存在扭转变形。无退扭绞合时，在每一个节距（节距是每根单线绕绞线轴线一周，在绞线轴向通过的距离）内单线受到 $\sin\alpha$ 转的扭转。α 是单线螺旋线升角。

弯曲变形的单线弯曲应力使绞线有松散和单线伸直的趋势，尤其大直径和高抗拉强度的单线绞合时这种趋势更为严重，对小直径和低抗拉强度单线或软线这种影响较小。弯曲应力的存在是绞线松股的根本原因。单线所受到的扭转变形和弯曲变形产生的应力使抗拉强度下降。对抗拉强度较高的线材，如钢线，为防止绞合松散，可在绞制时采取预扭变形的措施，即在绞线时，按节距长度使单线预扭弯曲（目前经常采用），或使放线盘每一节距都预扭一定角度。

有退扭的绞合，单线也存在一定的扭转变形。理论和实践都证明，只有当绞合节距无限大时，退扭的绞合才不存在扭转。在实际生产中的实用节距比范围内（一般为 10～40 倍），有退扭的绞合，单线在一个节距内受到 1°56′～16°36′ 的扭转。退扭环式的退扭绞合在一个节距内，单线受到 $1-\sin\alpha$ 转的扭转，α 是绞线中单线形成的螺旋线升角。表 9-1 中列出了实用节距比时，有退扭绞合时单线受到的扭转数据。从表 9-1 中看出，有退扭绞合时的单线在节距比较小时，仍受到相当大的扭转。理论推导证明，当节距比<1.81 时，有退扭的绞合比无退扭的绞合单线受到的扭转还要大。

表 9-1　有退扭绞合时单线受到的扭转

节距节径比	α	在一个节距内单线受到的扭转	
		转数	度数
5	57°50′	0.152	55°12′
10	72°33′	0.046	16°36′
15	78°10′	0.021	7°33′
20	81°4′	0.0121	4°21′
25	82°50′	0.0078	2°48′
30	81°1′	0.0054	1°56′

因此，裸电线绞合时，退扭只有在单线直径较大、节距较大、单线较硬时才有良好效果，而当直径较小、节距较小、单线较软时，效果不显著。

绞线的绞合形式主要有：

$$
\text{绞合}\begin{cases}
\text{规则绞合}\begin{cases}
\text{同心式绞合}\begin{cases}
\text{正规同心式绞合}\begin{cases}
\text{单线绞合}\\
\text{股线绞合（复绞）}
\end{cases}\\
\text{非正规同心式绞合}
\end{cases}\\
\text{编织}
\end{cases}\\
\text{不规则绞合——束绞}
\end{cases}
$$

规则绞合就是绞线中的单线排列有一定规则，每根单线都有特定的位置。不规则绞合的单线没有一定的排列规则和特定位置。同心式绞合，就是所有单线在绞合时，都按一定的层次和规律围绕同一绞合中心排列。正规同心式绞合时，所有单线直径相等，而非正规同心式绞合时，则是采用不完全相等直径的单线。

一、正规同心式绞合

1. 单线根数 a 和绞线外径 D

正规同心式绞合有 5 种形式，如图 9-4 所示。

正规同心式绞合的单线排列是有层次的，并且有一定的规律，如图 9-4 所示，除一芯的正规同心式绞合以外，其余 4 种的外层都比内层多 6 根，那么这个规律是否适合更多层数的正规同心式绞合呢？一芯的正规同心式绞合从其第二层开始是否也符合这个规律呢？下面从它们之间的几何关系给出近似的证明，如图 9-5 所示，图中 D'_n 和 D'_{n+1} 分别为通过绞线中第 n 层单线中心和与它相邻的外层单线中心的两个同心圆的直径，其周长分别为：

$$l_n = \pi D'_n$$
$$l_{n+1} = \pi D'_{n+1}$$

因为　　　　　　$D'_{n+1} = D'_n + 2d$

所以　　　　　　$l_{n+1} = \pi(D'_n + 2d)$

两周长之差为

$$l_{n+1} - l_n = \pi(D'_n + 2d) - \pi D'_n$$
$$= 2\pi d$$
$$= 6.28d$$

从这里可以导出，正规同心式绞合的绞线的每层单线根数比与它相邻的内层多 6 根，如用数学式表达正规同心式绞合的绞线结构则为

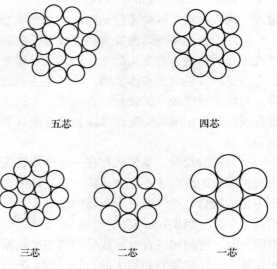

五芯　　　　　　　　四芯

三芯　　　　二芯　　　　一芯

图 9-4　正规同心式绞合的形式

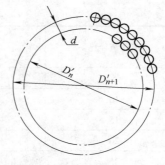

图 9-5　各层单线根数之间的关系

一芯的绞线：1 + 6 + 12 + 18 + 24 + …

二芯的绞线：2 + 8 + 14 + 20 + 26 + …

三芯的绞线：3 + 9 + 15 + 21 + 27 + …

四芯的绞线：4 + 10 + 16 + 22 + 28 + …

五芯的绞线：5 + 11 + 17 + 23 + 29 + …

从以上的表示方法可以看出，如果假定一芯时正规同心式绞合绞线的第一层单线根数为 0，则正规同心式绞合的绞线各层单线根数是一个等差数列，公差为 6，因此，很容易就能利用等差数列前 n 项的和以及通项公式来求出第 n 层正规同心式绞合绞线的单线根数和 n 层正规同心式绞合绞线的单线总根数。

按等差数列的通项公式计算为

$$a_n = a_1 + (n - 1)b$$

按等差数列前 n 项的和计算为

$$A_n = \frac{n}{2}[2a_1 + (n - 1)b]$$

式中　a_n——第 n 层正规同心式绞合绞线的单线根数；

　　　a_1——第 1 层正规同心式绞合绞线的单线根数；

　　　n——正规同心式绞合绞线的层数；

　　　b——单线根数层间差，$b=6$；

　　　A_n——n 层正规同心式绞合绞线的单线总根数。

计算推导的结果列于表 9-2 中。

绞线的外径是绞线的重要参数之一。绞线的外径就是与最外层单线相内切的圆的直径。绞线外径的大小如何计算呢？设绞线外径为 D，中心层外径为 D_1，单线直径为 d，那么

$$D_2 = D_1 + 2d = D_1 + (2 - 1) \times 2d$$

$$D_3 = D_1 + 2d + 2d = D_1 + (3 - 1) \times 2d$$

$$D_4 = D_1 + 2d + 2d + 2d = D_1 + (4 - 1) \times 2d$$

$$\vdots$$

$$D_n = D_1 + 2d + 2d + 2d + \cdots[共加(n - 1) 个 2d]$$

所以　$D_n = D_1 + (n - 1)，2d($同心式绞合的通式$)$

可以直观看出，一芯的 $D_1 = d$，则

$D_n = D_1 + (n - 1) \times 2d = 2dn - d = (2n - 1)d$

二芯的 $D_1 = 2d$，则

$$D_n = 2nd$$

对于三芯以上的 D_1，则可利用求出由各单线圆心的连心线组成的正多边形外接圆（即节圆）的直径，再加上单线直径 d 的办法求出，如图 9-6 所示。

计算正多边形外接圆直径的公式

$$D' = \frac{a}{\sin \dfrac{180°}{n}}$$

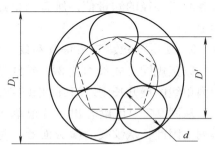

图 9-6　三芯以上的外径计算

式中　a——为正多边形的边长，这里 $a=d$。

$$D_1 = \frac{a}{\sin \dfrac{180°}{n}} + d$$

按照这个公式和前面的求 D_n 的通式，可分别推导出多芯绞线的芯线外径和绞线第 n 层的外径。各种结构形式的正规同心式绞合的绞线图形和单线根数、外径计算见表9-2。

表9-2　正规同心式绞合绞线图形、单线根数、外径

中心层单线根数 a_1		1	2	3	4	5
图形		⊙	⊙	⊙	⊙	⊙
绞线外径	D_1	d	$2d$	$2.154d$	$2.414d$	$2.7d$
	D_n	$D_1+(n-1)2d$				
		$(2n-1)d$	$2nd$	$(2n+0.154)d$	$(2n+0.414)d$	$(2n+0.7)d$
n 层单线总根数 A_n		$3n(n-1)+1$	$3n(n-1)+na_1$			
			$n(3n-1)$	$3n^2$	$n(3n+1)$	$n(3n+2)$
第 n 层单线根数 a_n		$6(n-1)$ 注：$n=1$ 时不适用	$a_1+6(n-1)$			
			$6n-4$	$6n-3$	$6n-2$	$6n-1$

我们把绞线外径与单线直径之比称为外径比，即

$$M = \frac{D_n}{d}$$

这时外径的测量可以用卡尺或千分尺进行测量，测量时一定要在对称的两根单线上测量，并微微转动绞线，以测出的最大值为准，可以多测几对对称点，取平均值作为绞线外径的测量值，所有测量点应取在同一绞线截面上。

2. 绞线节距、节距倍数和绞入率

以正规同心式绞合为例，绞线节距、外径和一个节距内单线的展开长度之间有如图9-7所示的关系。

从图9-7中可以看出，每根单线在绞线中呈螺旋线排列，因此，从绞线的横截面看，每个单线的截面不是正圆，而呈椭圆形。一芯的芯线例外，其长轴 d_1 与螺旋线的升角 α 和单线直径 d 有如下关系

$$d_1 = \frac{d}{\sin\alpha}$$

螺旋线的升角 α 与节距和节距倍数有关。绞线节距

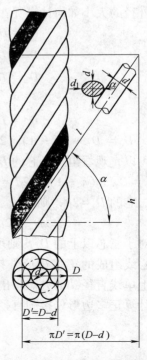

图9-7　绞线中的单线形成螺旋线

就是每根单线绕绞线轴线一周，在绞线轴向通过的距离。绞线节距可以用下面方法测量。用长度大于节距的纸绷紧在绞线上，用铅笔沿绞线轴线平划过去，可得到一组印痕，印痕的数目应多于测量层的单线根数，在其中之一的中点作一标记，从与它相邻的一个开始编号，当编号数等于测量层的单线根数时，在最后编号的印痕中点也做一标记，测量两个标记中间的距离，就是绞线节距的大小。如图 9-8 所示，以（1+6）组合形式的正规同心式绞线为例，说明这一测量方法。

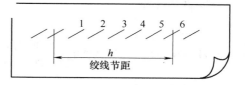

图 9-8　绞线节距的测量方法

绞线节距倍数也叫节径比、节距比或实用节距比，是绞线节距 h 与绞线外径 D 的比值。

$$m = \frac{h}{D}$$

有些国家使用节距节径比的概念，即节距与节径之比。

$$m' = \frac{h}{D'} = \frac{h}{D - d}$$

节距比和节距节径比的关系是

$$m' = m\frac{D}{D - d} = m\frac{\dfrac{D}{d}}{\dfrac{D}{d} - 1}$$

从图 9-8 可以看出，升角 α 和绞线的节距有关

$$\tan\alpha = \frac{h}{\pi(D - d)} = \frac{m'(D - d)}{\pi(D - d)} = \frac{m'}{\pi}$$

$$\cot\alpha = \frac{\pi}{m'}$$

从以上的分析过程可看出，节距倍数是绞线的一个重要参数，它的大小同绞线的质量和绞线过程有很重要的关系。

1）节距倍数小，绞线较柔软，但是降低了生产效率，并且使绞入率增加，生产同样长度的绞线就要多耗费材料，增加了绞线的单位长度重量。同时，节距倍数小，降低了绞线的电导率，因为电流主要是沿单线流通的，特别是当单线表面电阻大时，影响更大。另外，已知单线在绞线横断面上不是正圆，它的长轴随节距倍数的增加而加大，如果节距数过小，会造成个别单线拱起，破坏绞线的圆整性和稳定性。

2）当节距倍数过大时，制造和使用时容易松股，使绞合不紧密，但是避免了节距过小时造成的缺点。

因此，绞线节距倍数要综合考虑绞线的柔软性、生产效率、电导率、结构的规则性和稳定性来确定。绞线节距倍数在相应的产品标准中有规定，一般内层的节距倍数大于外层。圆线同心绞架空导线绞合节距倍数见表 9-3。

裸电线制造工艺学

表 9-3　圆线同心绞架空导线绞合节距倍数

线材	绞合方式	绞制方向	层次		节距倍数
钢及铝包钢加强芯	同心式绞合	相邻层的方向应相反，最外层应为右向	6 根层		16～26
			12 根层		14～22
铝及铝合金绞线			单层		10～14
			多层	内层	10～16
				外层	10～14
钢及铝包钢绞线			所有绞层		10～16

注：相邻层的外层节距倍数应小于内层的。

图 9-7 中，L 是一个节距内单线的展开长度。

$$L = \sqrt{\pi^2 (D-d)^2 + m'^2 (D-d)^2}$$

$$= h\sqrt{\frac{\pi^2}{m'^2} + 1} = h\left[1 + \frac{1}{2}\left(\frac{\pi}{m'}\right)^2 - \frac{1}{8}\left(\frac{\pi}{m'}\right)^4 + \cdots\right]$$

$$\approx h\left[1 + \frac{1}{2}\left(\frac{\pi}{m'}\right)^2\right]$$

$$= h\left(1 + \frac{1}{2}\cot^2\alpha\right)$$

即单线的展开长度比节距增加了 $\Delta L = L - h$。

$$\Delta L = h\frac{\pi^2}{2m'^2} = \frac{h}{2}\cot^2\alpha$$

把 ΔL 与 h 之比称作绞入率，通常用百分数表示。

$$\lambda = \frac{\Delta L}{h}$$

$$\lambda = \frac{1}{2}\cot^2\alpha$$

$$\lambda = \frac{\pi^2}{2m'^2} = \frac{4.9348}{m'^2}$$

则有

$$L = h(1 + \lambda)$$

如果用我国的节距倍数来表示这些参数，就成为

$$L = h\left(1 + \frac{1}{2}\frac{\pi^2}{m^2\left(\frac{\frac{D}{d}}{\frac{D}{d} - 1}\right)^2}\right)$$

$$\lambda = \frac{1}{2}\frac{\pi^2}{m^2\left(\frac{\frac{D}{d}}{\frac{D}{d} - 1}\right)^2}$$

把 $K = 1 + \lambda$ 称为绞入系数,也称为绞入倍数。

为了使用方便,现把部分节距节径比对应的绞入率列在表 9-4 中。

表 9-4 部分节距节径比对应的绞入率

m'	$\lambda(\%)$	m'	$\lambda(\%)$
10	4.819	18	1.512
10.5	4.380	18.5	1.432
11	3.998	19	1.358
11.5	3.664	19.5	1.289
12	3.370	20	1.226
12.5	3.110	21	1.113
13	2.879	22	1.014
13.5	2.672	23	0.929
14	2.487	24	0.853
14.5	2.320	25	0.786
15	2.170	26	0.727
15.5	2.033	27	0.675
16	1.909	28	0.627
16.5	1.796	29	0.585
17	1.693	30	0.547
17.5	1.599	31	0.514

3. 绞线单位长度重量的计算

如果取单位长度为 1000m,则成为绞线单位长度的重量常用的千米重。如果要求出绞线的千米重,则首先要知道每千米绞线中单线的长度,可以按下式计算

第一层单线的总长度为

$$L_1 = 1000a_1(1 + \lambda_1)$$
$$= 1000a_1K_1$$

第二层单线的总长度为

$$L_2 = 1000a_2(1 + \lambda_2)$$
$$= 1000a_2K_2$$

第 n 层单线的总长度为

$$L_n = 1000a_n(1 + \lambda_n)$$
$$= 1000a_nK_n$$

各层单线总长度之和为

$$L = L_1 + L_2 + \cdots + L_n$$
$$= 1000[a_1(1 + \lambda_1) + a_2(1 + \lambda_2) + \cdots + a_n(1 + \lambda_n)]$$
$$= 1000[a_1K_1 + a_2K_2 + \cdots + a_nK_n]$$

绞线的千米重就等于

$$G = \frac{1}{1000}\gamma SL$$
$$= \gamma S[a_1(1 + \lambda_1) + a_2(1 + \lambda_2) + \cdots + a_n(1 + \lambda_n)]$$

$$= \gamma S(a_1 K_1 + a_2 K_2 + \cdots + a_n K_n)$$

如果在等式右边乘以 $\dfrac{A_n}{A_n}$，则

$$G = \gamma S A_n \frac{[a_1(1 + \lambda_1) + a_2(1 + \lambda_2) + \cdots + a_n(1 + \lambda_n)]}{A_n}$$

$$= \gamma S A_n \frac{a_1 K_1 + a_2 K_2 + \cdots + a_n K_n}{A_n}$$

令 $\quad K_m = \dfrac{[a_1(1 + \lambda_1) + a_2(1 + \lambda_2) + \cdots + a_n(1 + \lambda_n)]}{A_n} = \dfrac{a_1 K_1 + a_2 K_2 + \cdots + a_n K_n}{A_n}$

我们称 K_m 为平均绞入系（倍）数。

那么 $\qquad\qquad\qquad\qquad G = \gamma S A_n K_m$

绞线的千米重也可用下式计算：

$$G = g A_n K_m$$

综上所述，绞线的千米重计算公式是

$$G = \gamma S [a_1(1 + \lambda_1) + a_2(1 + \lambda_2) + \cdots + a_n(1 + \lambda_n)]$$

$$G = \gamma S A_n K_m$$

$$G = g A_n K_m$$

式中　G——绞线千米重（kg/km）；

$\quad\gamma$——绞线金属材料的密度（kg/dm^3）；

$\quad S$——单线的截面积（mm^2）；

$\quad A_n$——绞线中 n 层单线的总根数；

$\quad\lambda$——每层单线的绞入系（倍）数；

$\quad K_m$——平均绞入系（倍）数；

$\quad g$——单线的千米重（kg/km），可以查表得到。

4. 填充系数（kg/km）

所谓填充系数，就是所有单线截面积总和，与按绞线外径计算的绞线截面积之比

$$\eta = \frac{K_m A_n \dfrac{\pi d^2}{4}}{\pi \dfrac{D^2}{4}} = \frac{K_m A_n d^2}{D^2} \approx \frac{A_n d^2}{D^2}$$

通常用百分数表示，即

$$\eta \approx \frac{A_n d^2}{D^2} \times 100\%$$

在绞线外径相同时，填充系数大的比填充系数小的绞线实际截面积大，在实际截面积相同时，填充系数小的比填充系数大的绞线外径大。在正规同心式一芯结构绞合时，单线总根数越多，填充系数越小，其他 2~5 芯的则逐渐增大。几种正规同心式绞合的绞线的填充系数见表 9-5，对于高压架空输电线路用的裸电线，有时还人为地增大绞线外径，这主要是为了减小电晕损失。如果想办法减小绞线的填充系数，就可在实际截面积不变的情况下，增大

绞线的外径，如采用空心结构。

表 9-5　部分正规同心式绞合的绞线结构和填充系数

a_1	n	a_n	A_n	$\dfrac{D}{d}$	$\eta(\%)$
1	1	1	1	1	100
	2	6	7	3	77.78
	3	12	19	5	76
	4	18	37	7	75.51
	5	24	61	9	75.31
	6	30	91	11	75.21
	7	36	127	13	75.15
2	1	2	2	2	50
	2	8	10	4	62.5
	3	14	24	6	66.67
	4	20	44	8	68.75
	5	26	70	10	70
	6	32	102	12	70.83
	7	38	140	14	71.43
3	1	3	3	2.154	64.60
	2	9	12	4.154	69.51
	3	15	27	6.154	71.27
	4	21	48	8.154	72.18
	5	27	75	10.154	72.73
	6	33	108	12.154	73.10
	7	39	147	14.154	73.37
4	1	4	4	2.414	68.64
	2	10	14	4.414	71.86
	3	16	30	6.414	72.92
	4	22	52	8.414	73.45
	5	28	80	10.414	73.77
	6	34	114	12.414	73.97
	7	40	154	14.414	74.12
5	1	5	5	2.7	68.54
	2	11	16	4.7	72.40
	3	17	33	6.7	73.49
	4	23	56	8.7	73.97
	5	29	85	10.7	74.23
	6	35	120	12.7	74.39
	7	41	161	14.7	74.50

5. 绞线的方向

为了使绞线具有良好的性能，并使其绞合紧密、圆整，绞线的绞合方向都有一定的规定。如最外层绞线的方向，铝绞线和钢芯铝绞线为右向，橡胶和塑料绝缘电线电缆导电线芯为左向。这种统一的规定，使绞线便于使用，连接容易并不至松散。绞线中每层单线的绞合方向应相反，这样做除使通电时各层产生的磁场抵销外，还可使各层单线的转动力矩相反，在绞线未接紧时，不致卷曲。使绞线产生转动力矩的分力 F_2 如图 9-9 所示。

绞合方向的判定：第一种方法，用眼睛直接观察，让绞线的轴线垂于胸前，如果单线从左下方斜向右上方就是右向，如果从右下方斜向左上方就是左向；第二种方法，用左手或右手，将手掌向上，拇指叉开，其余四指并拢，并拢的四指顺向绞线的轴向，这时，如果右手拇指的斜向和单线的斜向一致，就是右向（Z 向），如果左手拇指的斜向和单线的斜向一致，就是左向（S 向），如图 9-10 所示。

二、正规股线式绞合（复绞）

所谓正规股线式绞合（即复绞），就是将绞线作为股线，再进行正规同心式绞合。它的基本形式如图 9-11 所示。按习惯方法表示这种结构就是：$1+6/(1+6)d$ 或 $7/7d$，前边是复绞线结构，后边是股线结构。

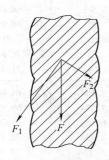

图 9-9 使绞线产生转动
力矩的分力 F_2

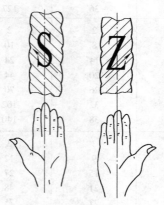

图 9-10 绞线方向的判定

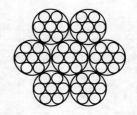

图 9-11 正规股线式绞合
（复绞线）的基本结构

在进行结构计算或测量时，把股线看作单线，按相应的正规同心式绞合的计算方法进行。所不同的是，因为股线也是绞线，所以多了股线结构的计算。部分复绞线的外径比见表 9-6。

表 9-6 复绞线的外径比

A_n	结构	M	A_n	结构	M
49	7/7	9.0	444	12/37	29.08
84	7/12	12.468	494	19/26	30.00
98	7/14	13.242	513	19/27	30.00
105	7/15	14.1	703	19/37	35.00
112	7/16	14.1	798	19/42	40.00
133	7/19	15.0	851	37/23	42.00
189	7/27	18.462	854	61/14	39.73
259	7/37	21.0	999	37/27	43.07
288	12/34	24.92	1121	19/59	45.00
322	7/46	24.462	1332	37/36	49.00
323	19/17	35.00	1596	19/84	50.00
336	12/28	26.64	1702	37/46	57.08
342	19/18	25.00	2109	37/57	63.00
361	19/19	25.00	2562	61/42	72.00
427	7/61	27.0	3416	61/56	78.30

每千米复绞线中单线的总长度按下式计算：

$$L = 1000K_m$$

$$K_m = \frac{(a_1K_1 + a_2K_2 + \cdots + a_nK_n)(a_1'K_1' + a_2'K_2' + \cdots + a_n'K_n')}{A_n}$$

式中　L——每千米复绞线中单线的总长度（m）；

　　　K_m——复绞线的平均绞入系数；

　　　a_n——复绞线第 n 层的单线根数；

　　　K_n——复绞线第 n 层股线的绞入系数；

　　　K_n'——股线第 n 层单线的绞入系数；

　　　a_n'——股线第 n 层的单线根数；

　　　A_n——复绞线中全部单线总根数。

复绞线的绞合方向一般是：股线的绞合方向与复绞线的绞合方向相反。

复绞线填充系数的计算方法是：将股线的填充系数与复绞的填充系数相乘。计算复绞线的填充系数时，将股线看作直径与股线外径相等的单线。

三、扩径型绞线的绞合

高压架空裸电线，其外径大小与产生的电晕现象有很大的关系。所谓电晕即导体尖端放电现象，导体表面尖端放电现象称为电晕现象。电线外径越大，电线表面的圆弧也越大，电晕现象就越小；电线表面纵向表面粗糙度值越小，电晕现象也越小。输电线路中如果发生电晕现象，在电晕处电线温度就会升高，将损失大量的电能，使输电经济效益下降。因此在高压输电线路中，需要把绞线外径加大，以减少电晕的产生，即采用扩径形钢芯铝绞线或其他形式的扩径形绞线。

1. 扩径铝绞线和扩径钢芯铝绞线

扩径铝绞线和扩径钢芯铝绞线，一般是在同心绞的基础上，采用复绞或龙骨式疏绕的办法来扩径，如图 9-12 所示。

从图 9-12 可以看出有下列三种扩径方式。第一种是用复绞线使铝绞线扩径。第二种是用复绞后再加一层

 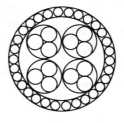 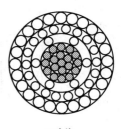

a) 复绞　　　　　　b) 复绞层绞　　　　　c) 疏绕

图 9-12　扩径绞线的形式

绞线的办法来扩径，其填充系数为 59%，扩径 27%。第三种是疏绕龙骨式扩径钢芯铝绞线，这是一种常用也是比较合理的扩径方法。

如 300mm^2 的扩径钢芯铝绞线，其结构为

钢绞：7/3.07　　　　　　　　　　（根/单线直径：mm）

铝绞第一层：7/3.07　　　　　　　（根/单线直径：mm）

铝绞第二层：10/3.07　　　　　　 （根/单线直径：mm）

铝绞第三层：24/3.07　　　　　　 （根/单线直径：mm）

在 7 根钢线上绞上 7 根铝线，就是龙骨式疏绕，然后再绞上（10+24）根线。外径为 27.63mm，相当于 400mm² 钢芯铝绞线的外径。

2. 空心扩径绞线

采用龙骨式来扩径，毕竟有一定的限度，而采用中空结构则可得到比较大的外径，如图 9-13 所示。

如图 9-13 所示，中间用金属软管或轧绞铝管支撑，其外绞 2 层铝线，内层铝线还隔一定距离夹镀锌钢丝，其结构为：金属软管或轧纹铝管外径 39mm，内层 35/3.0+7/3.0，即 35 根铝线夹 7 根钢丝，外层用 48/3.0 铝线。其外径可达 51mm，总截面积为 587mm²，总拉断力为 149kN。

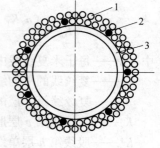

图 9-13 空心扩径绞线

四、绞线的结构及参数

1. 几种架空导线用裸绞线（执行 GB/T 1179—2017《圆线同心绞架空导线》）

（1）铝绞线 铝绞线由 GB/T 17048—2017《架空绞线用硬铝线》中规定的硬圆铝线绞制而成。铝绞线的强度较小，不能承受较大的外力，主要用于档距不大、受力较小的配电线路。铝绞线的规格范围为 16~1500mm²。JL 型铝绞线的结构尺寸、参数见表 9-7。

表 9-7　JL 型铝绞线的结构尺寸及主要技术参数

标称截面（铝）/mm²	计算面积/mm²	单线根数 n	直径		单位长度质量/（kg/km）	额定拉断力/kN	直流电阻20℃/（Ω/km）
			单线/mm	绞线/mm			
10	10.0	7	1.35	4.05	27.4	1.95	2.8578
16	16.1	7	1.71	5.13	44.0	3.05	1.7812
25	24.9	7	2.13	6.69	68.3	4.49	1.1480
35	34.4	7	2.50	7.50	94.1	6.01	0.8333
40	40.1	7	2.70	8.10	109.8	6.81	0.7144
50	49.5	7	3.00	9.00	135.5	8.41	0.5787
63	63.2	7	3.39	10.2	173.0	10.42	0.4532
70	71.3	7	3.60	10.8	195.1	11.40	0.4019
95	95.1	7	4.16	12.5	260.5	15.22	0.3010
100	100	19	2.59	13.0	275.4	17.02	0.2874
120	121	19	2.85	14.3	333.5	20.61	0.2374
125	125	19	2.89	14.5	343.0	21.19	0.2309
150	148	19	3.15	15.8	407.4	24.43	0.1943
160	160	19	3.27	16.4	439.1	26.33	0.1803
185	183	19	3.50	17.5	503.0	30.16	0.1574
200	200	19	3.66	18.3	550.0	31.98	0.1439
210	210	19	3.75	18.8	577.4	33.58	0.1371
240	239	19	4.00	20.0	657.0	38.20	0.1205
250	250	19	4.09	20.5	686.9	39.94	0.1153
300	298	37	3.20	22.4	820.7	49.10	0.0969
315	315	37	3.29	23.0	867.6	51.90	0.0917
400	400	37	3.71	26.0	1103.2	64.00	0.0721
450	451	37	3.94	27.6	1244.2	72.18	0.0639
500	503	37	4.16	29.1	1387.1	80.46	0.0573

（续）

标称截面（铝）/mm²	计算面积/mm²	单线根数 n	直径 单线/mm	直径 绞线/mm	单位长度质量/(kg/km)	额定拉断力/kN	直流电阻20℃/(Ω/km)
560	560	37	4.39	30.7	1544.7	89.61	0.0515
630	631	61	3.63	32.7	1743.8	101.0	0.0458
710	710	61	3.85	34.7	1961.5	113.6	0.0407
800	801	61	4.09	36.8	2213.7	128.2	0.0360
900	898	61	4.33	39.0	2481.1	143.7	0.0322
1000	1001	61	4.57	41.1	2763.8	160.1	0.0289
1120	1121	91	3.96	43.6	3099.2	170.4	0.0258
1250	1249	91	4.18	46.0	3453.1	189.8	0.0232
1400	1403	91	4.43	48.7	3878.5	213.2	0.0206
1500	1499	91	4.58	50.4	4145.6	227.9	0.0193

（2）铝合金绞线　铝合金绞线由 GB/T 23308—2009《架空绞线用铝-镁-硅合金圆线》规定的铝合金圆线绞制而成。铝合金铰线可代替一部分铝绞线或钢芯铝绞线用于架空输配线路上。相同截面的铝合金绞线与单层铝线的钢芯铝绞线相比，其交流电阻较小，故尤其适合于农村电网上的架空导线。

JLHA2、JLHA1 型高强度铝合金绞线的结构尺寸、参数见表9-8和表9-9。

表 9-8　JLHA2 高强度铝合金绞线性能（IEC 代号 A2）

标称截面积/mm²	计算面积/mm²	单线根数/n	直径/mm 单线	直径/mm 绞线	单位长度质量/(kg/km)	额定拉断力/kN	20℃直流电阻/(Ω/km)
16	16.1	7	1.71	5.13	44.0	4.74	2.0500
20	18.4	7	1.83	5.49	50.4	5.43	1.7900
25	24.9	7	2.13	6.39	68.3	7.36	1.3213
30	28.8	7	2.29	6.87	79.0	8.51	1.1431
35	34.9	7	2.52	7.56	95.6	10.30	0.9439
45	45.9	7	2.89	8.67	125.5	13.55	0.7177
50	50.1	7	3.02	9.06	137.3	14.79	0.6573
70	70.1	7	3.57	10.7	191.9	20.67	0.1703
75	72.4	7	3.63	10.9	198.4	21.37	0.4549
95	95.1	7	4.16	12.5	260.5	28.07	0.3464
120	115	19	2.78	13.9	317.3	34.02	0.2871
145	143	19	3.10	15.5	394.6	42.30	0.2309
150	150	19	3.17	15.9	412.6	44.24	0.2208
185	184	19	3.51	17.6	505.9	54.24	0.1801
210	210	19	3.75	18.8	577.4	61.91	0.1578
230	230	19	3.93	19.7	634.2	67.99	0.1437
240	240	19	4.01	20.1	660.3	70.79	0.1380
300	299	37	3.21	22.5	825.9	88.33	0.1109
360	362	37	3.53	24.7	998.8	106.8	0.0917
400	400	37	3.71	26.0	1103.2	118.0	0.0830
465	460	37	3.98	27.9	1269.6	135.8	0.0721
500	500	37	4.15	29.1	1380.4	147.6	0.0663
520	518	37	4.22	29.5	1427.4	152.7	0.0641
580	575	37	4.45	31.2	1587.2	169.8	0.0577
630	631	61	3.63	32.7	1743.8	186.2	0.0527
650	645	61	3.67	33.0	1782.4	190.4	0.0515
720	725	61	3.89	35.0	2002.5	213.9	0.0459
800	801	61	4.09	36.8	2213.7	236.4	0.0415
825	817	61	4.13	37.2	2257.2	241.1	0.0407
930	919	61	4.38	39.4	2538.8	271.1	0.0362

（续）

标称截面积 /mm²	计算面积 /mm²	单线根数 /n	直径/mm 单线	直径/mm 绞线	单位长度质量 /(kg/km)	额定拉断力 /kN	20℃直流电阻 (Ω/km)
1000	1001	61	4.57	41.1	2763.8	295.2	0.0332
1050	1037	91	3.81	41.9	2868.8	290.8	0.0321
1150	1161	91	4.03	44.3	3209.7	325.3	0.0287
1300	1291	91	4.25	46.8	3569.7	361.8	0.0258
1450	1441	91	4.49	49.4	3984.2	403.8	0.0231

表 9-9　JLHA1 高强度铝合金性能（IEC 代号 A3）

标称截面积 /mm²	计算面积 /mm²	单线根数 n	直径/mm 单线	直径/mm 绞线	单位长度质量 /(kg/km)	额定拉断力 /kN	20℃直流电阻 /(Ω/km)
16	16.1	7	1.71	5.13	44.0	5.22	2.0695
20	18.4	7	1.83	5.49	50.4	5.98	1.8070
25	24.9	7	2.13	6.39	68.3	8.11	1.3339
30	28.8	7	2.29	6.87	79.0	9.37	1.1540
35	34.9	7	2.52	7.56	95.6	11.35	0.9529
45	45.9	7	2.89	8.67	125.7	14.92	0.7246
50	50.1	7	3.02	9.06	137.3	16.30	0.6635
70	70.1	7	3.57	10.7	191.9	22.07	0.4748
75	72.4	7	3.63	10.9	198.4	22.82	0.4593
95	95.1	7	4.16	12.5	260.5	29.97	0.3497
120	115	19	2.78	13.9	317.3	37.48	0.2899
145	143	19	3.10	15.5	394.6	46.61	0.2331
150	150	19	3.17	15.9	412.6	48.74	0.2229
185	184	19	3.51	17.6	505.9	57.91	0.1818
210	210	19	3.75	18.8	577.4	66.10	0.1593
230	230	19	3.93	19.7	634.2	72.60	0.1451
240	240	19	4.01	20.1	660.3	75.59	0.1393
300	299	37	3.21	22.5	825.9	97.32	0.1119
360	362	37	3.53	24.7	998.8	114.1	0.0925
400	400	37	3.71	26.0	1103.2	126.0	0.0838
465	460	37	3.98	27.9	1269.6	145.0	0.0728
500	500	37	4.15	29.1	1380.4	157.7	0.0670
520	518	37	4.22	29.5	1427.4	163.0	0.0648
580	575	37	4.45	31.2	1587.2	181.3	0.0582
630	631	61	3.63	32.7	1743.8	198.9	0.0532
650	645	61	3.67	33.0	1782.4	203.3	0.0520
720	725	61	3.89	35.0	2002.5	228.4	0.0463
800	801	61	4.09	36.8	2213.7	252.5	0.0419
825	817	61	4.13	37.2	2257.2	257.4	0.0411
930	919	61	4.38	39.4	2538.8	289.5	0.0365
1000	1001	61	4.57	41.1	2763.8	315.2	0.0335
1050	1037	91	3.81	41.9	2868.8	310.5	0.0324
1150	1161	91	4.03	44.3	3209.7	347.4	0.0289
1300	1291	91	4.25	46.8	3569.7	386.3	0.0260
1450	1441	91	4.49	49.4	3984.2	431.2	0.0233

（3）钢芯铝绞线（防腐型） 钢芯铝绞线由硬圆铝线及镀锌钢线（符合 GB/T 3428—2012《架空绞线用镀锌钢线》）组合绞制而成。钢芯铝绞线规格尺寸用标称的铝截面积/标称的钢截面积表示，它是输电线路上最常用的一种导线，钢芯铝绞线的用量正随着电力行业的发展而逐年增加。除普通的钢芯铝绞线外，还有防腐钢芯铝绞线，仅在钢芯上涂防腐涂料的，称为轻型防腐芯铝绞线。在钢芯及内部各层铝线上涂防腐涂料的，称为中型防腐芯铝绞线。在外层铝线上也涂上防腐涂料的，称为重型防腐芯铝绞线。防腐钢芯铝绞线主要用在沿海及化工企业等有可能造成腐蚀的地区，可提高导线的使用寿命。

钢芯铝绞线中钢截面与铝截面之比的百分数，称为钢比。钢比越大，导线的强度越高。钢芯铝绞线可用在线路的大档距上或用作线路的架空地线。另外，钢芯铝绞线的结构还对导线的电性能产生影响。单层铝线的交流电阻最大，3 层铝线的次之。偶数层铝线的交流电阻最小。钢芯铝绞线的规格尺寸及主要参数见表 9-10。

2. 特种架空导线

为了适应不同的使用条件（如高电压、高海拔、防振、防冰、大容量和兼作通信等情况输电）的需要，国内外研究开发了许多特种架空导线，如扩径钢芯铝绞线（LGJK）、扩径空心导线（LGKK）、自阻尼导线（LGJZ）、钢芯软铝绞线、防冰雪导线、倍容量导线、压缩型导线和光纤复合架空地线（OPGW）等。

（1）扩径钢芯铝绞线 扩径钢芯铝绞线主要用作 500kV 变电所的软母线，规格范围为 $630\sim1250mm^2$，允许使用温度为 80℃。扩径钢芯铝绞线结构特点是用支撑铝线，将外径扩大，可减小导线表面的电场强度，从而可避免电晕放电，减小对无线电的干扰。扩径钢芯铝绞线具有适应不同海拔环境且高强度、耐腐蚀、使用寿命长、能改善"T"形接头连接质量的特点。扩径钢芯铝绞线规格尺寸及主要参数见表 9-11。

（2）扩径空心导线 扩径空心导线主要用作 330kV 及以上变电所的软母线。扩径空心导线用金属软管支撑将导线外径扩大，目的是产生可见电晕和减小对无线电的干扰，主要有标称截面积 $600mm^2$、$900mm^2$ 及 $1400mm^2$ 三种规格。扩径空心导线优点是扩大直径的效果较大；但支撑的金属软管不耐腐蚀，"T"形接头连接质量较差。扩径空心导线规格尺寸及主要参数见表 9-12。

（3）自阻尼导线 自阻尼导线的结构特点是在铝线和钢芯的层与层间，均留有一定的间隙，使导线在风激振动时，由于各层铝线和钢芯的固有振动频率各不相同而相互干扰，能自动消耗风激振动的能量，达到减振的效果。为了使层与层间形成间隙，一般铝线制成拱形。自阻尼导线的优点：可减小导线的疲劳断股，最高适用应力可达破坏强度的 60%，因此可加大线路档距，减小杆塔基数或降低杆塔高度，节约线路投资。依据不同适用场合，可选用不同强度的导线结构，$300mm^2$ 系列自阻尼导线技术参数见表 9-13。

（4）防冰雪导线 在重冰区的输电线路上，往往由于导线上覆冰过厚或积雪过多，发生断线倒杆的停电事故，造成巨大的经济损失，也容易引起导线舞动，损坏线路，所以研究开发了防冰雪导线。防冰雪导线有防雪环式的、带翼状的或低居里合金式的难积雪导线等多种形式。

（5）钢芯软铝绞线 钢芯软铝绞线（SSAC）与一般的钢芯铝绞线完全相同，但采用的全软化铝的电导率可高达 62%IACS，在运行中全部机械负荷基本由钢芯承担。钢芯软铝绞线正常运行温度可提高到 160℃，因此载流量可提高近一倍，还具有良好的自阻尼减振作用。几种典型的钢芯软铝绞线的结构尺寸与参数见表 9-14。

表9-10 JL/G1A, JL/G2A, JL/G3A, JL1/G1A, JL1/G2A, JL1/G3A, JL2/G1A, JL2/G2A, JL2/G3A 及 JL3/G1A, JL3/G2A, JL3/G3A 钢芯铝绞线性能

标称截面积(铝/钢)/mm²	钢比/(%)	计算面积/mm²			单线根数 n		单线直径/mm		直径/mm		单位长度质量/(kg/km)	额定拉断力/kN JL, JL1			额定拉断力/kN JL2, JL3			20℃直流电阻/(Ω/km)			
		铝	钢	总和	铝	钢	铝	钢	钢芯	绞线		G1A	G2A	G3A	G1A	G2A	G3A	L	L1	L2	L3
10/2	16.7	10.6	1.78	12.4	6	1	1.50	1.50	1.50	4.50	42.8	4.14	4.38	4.63	3.87	4.12	4.36	2.7062	2.6842	2.6625	2.6413
16/3	16.7	16.1	2.69	18.8	6	1	1.85	1.85	1.85	5.55	65.2	6.13	6.51	6.88	5.89	6.26	6.64	1.7791	1.7646	1.7504	1.7364
25/4	16.7	24.9	4.15	29.1	6	1	2.30	2.30	2.30	6.90	100.7	9.10	9.68	10.22	8.97	9.56	10.10	1.1510	1.1417	1.1325	1.1234
35/6	16.7	34.9	5.81	40.7	6	1	2.72	2.72	2.72	8.16	140.9	12.55	13.36	14.12	12.55	13.36	14.12	0.8230	0.8163	0.8097	0.8033
40/6	16.7	39.9	6.65	46.6	6	1	2.91	2.91	2.91	8.73	161.2	14.37	15.30	16.16	14.37	15.30	16.16	0.7190	0.7132	0.7074	0.7018
50/8	16.7	48.3	8.04	56.3	6	1	3.20	3.20	3.20	9.60	195.0	16.81	17.93	19.06	16.81	17.93	19.06	0.5946	0.5898	0.5850	0.5804
50/30	58.3	50.7	29.6	80.3	12	7	2.32	2.32	6.96	11.6	371.3	42.61	46.75	50.60	42.61	46.75	50.60	0.5693	0.5646	0.5601	0.5556
65/10	16.7	63.1	10.5	73.6	12	7	3.66	3.66	3.66	11.0	255.1	21.67	22.41	24.20	21.67	22.41	24.20	0.4546	0.4509	0.4472	0.4436
70/10	16.7	68.0	11.3	79.3	6	1	3.80	3.80	3.80	11.4	275.0	23.36	24.16	26.08	23.36	24.16	26.08	0.4217	0.4182	0.4149	0.4116
70/40	58.3	69.7	40.7	110	12	7	2.72	2.72	8.16	13.6	510.4	58.22	63.92	69.21	58.22	63.92	69.21	0.4141	0.4108	0.4075	0.4042
95/15	16.2	94.4	15.3	110	26	7	2.15	1.67	5.01	13.6	380.5	34.93	37.08	39.22	33.99	36.13	38.28	0.3059	0.3034	0.3010	0.2986
95/20	19.8	95.1	18.8	114	7	7	4.16	1.85	5.55	13.9	408.5	37.24	39.87	42.51	37.24	39.87	42.51	0.3020	0.2996	0.2972	0.2948
95/55	58.3	96.5	56.3	153	12	7	3.66	3.66	9.60	16.0	706.4	77.85	85.73	93.61	77.85	85.73	93.61	0.2992	0.2968	0.2944	0.2920
100/17	16.7	100	16.7	117	6	1	4.61	4.61	4.61	13.8	404.7	34.38	35.55	38.39	34.38	35.55	38.39	0.2865	0.2842	0.2819	0.2796
120/7	5.6	119	6.6	125	18	1	2.90	2.90	2.90	14.5	378.9	27.74	28.67	29.53	27.74	28.67	29.53	0.2422	0.2403	0.2383	0.2364
120/20	16.3	116	18.8	134	26	7	2.38	1.85	5.55	15.1	466.4	42.26	44.89	47.53	41.68	41.31	46.95	0.2496	0.2476	0.2456	0.2436
120/25	19.8	122	24.2	147	7	7	4.72	2.10	6.30	15.7	526.0	47.96	51.36	54.75	47.96	51.36	54.75	0.2346	0.2327	0.2308	0.2290
120/70	58.3	122	71.3	193	12	7	3.60	3.60	10.8	18.0	894.0	97.92	102.9	115.0	97.92	102.9	115.0	0.2364	0.2345	0.2326	0.2307
125/7	5.6	125	6.93	132	18	1	2.97	2.97	2.97	14.9	397.4	29.10	30.07	30.97	29.10	30.07	30.97	0.2310	0.2291	0.2272	0.2254
125/20	16.3	126	20.3	145	26	7	2.47	1.92	5.76	15.6	502.4	45.51	48.35	51.19	44.89	47.73	50.57	0.2618	0.2299	0.2280	0.2262

（续）

标称截面积（铝/钢）/mm²	钢比（%）	计算面积/mm²			单线根数 n		单线直径/mm		直径/mm		单位长度质量/（kg/km）	额定拉断力/kN JL、JL1、JL2、JL3			20℃直流电阻/（Ω/km）			
		铝	钢	总和	铝	钢	铝	钢	钢芯	绞线		G1A	G2A	G3A	L	L1	L2	L3
150/8	5.6	145	8.04	153	18	1	3.20	3.20	3.20	16.0	461.3	32.73	33.86	34.98	0.1990	0.1973	0.1957	0.1942
150/20	12.9	146	18.8	164	24	7	2.78	1.85	5.55	16.7	549.0	46.78	49.41	52.05	0.1981	0.1964	0.1949	0.1933
150/25	16.3	149	24.2	173	26	7	2.70	2.10	6.30	17.1	600.5	53.67	57.07	60.46	0.1940	0.1924	0.1908	0.1893
150/35	23.3	147	34.4	182	30	7	2.50	2.50	7.50	17.5	675.4	64.94	69.75	74.22	0.1962	0.1946	0.1930	0.1915
160/9	5.6	160	8.87	168	18	1	3.36	3.36	3.36	16.8	508.6	36.09	37.33	38.57	0.1805	0.1790	0.1775	0.1761
185/10	5.6	183	10.2	193	18	1	3.60	3.60	3.60	18.0	583.8	40.51	41.22	42.95	0.1572	0.1559	0.1547	0.1534
185/25	13.0	187	24.2	211	24	7	3.15	2.10	6.30	18.9	705.5	59.23	62.62	66.02	0.1543	0.1530	0.1518	0.1506
185/30	16.3	181	29.6	211	26	7	2.98	2.32	6.96	18.9	732.0	64.56	68.70	72.55	0.1592	0.1579	0.1567	0.1554
185/45	23.3	185	43.1	228	30	7	2.80	2.80	8.40	19.6	847.2	80.54	86.57	92.18	0.1564	0.1551	0.1539	0.1527
200/11	5.6	200	11.1	211	18	1	3.76	3.76	3.76	18.8	636.9	44.19	44.97	46.86	0.1441	0.1429	0.1418	0.1406
210/10	5.6	204	11.3	215	18	1	3.80	3.80	3.80	19.0	650.5	45.14	45.93	47.86	0.1411	0.1399	0.1388	0.1377
210/25	13.0	209	27.1	236	24	7	3.33	2.22	6.66	20.0	788.4	66.19	69.98	73.78	0.1380	0.1369	0.1358	0.1347
210/35	16.2	212	34.4	246	26	7	3.22	2.50	7.50	20.4	853.1	74.11	78.92	83.38	0.1364	0.1353	0.1342	0.1331
210/50	23.3	209	48.8	258	30	7	2.98	2.98	8.94	20.9	959.7	91.23	98.06	104.4	0.1381	0.1370	0.1359	0.1348
240/30	13.0	244	31.7	276	24	7	3.60	2.40	7.20	21.6	921.5	75.19	79.62	83.74	0.1181	0.1171	0.1162	0.1153
240/40	16.3	239	38.9	278	26	7	3.42	2.66	7.98	21.7	963.5	83.76	89.20	94.26	0.1209	0.1199	0.1189	0.1180
240/55	23.3	241	56.3	298	30	7	3.20	3.20	9.60	22.4	1106.6	101.7	109.6	117.5	0.1198	0.1188	0.1178	0.1169
250/25	9.8	250	24.5	274	22	7	3.80	2.11	6.33	21.5	879.4	68.56	71.99	75.41	0.1156	0.1147	0.1137	0.1128
250/40	16.3	250	40.7	291	26	7	3.50	2.72	8.16	22.2	1008.6	87.64	93.34	98.63	0.1154	0.1145	0.1136	0.1127
300/15	5.2	297	15.3	312	42	7	3.00	1.67	5.01	23.0	940.2	68.41	70.56	72.70	0.0973	0.0965	0.0958	0.0950

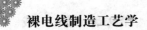

（续）

标称截面积（铝/钢）/mm²	钢比（%）	计算面积/mm² 铝	钢	总和	单线根数 n 铝	钢	单线直径/mm 铝	钢	直径/mm 钢芯	绞线	单位长度质量/(kg/km)	额定拉断力/kN JL,JL1,JL2,JL3 G1A	G2A	G3A	20℃直流电阻/(Ω/km) L	L1	L2	L3
300/20	6.2	303	18.8	322	45	7	2.93	1.85	5.55	23.1	985.4	73.60	76.23	78.86	0.0952	0.0945	0.0937	0.0929
300/25	8.8	306	27.1	333	48	7	2.85	2.22	6.66	23.8	1057.9	83.76	87.55	91.34	0.0944	0.0936	0.0928	0.0921
300/40	13.0	300	38.9	339	24	7	3.99	2.66	7.98	23.9	1132.0	92.36	97.81	102.9	0.0961	0.0954	0.0946	0.0938
300/50	16.3	300	48.8	348	26	7	3.83	2.98	8.94	24.3	1208.6	103.6	110.4	116.8	0.0964	0.0956	0.0948	0.0941
300/70	23.3	305	71.3	377	30	7	3.60	3.60	10.8	25.2	1400.6	127.2	132.2	144.3	0.0946	0.0939	0.0931	0.0924
315/22	6.9	316	21.8	338	45	7	2.99	1.99	5.97	23.9	1043.2	79.19	82.24	85.28	0.0914	0.0907	0.0900	0.0893
400/20	5.1	406	20.9	427	42	7	3.51	1.95	5.85	26.9	1286.3	89.48	92.41	95.31	0.0711	0.0705	0.0700	0.0691
400/25	6.9	392	27.1	419	45	7	3.33	2.22	6.66	26.6	1294.7	96.37	100.2	104.0	0.0737	0.0731	0.0725	0.0720
400/35	8.8	391	34.4	425	48	7	3.22	2.50	7.50	26.8	1348.6	103.7	108.5	112.9	0.0739	0.0733	0.0727	0.0721
400/50	13.0	400	51.8	452	54	7	3.07	3.07	9.21	27.6	1510.5	123.0	130.2	137.5	0.0724	0.0718	0.0712	0.0706
400/65	16.3	399	65.1	464	26	7	4.42	3.44	10.3	28.0	1610.0	135.4	144.5	153.6	0.0724	0.0718	0.0712	0.0706
400/95	22.9	408	93.3	501	30	19	4.16	2.50	12.5	29.1	1857.9	171.6	184.6	196.7	0.0709	0.0703	0.0697	0.0692
450/30	6.9	450	31.1	482	45	7	3.57	2.38	7.14	28.6	1488.0	107.6	111.9	116.0	0.0641	0.0636	0.0631	0.0626
450/60	13.0	451	58.4	509	54	7	3.26	3.26	9.78	29.3	1703.2	138.6	146.8	155.0	0.0642	0.0636	0.0631	0.0626
500/35	6.9	500	34.6	534	45	7	8.76	2.51	7.53	30.1	1651.3	119.4	124.3	128.8	0.0578	0.0574	0.0569	0.0564
500/45	8.8	489	43.1	532	48	7	3.60	2.80	8.40	30.0	1687.0	127.3	133.3	138.9	0.0587	0.0587	0.582	0.0577
500/65	13.0	499	64.7	564	54	7	3.43	3.43	10.3	30.9	1885.5	153.5	162.5	171.6	0.0580	0.0575	0.570	0.0566
560/40	6.9	560	38.6	598	45	7	3.98	2.65	7.95	31.8	1848.7	133.6	139.0	144.0	0.0516	0.0512	0.0508	0.0504
560/70	12.7	559	70.9	630	54	19	3.63	2.18	10.9	32.7	2101.8	172.4	182.3	192.2	0.0518	0.0513	0.0509	0.0505
630/45	6.9	629	43.4	673	45	7	4.22	2.81	8.43	33.8	2078.4	150.2	156.3	161.9	0.0459	0.0455	0.0452	0.0448

（续）

标称截面积（铝/钢）/mm²	钢比（%）	计算面积/mm²			单线根数 n		单线直径/mm		直径/mm		单位长度质量/(kg/km)	额定拉断力/kN			20℃直流电阻/(Ω/km)			
		铝	钢	总和	铝	钢	铝	钢	钢芯	绞线		JL、JL1、JL2、JL3			L	L1	L2	L3
												G1A	G2A	G3A				
630/55	8.8	640	56.3	696	48	7	4.12	3.20	9.60	34.3	2208.3	164.3	172.2	180.1	0.0452	0.0448	0.0444	0.0441
630/80	12.7	629	79.6	708	54	19	3.85	2.31	11.6	34.7	2363.1	191.4	202.5	212.9	0.0460	0.0456	0.0453	0.0449
710/50	6.9	709	49.2	758	45	7	4.48	2.99	8.97	35.9	2344.2	169.5	176.4	182.8	0.0407	0.0404	0.0401	0.0398
710/90	12.6	709	89.6	799	54	19	4.09	2.45	12.3	36.8	2664.6	215.6	228.2	239.8	0.0408	0.0404	0.0401	0.0398
720/50	6.9	725	50.1	775	45	7	4.53	3.02	9.06	36.2	2395.9	171.2	178.2	185.2	0.0398	0.0395	0.0392	0.0389
800/35	4.3	799	34.6	834	72	7	3.76	2.51	7.53	37.6	2481.7	159.0	163.6	167.9	0.0362	0.0359	0.0356	0.0353
800/55	6.9	814	56.3	871	45	7	4.80	3.20	9.60	38.4	2690.0	192.2	200.1	208.0	0.0355	0.0352	0.0349	0.0346
800/65	8.3	799	66.6	866	84	7	3.48	3.48	10.4	38.3	2731.7	194.8	203.7	212.5	0.0362	0.0359	0.0356	0.0354
800/70	8.8	808	71.3	879	48	7	4.63	3.60	10.8	38.6	2790.1	207.7	212.7	224.8	0.0358	0.0355	0.0352	0.0349
800/100	12.7	799	102	901	54	19	4.34	2.61	13.1	39.1	3006.6	243.7	257.9	271.1	0.0362	0.0359	0.0356	0.0353
900/40	4.3	900	38.9	939	72	7	3.99	2.66	7.98	39.9	2793.8	179.0	184.1	188.9	0.0321	0.0319	0.0316	0.0314
900/75	8.3	898	74.9	973	84	7	3.69	3.69	11.1	40.6	3071.3	214.8	219.7	231.8	0.0322	0.0320	0.0317	0.0314
1000/45	4.3	1002	43.1	1045	72	7	4.21	2.80	8.40	42.1	3108.8	199.0	204.8	210.1	0.0289	0.0286	0.0284	0.0282
1000/80	8.1	1003	81.7	1085	84	19	3.90	2.34	11.7	42.9	3418.0	241.0	251.9	262.0	0.0288	0.0286	0.0284	0.0282
1120/50	4.2	1120	47.3	1167	72	19	4.45	1.78	8.90	44.5	3467.7	222.8	229.1	235.3	0.0258	0.0256	0.0254	0.0252
1120/90	8.1	1120	91.0	1121	84	19	4.12	2.47	12.4	45.3	3813.4	268.8	280.9	292.2	0.0258	0.0256	0.0254	0.0252
1250/70	5.6	1252	70.1	1322	76	7	4.58	3.57	10.7	47.4	4011.1	263.5	268.2	279.5	0.0231	0.0229	0.0227	0.0225
1250/100	8.1	1248	102	1350	84	19	4.35	2.61	13.1	47.9	4252.3	299.8	313.4	325.9	0.0232	0.0230	0.0228	0.0226
1400/135	9.6	1400	134	1534	88	19	4.50	3.00	15.0	51.0	4926.4	358.2	376.0	392.6	0.0207	0.0205	0.0203	0.0202
1440/120	8.1	1439	117	1556	84	19	4.67	2.80	14.0	51.4	4899.7	345.4	361.0	375.4	0.0201	0.0200	0.0198	0.0196

表 9-11　扩径钢芯铝绞线的结构及主要技术参数

项目		单位	LGJK	LGJK—800	LGJK—1000	LGJK—1250
结构	铝线	mm	47/3.70	60/3.80	60/4.30	76/4.47
	支撑铝线	mm	等效 8/4.55	等效 8/4.60	等效 8/4.55	等效 4/4.60
	钢芯	mm	19/3.20	19/3.20	19/3.20	19/3.20
截面	铝	mm²	635.4	813.4	1001.4	1259.1
	钢	mm²	152.81	152.81	152.81	152.81
外径		mm	48.0	49.0	51.0	52.0
拉断力		kN	206	226	245	275
弹性模量		GPa	67.8	64.2	61.5	59.0
线胀系数		$10^{-6}/K$	15.5	16.2	17.7	21.5
单位重量		kg/km	2994	3491	4013	4713
直流电阻（20℃）		Ω/km	0.04643	0.03618	0.02931	0.02316
载流量（80℃）		A	1065	1215	1345	1490

表 9-12　扩径空心导线的结构及主要技术参数

项目		单位	GLGJ—60/265	GLGJ—80/200	GLGJ—140/420
结构	铝线	mm	83/3.00	18/3.00+62/4.00	15/3.00+102/4.00
	钢线	mm	7/3.00	12/3.00	15/3.00
	金属软管	mm	φ39.0	φ27.0	φ27.0
截面	铝线	mm²	587.0	906.4	1387.8
	钢芯	mm²	49.5	84.83	106.0
外径		mm	51.0	49.0	57.0
拉断力		kN	149.0	205.0	289.0
弹性模量		GPa	71.6	58.7	58.1
线胀系数		$10^{-6}/K$	19.9	20.4	20.8
直流电阻（20℃）		Ω/km	0.0506	0.03317	0.02163
载流量（80℃）		A	1025	1270	1602
单位重量		kg/km	2690	3620	5129

表 9-13　300mm² 系列自阻尼导线技术参数

项目		单位	LGJZ—300/15	LGJZ—300/21	LGJZ—300/39	LGJZ—300/48
截面积	铝	mm²	302.43	301.92	300.06	310.05
	钢	mm²	14.97	21.99	38.61	49.48
钢铝截面积比		%	4.95	7.28	12.87	15.96
外径		mm	22.6	23.0	23.8	24.6
拉断力		kN	53.4	61.0	79.3	92.7
弹性模量		GPa	64.7	67.2	72.6	75.5

（续）

项目	单位	LGJZ—300/15	LGJZ—300/21	LGJZ—300/39	LGJZ—300/48
线胀系数	10^{-6}/K	21.5	20.9	19.8	19.2
直流电阻（20℃）	Ω/km	0.0955	0.0956	0.0962	0.0913
单位长度质量	kg/km	952	1006	1131	1244

表 9-14　钢芯软铝绞线的结构尺寸及参数

铝截面积 /mm^2	结构/根 （铝/钢）	截面百分比（%）		计算拉断力		
		铝	钢	一般的钢芯 铝绞线/kN	钢芯铝绞线 /kN	为一般钢芯铝绞线 的百分数（%）
242	30/7	81	19	105.9	93.5	88
403	26/7	86	14	140.2	114.7	82
322	24/7	89	11	101.0	77.5	77
483	54/7	89	11	150.0	115.7	77
403	45/7	94	6	98.1	62.8	64

（6）间隙式导线　在自阻尼导线结构的基础上，产生了一种大容量间隙式导线。间隙式导线的导电部分采用电导率为 60% IACS 的耐热铝合金，钢芯采用高强度镀锌钢线，在钢芯与导体的间隙中，采用能在高温中长期使用而不致丧失防腐和润滑性能且不易挥发的硅润滑脂，防止因振动引起的冲击磨损，对钢线的镀锌层有保护作用。间隙式导线的长期连续使用温度可达 150℃，其载流量可提高到常规钢芯铝绞线的 1.6 倍。间隙式导线对振动能量的吸收也较大，有较好的自阻尼特性。标称截面积为 170~640mm^2 的间隙式导线的结构尺寸、参数见表 9-15。

表 9-15　间隙式钢芯耐热铝合金绞线的结构尺寸和性能

项目		单位	标称截面积/mm^2					
			170	200	260	350	410	640
结构	圆铝合金线	根/mm	—	18/2.90	19/3.15	16/4.10	18/4.0	38/4.10
	拱形铝合金线根数	根	12	12	12	10	10	10
	特强钢线	根/mm	7/2.60	7/2.90	7/3.20	7/3.10	7/3.50	7/3.10
	间隙	mm	1.2	1.2	1.2	1.2	1.2	1.2
外径	铝合金	mm	18.2	20.3	23.1	26.0	28.0	34.2
	钢芯	mm	7.8	8.7	9.6	9.3	10.5	9.8
计算截面积	铝合金	mm^2	171.0	195.6	261.3	352.4	409.1	642.7
	钢芯	mm^2	37.16	46.24	56.3	52.8	67.35	52.8
重量		kg/km	789	930	1198	1418	1695	2226

（续）

项目		单位	标称截面积/mm²					
			170	200	260	350	410	640
拉断力	绞线	kN	86.2	102.4	127.4	134.3	165.9	176.4
	钢芯	kN	59.0	73.6	89.6	84.0	106.9	84.0
最大电阻		Ω/km	0.172	0.15	0.113	0.0837	0.0721	0.0454
弹性模量		GPa	205.9	205.9	205.9	205.9	205.9	205.9
线胀系数		10^{-6}/K	11.5	11.5	11.5	11.5	11.5	11.5
载流量（150℃）		A	935	880	980	1190	1330	1755

（7）倍容量导线　倍容量导线由特耐热铝合金拱形线与铝包高强度殷瓦钢线组合绞制而成，其长期连续使用温度可达230℃，短时最高温度可高达290℃。倍容量导线与普通钢芯铝绞线在外径、重量及档距弧垂大致相同的情况下，其载流量约为普通钢芯铝绞线的两倍。特别适合于在旧的线路上需要增大负荷时使用。倍容量导线的结构和参数见表9-16。

表 9-16　倍容量导线的结构和参数

项目		单位	标称截面/mm²				
			160	240	320	400	600
结构	拱形特耐热铝合金	根数/mm	24/等效	24/等效	24/等效	24/等效	28/等效
			φ2.85	φ3.45	φ4.05	φ4.50	φ5.10
	铝包高强度殷钢	根数/mm	7/3.0	7/3.8	7/3.8	7/4.3	7/5.0
外径		mm	17.3	21.2	23.8	26.9	32.2
截面	铝合金（XTAL）	mm²	153.1	224.4	309.1	381.6	572.0
	铝包钢	mm²	49.48	79.38	79.38	101.6	137.5
最小拉断力		kN	68.7	102.5	114.1	139.9	197.3
单位长度重量		kg/km	774.6	1184	1418	1776	2556
直流电阻（20℃）		Ω/km	0.184	0.124	0.0924	0.0747	0.0503
弹性模量（230℃以下）		GPa	152	152	152	152	152
线胀系数（230℃以下）		10^{-6}/K	3.7	3.7	3.7	3.7	3.7
载流量（连续长期）	倍容量导线（230℃）	A	931	1223	1479	1724	2250
	钢芯铝导线（90℃）	A	454	593	713	829	1041
	增加率	倍	2.05	2.06	2.07	2.08	2.16

（8）异型导线

异型导线通常指压缩型钢芯铝绞线，用拱形铝线与镀锌钢线组合绞制而成，与普通的钢芯铝绞线相比，在外径相等的情况下，异型导线能增大铝截面约20%，直流电阻降低17%，交流电阻也较小，运行温度可提高到 95℃，载流量可大大提高，而对导线的强度无明显影响。另一方面，在异型导线与普通钢芯铝绞线截面相等情况下，异型导线的外径可减小 10%，且表面光滑，运行中风压负荷较小，表面不易结冰，能减小舞动的发生概率。又由于异型导线的股线与股线是面接触，在风激振动时能消耗较多的振动能量，即自阻尼性能也较好。

（9）光纤复合架空地线 光纤通信具有传输容量大、损耗小、抗电磁干扰、重量轻等优点。铝包钢线具有高的机械强度、高的导电性和良好的耐腐蚀能力。因此将光纤和铝包钢线的优异特性结合起来，形成了高性能的既可通信，又可作为地线的、新颖的光纤复合架空地线。

利用光纤复合架空地线架设的光纤通信线路，除了能满足电力生产调度、电力系统自动化对通道的需求外，还可面向社会，为有线电视、公安系统、银行系统，甚至为邮电系统提供通信服务，光纤复合架空地线与输电线架设在同一铁塔上，节省了一般光缆的敷设费用，而且性能可靠、稳定。中心管式 OPGW 的架空地线主要技术参数见表 9-17。

表 9-17 中心管式 OPGW 的架空地线主要技术参数

项目		单位	OPGW—65	OPGW—75	OPGW—85	OPGW—100	OPGW—100A
结构	铝包钢线	根数/mm	14/2.05	12/2.50	12/2.60	12/2.90	12/2.90
	无缝铝管	mm	7.4/5.8	7.5/5.8	7.8/5.8	8.7/6.8	8.7/6.8
外径		mm	11.50	12.50	13.00	14.50	14.50
截面积	铝包钢线		46.21	58.90	63.71	79.26	79.26
	无缝铝管	mm²	16.59	17.76	21.36	23.13	23.13
	总面积		62.80	76.66	85.07	102.39	102.39
单位重量		kg/km	380	470	512	625	568
弹性模量		GPa	120	122	122	125	110
线胀系数		10^{-6}/K	14.1	14.0	14.0	13.9	14.8
总拉断力		kN	57	72.5	78.5	97.5	78.8
直流电阻（20℃）		Ω/km	0.882	0.754	0.663	0.571	0.486
最高使用温度	长期	℃	80	80	80	80	80
	短期	℃	250	250	250	250	250
铝包钢线电导率		%IACS	20.3	20.3	20.3	20.3	27
最大光纤数		芯	8	8	8	16	16

3. 软接线（GB/T 12970—2009《电工软铜绞线》）

（1）软铜绞线 软铜绞线主要用于电气装备及电子电器或元件的连接用。按绞线的柔软程度，分为 TJR1、TJR2、TJR3 三个品种。镀锡软铜绞线分为 TJRX1、TJRX2、TJRX3 三个品种。TJR1、TJRX1 型软铜绞线的结构及技术参数见表 9-18。TJR2、TJRX2 型软铜绞线的结构及技术参数见表 9-19。TJR3、TJRX3 型软铜绞线的结构及技术参数见表 9-20。

表 9-18　TJR1、TJRX1 型软铜绞线的结构及技术参数

标称截面积/ mm²	计算截面积/ mm²	结构		计算外径/ mm	20℃直流电阻/ (Ω/km) ≤		单位长度重量/ (kg/km)
		单线总数/ 根	股数×根数/单线 直径/mm		TJR1	TJRX1	
1	2	3	4	5	6	7	8
0.10	0.102	9	9/0.12	0.44	176	179	0.94
(0.12)	0.124	7	7/0.15	0.45	145	147	1.15
0.16	0.159	9	9/0.15	0.56	113	115	1.47
(0.20)	0.194	11	11/0.15	0.60	92.9	94.4	1.80
0.25	0.247	14	14/0.15	0.68	72.9	74.1	2.29
(0.30)	0.300	17	17/0.15	0.74	60.3	61.3	2.80
0.40	0.408	13	13/0.20	0.86	44.2	44.9	3.79
0.50	0.503	16	16/0.20	0.96	36.0	36.6	4.70
0.63	0.628	20	20/0.20	1.05	28.8	29.3	5.86
(0.75)	0.754	24	24/0.20	1.14	24.0	24.4	7.04
1.00	1.01	32	32/0.20	1.30	17.9	18.2	9.43
1.60	1.57	32	32/0.25	1.63	11.5	11.7	14.7
(2.00)	1.96	40	40/0.25	1.82	9.24	9.39	18.3
2.5	2.41	49	7×7/0.25	2.25	7.58	7.92	22.7
4.0	3.94	49	7×7/0.32	2.88	4.64		37.1
6.3	6.16	49	7×7/0.40	3.60	2.97		58.0
10	10.01	49	7×7/0.51	4.59	1.83		94.3
16	15.84	84	7×12/0.49	6.17	1.16		150
25	25.08	133	19×7/0.49	7.35	0.736		239
(35)	35.14	133	19×7/0.58	8.70	0.525		334
40	40.15	133	19×7/0.62	9.30	0.459		382
(50)	48.30	133	19×7/0.68	10.20	0.382	—	459
63	62.72	189	27×7/0.65	12.00	0.294		597
(70)	68.64	189	27×7/0.68	12.53	0.269		653
80	78.20	259	37×7/0.62	13.02	0.236		744
(95)	94.06	259	37×7/0.68	14.28	0.196		895
100	99.68	259	37×7/0.70	14.70	0.185		948
(120)	117.67	324	27×12/0.68	17.39	0.157		1119
125	124.69	324	27×12/0.70	17.90	0.148		1186
160	162.86	324	27×12/0.80	20.20	0.113		1549
(185)	183.85	324	27×12/0.85	21.74	0.100		1749
200	196.15	444	37×12/0.75	21.80	0.0940		1866
250	251.95	444	37×12/0.85	24.72	0.0732		2397
315	310.58	703	37×19/0.75	26.25	0.0594		2954
400	398.92	703	37×19/0.85	29.75	0.0462		3795
500	498.30	703	37×19/0.95	33.25	0.0370		4740
630	627.1	1159	61×19/0.83	37.35	0.0294		5965
800	804.3	1159	61×19/0.94	42.30	0.0229		7651
1000	1003.6	1159	61×19/1.05	47.25	0.0184		9547

注：表中括号内的规格，为不推荐规格，应避免采用。

表 9-19 TJR2、TJRX2 型软铜绞线的结构及技术参数

标称截面积/ mm²	计算截面积/ mm²	结构		计算外径/ mm	20℃直流电阻/ (Ω/km) ≤		单位长度重量/ (kg/km)
		单线总数/ 根	股数×根数/ 单线直径/mm		TJR1	TJRX1	
2.5	2.47	140	7×20/0.15	2.369	7.40	7.73	23.3
4.0	3.96	126	7×18/0.20	3.00	4.62	4.82	37.3
6.3	6.16	196	7×28/0.20	3.72	2.97	3.10	58.0
10	9.90	315	7×45/0.20	4.62	1.85	1.93	93.3
16	15.83	504	12×42/0.20	6.18	1.16	1.23	150
25	25.07	798	19×42/0.20	7.45	0.736	0.781	238
(35)	35.41	1127	7×7×23/0.20	10.57	0.521	0.545	337
40	40.02	1274	7×7×26/0.20	10.62	0.461	0.482	381
(50)	49.26	1568	7×7×32/0.20	11.70	0.375	0.392	469
63	63.11	2009	7×7×41/0.20	13.32	0.292	0.305	600

注：表中括号内的规格，为不推荐规格，应避免采用。

表 9-20 TJR3、TJRX3 型软铜绞线的结构及技术参数

标称截面积/ mm²	计算截面积/ mm²	结构		计算外径/ mm	20℃直流电阻/ (Ω/km) ≤		单位长度重量/ (kg/km)
		单线总数/ 根	股数×根数/ 单线直径/mm		TJR1	TJRX1	
1	2	3	4	5	6	7	8
0.025	0.0255	13	13/0.05	0.22	707	759	0.24
0.04	0.0385	10	10/0.07	0.27	466	500	0.36
0.063	0.0616	16	16/0.07	0.34	294	316	0.58
0.10	0.100	26	26/0.07	0.42	181	194	0.93
0.16	0.158	41	41/0.07	0.52	115	123	1.47
0.25	0.250	65	65/0.07	0.65	72.4	77.7	2.33
(0.30)	0.296	77	7×11/0.07	0.84	61.7	64.5	2.79
0.40	0.404	105	7×15/0.07	0.97	45.2	48.5	3.81
(0.50)	0.512	133	7×19/0.07	1.05	35.7	38.3	4.82
0.63	0.620	161	7×23/0.07	1.18	29.5	31.7	5.84
(0.75)	0.754	196	7×28/0.07	1.28	24.2	26.0	7.11
1.0	0.997	259	7×37/0.07	1.47	18.3	19.6	9.40
1.6	1.57	408	12×34/0.07	1.97	11.70	12.6	14.8
2.5	2.49	646	19×34/0.07	2.35	7.41	7.96	23.7
4	4.03	513	19×27/0.10	3.08	4.58	4.79	38.3
6.3	6.27	798	19×42/0.10	3.73	2.94	3.07	59.6
10	10.00	1273	19×67/0.10	4.73	1.85	1.93	95.1
16	15.83	2016	12×7×24/0.10	7.18	1.16	1.21	150
25	25.07	3192	19×7×24/0.10	8.55	0.736	0.769	238
(35)	34.47	4389	19×7×33/0.10	9.90	0.535	0.559	328
40	39.96	2261	19×7×17/0.15	11.03	0.462	0.483	380
(50)	49.36	2793	19×7×21/0.15	12.15	0.374	0.391	470

（续）

标称截面积/ mm²	计算截面积/ mm²	结构		计算外径/ mm	20℃直流电阻/ (Ω/km)≤		单位长度重量/ (kg/km)
		单线总数/ 根	股数×根数/ 单线直径/mm		TJR1	TJRX1	
1	2	3	4	5	6	7	8
63	63.46	3591	19×7×27/0.15	13.50	0.291	0.304	604
(70)	70.51	3990	19×7×30/0.15	14.18	0.262	0.274	671
80	79.91	4522	19×7×34/0.15	15.08	0.231	0.241	760
(95)	94.01	5320	19×7×40/0.15	16.43	0.196	0.205	894
100	100.73	5700	19×12×25/0.15	18.27	0.183	0.191	958
(120)	120.87	6840	19×12×30/0.15	20.24	0.153	0.160	1150
125	127.59	7220	19×19×20/0.15	20.29	0.145	0.152	1214
160	159.49	9025	19×19×25/0.15	21.75	0.116	0.121	1517
(185)	185.00	10469	19×19×29/0.15	23.25	0.0997	0.104	1760
200	196.15	11100	37×12×25/0.15	25.58	0.0940	0.0982	1866
250	251.08	14208	37×12×32/0.15	28.67	0.0735	0.0768	2388
315	310.58	17575	37×19×25/0.15	30.45	0.0594	0.0621	2954
400	397.54	22496	37×19×32/0.15	34.13	0.0464	0.0485	3782
500	496.92	28120	37×19×40/0.15	38.06	0.0371	0.0388	4727

注：表中括号内的规格，为不推荐规格，应避免采用。

（2）软铜天线　软铜天线（TTR）主要用作通信用的架空天线。其规格、结构及技术参数见表9-21。

表9-21　软铜天线的规格、结构及技术参数

标称截面积/ mm²	计算截面积/ mm²	结构 股数×根数/单线 直径/mm	计算外径/ mm	单位长度重量/ (kg/km)	拉断力/ kN≥	20℃直流电阻/ (Ω/km)≤
1.0	0.958	7×7/0.16	1.44	9.0	0.16	18.0
1.6	1.54	7×7/0.20	1.80	14.1	0.26	11.5
2.5	2.41	7×7/0.25	2.25	22.1	0.40	7.37
4.0	3.94	7×7/0.32	2.88	36.1	0.66	4.51
6.3	6.16	7×7/0.40	3.60	56.4	1.03	2.88
10	10.01	7×7/0.51	4.59	91.7	1.67	1.77
16	16.26	7×7/0.65	5.85	149	2.71	1.09
25	24.63	7×7/0.80	7.20	226	4.11	0.72

◇◇◇ 第3节 绞线设备

　　绞线有诸多优点，大部分电缆线芯和裸电线都采用绞线结构。由单线到绞线的生产过程由绞线机来完成。绞线机种类很多，通常有以下的划分方法：

1）按照绞线机的结构特点（行业标准）来分：

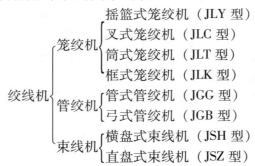

2）按照绞线机放线盘的位置不同来分：

绞线机 { 放线盘围绕设备中心旋转型式——笼绞机 / 放线盘在设备中心型式——管绞机 / 放线盘在设备之外——束线机 }

3）按照绞线机是否具有退扭功能（或放出的线是否被扭转）来分

绞线机 { 能退扭的绞线机，如 JLY 型、JG 型 / 不能退扭的绞线机，如 JLK 型、JLC 型 }

4）按绞线机绞合形式不同来分

绞线机 { 正规绞合绞线机，如 JL 型、JG 型 / 非正规绞合绞线机，如 JS 型 }

但无论什么形式的绞线机，其主要都由放线装置、绞体、线模座、牵引轮、收排线等几部分组成，如图 9-14 所示。除绞体外，其他几部分基本类似。

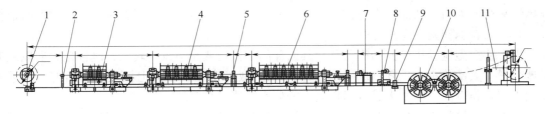

图 9-14　绞线机

1—放线架　2—井字导线架　3、4、6—绞体　5—线模座　7—校直装置
8—计米器　9—传动系统　10—牵引轮　11—收排线架

裸电线生产中常用的绞线机按绞体不同主要分为以下几种：

1. 管型管绞机

管型管绞机如图 9-15 所示，是绞合钢芯和小截面导线的设备，一般只有一个绞体，目前常见的有 6 盘和 12 盘两种，依据线盘大小又可以分为许多规格。架空导线生产主要用的管绞机有 500 型和 630 型。

管型管绞机由于管体回转半径比较小，

图 9-15　管型管绞机

转动惯量较小，所以转速很高，最高转速以 630 型为例，国内生产的设备在 400r/min 左右，国外在 900r/min 左右。早期的管绞机采用管体两端轴承支撑，管体中部采用托轮支撑，出厂前还要做动平衡，尽管如此，由于设备转速高，比较长的管体具有一定的挠性，依然会引起管体振动，从而导致噪声和冲击载荷。后来经过改进，把托轮换成大轴承，有效地避免了设备振动所引起的噪声和冲击载荷。管型管绞机是比较高效的绞线设备。但同样由于结构所限，只能实现单层绞合，使用范围受到限制，不能绞合大截面多层结构的导线。

管型管绞机是退扭型的绞线机。但是，在绞合过程中，单线依然会发生扭转，这种扭转在进入并线模之前又被校正过来，形成退扭效果。

2. 摇篮型笼绞机

摇篮型笼绞机如图 9-16 所示，是可以绞合多层单线的大型绞线设备，可以满足架空导线几乎全部类型的生产需要，也是出现比较早的绞线设备。摇篮型笼绞机绞体的结构外形很像一个笼子，然后把放线盘固定在笼子之中进行绞合作业。每一个笼子称为一段，可以绞合一次单线，一般设备由多段绞笼组成，每段绞笼可分别放置 6 个、12 个、18 个、24 个线盘。有两段、三段、四段笼绞机，根据放线盘外径的大小，又可分为 400 型、500 型、630 型等，架空导线常用的有 500 型和 630 型。

图 9-16 摇篮型笼绞机

摇篮型笼绞机是退扭型的绞线设备，在绞笼转动时，放线盘自身也在转动，使放线盘轴线始终平行于地面，从而实现退扭功能，这需要绞笼配备有专用的退扭装置，常用的有退扭环退扭和齿轮退扭两种退扭方式。

由于摇篮型笼绞机绞笼结构复杂，其内部的摇篮还要相对绞笼转动，刚性差，所以绞笼转速较慢，大部分都在 100r/min 以下，效率低，故障率稍高，但退扭效果非常好，目前主要用于绞合强度高、刚性大、有退扭要求的架空导线。

另外，摇篮型笼绞机还有一个衍生品种，就是钢丝装铠机，多用于钢丝铠装型电力电缆的生产。

3. 叉型笼绞机

叉型笼绞机又名叉式绞线机、叉绞机，如图 9-17 所示，它是在笼绞机的基础上发展而来的一种刚性绞线机，结构和笼绞机大体相似，但放线盘是固定在绞笼中，放线盘轴线始终与绞笼轴线空间垂直并保持不变（图 9-17）。放线盘被固定在绞笼中轴上的一个三角叉上，所以叫叉绞机。叉绞机绞笼的刚性要强于笼绞机，所以转速也要高一些。54 盘是最常见的叉绞机，通常转速可以达到 100r/min 左右，以 54 盘 630 型为例，12 盘、18

图 9-17 叉型笼绞机

盘、24 盘转速分别为 118r/min、97r/min、85r/min，比笼绞机提高了不少。

叉型笼绞机因其结构特征所限，不能退扭。

4. 框型笼绞机

框型笼绞机和叉型笼绞机类似，也是在笼绞机基础上发展而来的，但刚性比叉型笼绞机更强，所以转速比叉型笼绞机又有提高，以 54 盘 630 型为例，12 盘、18 盘、24 盘转速分别达到了 176r/min、150r/min、124r/min，甚至更高。框型笼绞机的使用大幅提高了绞线的生产效率，是目前各电缆生产厂家普遍使用的一款绞线机（图 9-18）。

图 9-18　框型笼绞机

由于框型笼绞机使用最为广泛，是目前导线和电缆线芯生产的主流设备，所以其技术进步也就得到了较快发展。框型笼绞机的上线由原来的单盘上线改为集中上线，框型笼绞机的集中上线装置又分为上方上线、侧方上线、侧下方上线、下方上线几种，最常用的是侧方和侧下方集中上线方式；放线盘直径由 500mm 提高到 630mm，再提高到 710mm；张力装置从摩擦带张力到气动摩擦盘在线调节张力，再到电动机控制在线调节张力，越来越先进稳定；传动装置从地轴传动到分电动机传动，有效地降低了设备的机械故障率和运行噪声。同时，因设备越来越复杂先进，造价也有相应提高。

5. 中心绞线机

中心绞线机是一种全新的绞线机，它不同于摇篮型笼绞机、叉型笼绞机和框型笼绞机的笼式主机绞体结构，而是在一根两端支撑于轴承座的中心管上套上多个同心的放线盘，单线由放线盘放出后由引线装置通过中心管上的开孔引入中心管内，然后沿中心管内壁到达分线器再进入并线模实现绞合动作（图 9-19）。

图 9-19　中心绞线机

由于放线盘是被固定在绞体之上的，所以放线盘不可以更换，上线时要把单线直接复绕到放线盘上再绞合，复绕都是由设备自动完成的，因此上线时工人的劳动强度要大大低于框型笼绞机等传统绞线机。中心绞线机有放线盘容量大、转速高、张力控制稳定的特点。

1）放线盘容量大。中心绞线机的放线盘容量很大，和 630 型框型笼绞机的放线盘比较，框型笼绞机 630mm 放线盘装铝线满盘可以达到 150～160kg，而中心绞线机的放线盘装满铝线可以达到 510kg，是 630 型框绞机的三倍多，因此可以实现大长度交货。以 400/35 导线为例，按国家电网公司 2500m 的标准交货长度，中心绞线机上一次线一次可以绞合 8～9 盘成品线，大幅降低了劳动强度，减少了停机时间，大大提高了生产效率。

2）转速高。由于采用同心式的绞体结构，使设备绞体外径大幅压缩至 1.1m 左右，转动惯量下降很多，同时由于上线后绞体的回转重量分布均匀，避免了冲击载荷，从而使转速得以成倍提高。框型笼绞机各绞体的转速是 120～180r/min，中心绞线机各绞体的转速均可以达到 500r/min。还以 400/35 导线为例，框型笼绞机最高出线速度是 25~28m/min，中心绞线机最高出线速度可以达到 104.6m/min。效率是框绞机的 4 倍。

3）张力控制稳定。中心绞线机的引线装置上设有设计巧妙的机械式张力调节系统，结构简单可靠，张力调节灵敏有效。

20 世纪七八十年代德国开始开发中心绞线机，20 世纪 90 年代形成生产能力以来，在全世界已推出多条生产线，主要使用在发达国家，不过近几年国内部分电缆设备厂家也在开发此种设备并研制出了样机。由于效率高，在不久的将来，中心绞线机有可能取代现在普遍使用的框型笼绞机成为主流的绞线设备。

6. 中心管式绞线机

中心管式绞线机原理和中心绞线机相同，作用和特点也基本相似，效率同样很高，它是把管型管绞机的放线盘轴线扭转 90°，使其与绞体同心，把单线引出至绞体管外进行绞合，内层线芯可以通过外层丝线放线盘的轴孔而实现多层绞合（图 9-20）。

这种绞线机也是国外开发的，但到目前尚未有投入使用的报道。

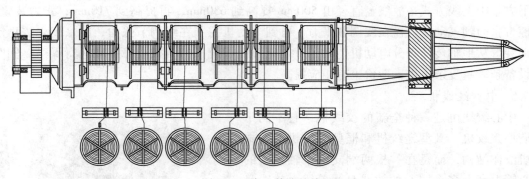

图 9-20　中心管式绞线机

◇◇◇　第 4 节　绞线工艺

一、绞线工艺概述

绞线工艺是由多方面因素确定的，主要有以下几方面：

（1）产品标准　在确定绞线工艺时，必须首先熟悉所生产产品的标准。标准有国家标准、行业标准、企业标准、中间控制标准，各种标准中，基本都包括以下内容：

1）产品的型号和结构。

2）对原材料的要求。

3）绞合方向。

4）绞合节距。

5）表面质量。

6）焊接要求。

7）制造长度。

8）包装和标志。

（2）根据产品的型号规格、结构、制造长度等各项要求，选择合适的设备　如果是型线绞合，为保证单线进入并线模前不发生翻转，绞线机每个绞笼还应加装定位压轮防扭转装置。

（3）通过传动系统计算和查阅设备说明书，调整转速、绞合方向、出线速度、排线节距　实际生产中，应根据生产计划单和机台的工艺技术文件进行调整。

（4）选择合适的收线盘，以满足制造长度的需要　装盘长度可按下式计算

$$L' = \frac{\pi p n (d_2 + pD)}{1000}$$

$$p = \frac{d_1 - d_2 - 2t}{2D}$$

$$n = \frac{0.95 l_2}{D}$$

式中　L'——装盘长度（m）；

$\quad\quad p$——卷绕层数；

$\quad\quad n$——每层卷绕圈数；

$\quad d_1$——侧板直径（mm）；

$\quad d_2$——筒体直径（mm）；

$\quad l_2$——电缆盘两侧板内侧之间的净距离（mm）；

$\quad\quad D$——线缆外径（mm）；

$\quad\quad t$——装盘余量（mm）。

计算中，π 按 3.1416 计算，计算出的 p、n 及 L' 只取整数部分，不进位。

盘芯直径一般为绞线外径的 30 倍左右。

（5）准备好工装模具，如线嘴、导管、并线模等　并线模孔径的选择应根据绞线的外径确定，当并线模用木质或胶木、尼龙等材料制造时，其孔径应比绞线外径略小 0.1~0.3mm，而当采用硬质合金、钢等材料制造时，应使孔径等于绞线外径或略大 0.1~0.2mm。

（6）接头方法和使用的接头设备　根据产品材料性能和具体要求选择，钢、铝、铜可用电阻焊，铜有用电阻焊的，也有用银焊的。用于架空裸绞线的铝及铝合金单线宜采用冷压焊工艺。冷压焊是在常温下对接头处施加很大的轴向压力，使接头处金属产生强烈塑性变形，在变形时，表面的氧化膜破裂，并通过材料的塑性变形被挤出连接界面，使纯金属相互接触，并发生金属键结合而形成牢固的连接接头，使单线"焊接"起来。冷压焊的最大优点是能保证接头抗拉强度。在实际生产中应注意，用于架空的裸绞线，单根或多根镀锌钢线或铝包钢线均不应有任何形式的接头，铝（合金）绞线和钢（铝包钢）芯铝（合金）绞线中的铝（合金）单线允许有接头，但制造长度内允许的接头数应符合相关的规定，两接头间的距离不低于 15m，接头应与原单线的几何形状一致，如接头应修光，使其直径等于原单

线的直径，而且不应弯折。

（7）准备好原材料和在制品，经检验，确认合格后，方可投产。

（8）对生产的第一根绞线要进行严格的自检、互检和专检，以修正工艺数据，保证产品质量。

（9）生产的产品，都要附有明显标志，注明产品型号、规格、制造者、制造长度、生产日期和重量等信息，经专检合格后，方可进行包装入库或流入下道工序使用。出厂的产品应附有制造厂的产品质量合格证。

（10）生产中还必须要注意以下几点：

1）注意设备和人身安全，特别注意安全销。

2）认真调节放线和收线张力。

3）对磨损的线嘴、导管、导轮和并线模等要及时更换。

4）单线在分线器中应分布均匀。

5）不合格的原材料和在制品、工装模具、盘具等，不得上机使用。

6）收排线要紧密平整，无乱线、压线现象。

7）对于有特殊要求的架空导线，为避免导线自重及摩擦等原因造成的导线表面损伤，在收线时还应采取垫纸等措施。

8）注意防止搬运、包装等辅助工序对产品的损伤。

二、绞合工艺生产实例

表 9-22 是实际生产中 JL1/G3A—1250/70—76/7 钢芯铝绞线的绞合工艺卡，表中一些数字的结果，将在表后的说明中解释。

表 9-22　JL1/G3A—1250/70—76/7 钢芯铝绞线绞合工艺卡

标称面积		绞线结构								计算外径/mm				线模孔径/mm			
mm²		铝单线					钢线			12 盘绞笼	18 盘绞笼	24 盘绞笼	30 盘绞笼	12 盘绞笼	18 盘绞笼	24 盘绞笼	30 盘绞笼
铝	钢	根数				单线直径	根数	单线直径/mm	绞向								
		12 盘	18 盘	24 盘	30 盘	mm											
1250	70	10	16	22	28	4.58	7	3.57	右	19.9	29	38.19	47.4	19.0	28.0	37.0	46.0

节距/mm				节距倍数				绞向				转速/（r/min）				牵引速度		交货长度	重量
12 盘	18 盘	24 盘	30 盘	12 盘	18 盘	24 盘	30 盘	12 盘	18 盘	24 盘	30 盘	12 盘	18 盘	24 盘	30 盘	m/min	档位	m	kg/km
293	388	443	508	14.7	13.4	11.6	10.7	左	右	左	右	118	89	78	68	34.52	30	2500	4011

说明：

1. 绞线名称

由 76 根 1070A 型硬铝线和 7 根 A 级镀层 3 级强度镀锌钢线绞制成的钢芯铝绞线，硬铝线的标称截面积为 1250mm²，钢线的标称截面积为 70mm²。

2. 排列结构

钢芯：1+6　钢绞线外径 $D_0 = 3d_{钢} = 3 \times 3.57mm = 10.71mm$

第一层铝线根数 $Z_1 = \pi(D_0 + d_铝)/d_铝 = 3.14 \times (10.71mm + 4.58mm)/4.58mm \approx 10$

第二层铝线根数 $Z_2 = Z_1 + 6 = 16$

第三层铝线根数 $Z_3 = Z_2 + 6 = 22$

第四层铝线根数 $Z_4 = Z_3 + 6 = 28$

3. 计算外径

第一层铝线外径 $D_1 = D_0 + 2d_铝 = 19.87mm$

第二层铝线外径 $D_2 = D_1 + 2d_铝 = 29.03mm$

第三层铝线外径 $D_3 = D_2 + 2d_铝 = 38.19mm$

第四层铝线外径 $D_4 = D_3 + 2d_铝 = 47.35mm$

4. 计算节距

第一层铝线节距：

$$h_1 = 1000\frac{V}{n_1} = \left(1000 \times \frac{34.52}{118}\right) mm = 293mm$$

第二层铝线节距：

$$h_2 = 1000\frac{V}{n_2} = \left(1000 \times \frac{34.52}{89}\right) mm = 388mm$$

第三层铝线节距：

$$h_3 = 1000\frac{V}{n_3} = \left(1000 \times \frac{34.52}{78}\right) mm = 443mm$$

第四层铝线节距：

$$h_4 = 1000\frac{V}{n_4} = \left(1000 \times \frac{34.52}{68}\right) mm = 508mm$$

5. 计算节距倍数

第一层铝线节距倍数：

$$m_1 = h_1/D_1 = 293mm/19.87mm = 14.7$$

第二层铝线节距倍数：

$$m_2 = h_2/D_2 = 388mm/29.03mm = 13.4$$

第三层铝线节距倍数：

$$m_3 = h_3/D_3 = 443mm/38.19mm = 11.6$$

第四层铝线节距倍数：

$$m_4 = h_4/D_4 = 508mm/47.35mm = 10.7$$

四、绞合工艺记录

表 9-23 是实际生产中常见的绞线工序生产记录格式。为了保证制造产品的可追溯性，便于相关部门进行生产统计，根据实际生产情况，应填写生产工艺记录，内容和时间由制造人员如实填写，字迹清楚、页面清洁、保存完好。

表9-23 绞线工序生产记录

机台：　　　机长　　　辅助工：　　　班次：　　　日期：

本班领用

型号规格	盘数	重量/kg	自检记录

规格型号

检验情况	第一层			第二层			第三层			第四层			第五层			钢丝表面质量	钢丝外径/mm	铝（铜）单丝表面质量	铝（铜）单丝外径/mm	铝（铜）丝外观	节距	检验状态	自检签名
	节距/mm	外径/mm	绞向	节距/mm	外径/mm	绞向	节距/mm	外径/mm	绞向	节距/mm	外径/mm	绞向	节距/mm	外径/mm	绞向								
首检																							
中检																							
末检																							

生产收盘记录

成品盘号	盘具尺寸	盘重/kg	产品数量/m	合格品数量总计/m	不合格品数量总计/m	不合格原因	自检状态	状态	自检签名

成品线单丝编号及自检情况

内层	首检	
	中检	
	末检	
邻内层	首检	
	中检	
	末检	
邻外层	首检	
	中检	
	末检	
外层	首检	
	中检	
	末检	

设备运行及检修记录

设备正常运行时间：　　　其他工作内容：

检修记录：检修人员：　　　检修时间：

检修状态：　　　机长确认：

废品量/kg　　　工时

交接班记录　　工具：　　重量：　　设备运行状态：　　接班人：

车间负责人：

班长：　　　调度：

◇◇◇ 第 5 节　常见质量问题及原因分析

　　不论绞线的绞合过程如何简单，如不遵守操作工艺规程都将造成废品，有些可以修复，有些则会造成无法挽回的损失。

　　绞线绞合的主要废品类型有：扭绞过度（过扭），缺根少股，表面损伤，跳线（骑马），松股，蛇形，收绕乱线和压伤，结构不符合标准，导线表面油污，导线表面划伤，导线划痕等。

　　下面简要分析一下各种废品类型产生的原因。

　　1. 扭绞过度（过扭）

　　扭绞过度是由于绞线部分旋转时，收线张力过小、收线或牵引停止、绞线在牵引轮上绕的圈数过少所造成的。当扭绞过度已造成单线或绞线严重损伤时，则制品将无法修复而报废。如果扭绞过度但并不严重，单线和绞线并无损伤时可采用下述方法修复：使绞线部分向原绞合方向相反的方向转动，此工序最好人工进行，使扭绞过度处松散开来，把单线修整平直，并转动放线盘把它们拉紧，再重新绞合。

　　2. 表面损伤

　　表面损伤往往是没有及时更换线嘴、并线模等引起的，也有由于设备上有部位与绞线有摩擦处，如牵引轮面、排线杆等不光滑引起，也有由于放线盘、收线盘不圆整，盘缘刮线造成的。表面损伤缺陷的危害一是影响导线表面质量，二是在导线运行时，由于导体的不平滑而产生电晕。因此一旦发现绞线表面有划伤现象，应立即从设备或模具方面排查原因。引起绞线表面划伤的原因很多，必须细心观察，找出原因，对症下药，才能解决。

　　3. 跳线（骑马）

　　跳线往往是由于并线模孔径过大造成的，也有由于单线在分线器中分布不均匀，并线模与分线器距离不合适造成的。

　　4. 乱线、压伤、结构不符合标准

　　当发生收绕乱线、压伤、结构不符合标准问题时，一般应着重检查人为原因，缺陷往往是由于粗心大意造成的，设备出现故障而又没有进行及时检修也是造成这些缺陷的主要原因之一。

　　5. 绞制空心导线的缺陷

　　绞制空心导线时，往往出现锁接不合的缺陷，这可能是由于个别单线的形状尺寸偏差造成的，或由于芯头与并线模孔装置的不正确造成。由于空心导线大都用于超高压输电，因此，应特别注意它的表面质量。

　　6. 导线表面油污

　　架空输电线路用的导线，常因表面质量问题遭到顾客的质疑甚至于退货，这种现象主要在拉线工序中产生，其产生的主要原因有以下几点：

　　1）成品拉线模尺寸选择过大，压缩比较小，拉线模工作区域较短，不足以去掉导线表面的油污。

2）润滑剂温度过低，黏度较大，不容易挥发，致使润滑剂粘附在铝丝表面。

3）成品模出线口处擦线毛毡太脏。

4）绞线时，绞线机体或牵引轮太脏。

5）牵引轮下积水太多。

6）拉线机断线，焊接后油渍未擦拭干净。

针对上述原因，为避免导线表面油污的产生，在拉线时应选择合适的拉线模，调节好润滑油脂温度，经常更换擦线毛毡，绞线时保持绞线设备和模具的清洁、无油污。

7. 导线划痕

导线连续的划痕是产生电晕最常见的原因，而电晕是电力系统中最重要的电能损耗原因之一。为了避免导线划痕的发生，在生产中应从以下几个方面进行控制：首先从导体本身来考虑，第一保证铝杆不受潮，铝杆受潮会造成拉线模工作区铝屑滞留，润滑油不能全部进入工作区，从而导致拉出来的铝线不圆整、不光滑。第二应保证润滑剂清洁，不含水分。由于在拉线过程中，润滑剂由润滑区进入工作区时处于高温状态，如果含有一定的水分，会使润滑油被稀释，润滑效果大大降低，从而造成导线划痕及铝线断头。其次从生产方面考虑，应注意以下问题：

拉线工序中：①检查拉线机模具是否放置准确；②检查拉线鼓轮是否有摩擦后产生的沟槽，以及是否有压线现象；③检查拉线模具润滑区表面粗糙度是否符合要求，以及有无铝屑堵塞现象；④科学合理地采用盘具运输方式，避免误伤行为。

绞线工序中：①检查线盘顶尖是否转动灵活；②检查线盘张力是否均匀一致；③检查单线是否有轻微压线或排线不平整现象；④检查绞合时单线是否在导轮的槽内。

8. 导线松散和蛇形弯

在质量事故中比较多见的是导线放线时产生"灯笼花"（导线中间鼓起），分析其原因，除了有放线设备和放线技术的原因外，主要是由于导线松散和蛇形弯引起的。"灯笼花"严重时，会造成整根导线报废，因此在生产中一定要加以控制。为防止导线松散，应采取以下措施：

1）导线绞合时要调整好线盘放线张力，张力大小要靠在平时工作中的经验积累，一般有经验的操作工都应该能将张力调节到适宜的要求。

2）选择并线模时，要求并线模孔径比绞线外径小 0.3～0.5mm。

3）调整好预扭装置，使单线在绞前呈"S"形，以便于消除单线在绞制过程中产生的内应力。

4）绞合过程中尽量减少停机次数，最好是同一根绞线按照同一固定的车速生产，以防车速不均或停机/开机造成导线绞合节距不同，从而引起导线松散。

5）绞合使用的钢芯要预先进行检查，保证其没有松散现象；导线绞合时，钢芯应保持足够的恒定的放线张力。

6）采用标准中许可的节径比。

为有效避免导线蛇形弯的产生，应采取以下措施：

1）线盘放线张力要调整到合适的松紧程度。

2）分线盘要分线均匀。

3）单线抗拉强度应统一在规定的范围内。

4）退扭装置角度的调整应统一。

5）保证钢芯不存在蛇形弯，且放线张力要一致。

6）退扭方向应与绞合方向相反。

9. 导线断线和少根数

在质量事故中比较多见的还有导线断线或缺根数，其原因是多方面的，如放线盘上乱线、接头不牢、线被卡住、放线张力过大等。除了放线设备和放线技术的原因外，还有的是由人为和铝杆质量引起的。断线不接或少根数会造成整根导线报废，因此在生产中一定要控制。为防止此类现象发生，应采取以下措施：

1）导线绞合时要调整好线盘放线张力，张力大小要靠在平时工作中的经验积累，一般有经验的操作工都应该能将张力调节到适宜的要求，避免经常性断线。

2）应提高技术员和操作工的拉线配模水平，科学配模。

3）选用对应的铝杆，拉制相应的单线，以便单线强度在绞制过程中满足生产需要。

4）避免因操作工粗心或绞线断线保护不到位，防止在生产过程中断线不接或直接少上单线。

除以上质量问题以外，原料铝杆的缺陷带来的质量问题也不容忽视。例如，轧机熔炉温度过低，会引起铝杆内有气孔；若熔炉内炉渣清除不彻底，会在铝杆内产生砂眼；若轧机模具表面不光滑，会使铝杆产生飞边；熔铝时加入的添加剂不合理，会造成导体强度或电性能不符合要求。所有这些缺陷都将给成品导线埋下隐患，造成质量事故。因此，要生产出合格的导线，应从轧机到拉线到绞线，以及钢线或钢绞线的采购，每道环节都要进行质量控制，以保证能生产出品质优良的导线。

思 考 题

1. 与同截面的单线相比，绞线有什么特点？

2. 计算 19/0.64mm 绞线外径，并选配线模孔径尺寸。

3. 计算 19/3.5mm，截面为 185mm^2 裸铝绞线千米重（已知内层绞入系数为 1.015，外层绞入系数为 1.023，铝线的密度为 2.7g/cm^3）。

4. 简述绞线机的工作原理。

5. JG—500/6 型管式管绞机生产 1/3.8mm 钢芯+6/3.8mm 铝线，已知绞线外径为 11.4mm，管体转速为 350r/min，节径比为 12.28，求绞线的绞制速度（准确到小数点 1 位）。

6. 为什么同心式绞合的每一层单线的绞向都相反？

7. 论述架空钢芯铝绞线产生腐蚀的原因及提高导线耐蚀能力的措施。

8. 说出绞线松股的原因及解决方法。

9. 解释退扭绞合、无退扭绞合及预扭的含义。

10. 异形线绞合时，应注意哪些问题？

第10章

裸电线发展及前景展望

裸电线产品，作为电线电缆产品的重要大类，其发展前景对电线电缆行业的发展起到举足轻重的作用。下面就工艺、材料、产品三个主要的方面分析和思考裸电线产品的发展前景。

一、裸电线工艺方面发展前景

1）铜杆生产工艺中，浸涂法和上引法生产的无氧电工圆铜杆比重将进一步加大，横列式轧机生产的黑铜杆因质量差，产能落后，造成材料浪费严重，必将迅速淘汰。我国电线产品在质量上要想达到和超越世界发达国家的水平，必须有质量稳定的高品位铜做保证。随着铜连铸连轧设备技术和火法精炼工艺的成熟，铜精轧生产工艺效率高，速度快，品质佳，值得大力推广。

2）针对稀土金属对铜材进行优化处理的方法，将逐步研究出稳定的工艺方案，各类铜合金产品的研制技术开发对未来电线电缆的发展意义重大。

3）对于铝及铝合金连铸连轧，随着设备智能化的提升和在线信息化的有效应用，将使合金配方精准，温度精确测量及反馈控制，在线精炼除气、冷却，铸锭温度保持或在线加温及轧机良好状态监控反馈，自动双盘收线等工艺技术得到有效保证，对未来连铸连轧铝及铝合金杆生产技术和导电材料品质的飞跃发展意义重大。

4）稀土优化综合处理技术和 8000 系列铝合金电工杆微量金属配方优化技术改善了铝材连接性能，作为导电线芯将会在电线电缆生产中得到广泛应用。

5）异型裸电线导体挤制生产工艺在我国还处于初级阶段，其工艺装备完全依赖进口。随着市场需求的不断增加，加大国产化力度将成为未来的主要趋势。

6）铜包钢线在我国主要使用电镀法生产工艺，难以生产出合格的电导率为 40%IACS 的铜包钢线。焊接包覆法生产的铜包铜线产品占很少的比例，连续挤压法能连续不断地生产，钢铜结合力好，未来将越来越多的在生产中采用。

二、裸电线生产材料方面的发展前景

铜合金产品近几年发展迅速，特别是高速列车使用的锡铜合金、镁铜合金产品，在近几年需求量迅速增加，未来抗拉强度≥600MPa，电导率≥80%IACS 的铜合金产品需求量将越来越多，期待更多的接触性能好、强度高、导电性能好的铜合金产品不断出现。

1. 铝合金产品

1）高强度铝合金。高强度铝合金产品在我国实际使用量很有限，远远没有广泛应用，一是因为性能不稳定，二是因为价格偏高。虽然铝合金产品发展了很多年，但在稳定提高产品性能、降低生产成本方面还有一段很长的路要走。

2）耐热铝合金。我国耐热铝合金产品目前使用量不大，主要用于线路增容改造，以提高输送电流。一般耐热合金导线工作温度为 150~180℃，工作温度为 210℃及以上的新型耐热铝合金产品需要进一步研制和推广，将首先用于我国航空航天和军工产品。

3）高导电铝合金导线。高导电铝合金导线已逐渐在高压输电线路中得到应用，全铝合金绞线成为输电线路性能优良的导体，减少了线路损耗，节约了电能，经济效益显著。

2. 钢线

1）5%（质量分数）及以上含量的锌铝稀土合金镀层钢线，能将耐蚀性提高 2~3 倍，如果能确保镀层质量，该产品将有广阔的前景。

2）重镀特高强度钢线在我国基本属于空白，开发研制该产品市场前景广阔，效益好。

3）铝包钢线，因铝钢结合力非常好，机械强度高，耐蚀性非常好，导电性能比镀锌钢线优越得多，适用于大跨越架空导线、架空地线、避雷通信线、自阻尼线等，特别是适用于有盐雾的海岸地带和有 SO_2 气体等的工业区作输电导线。

三、裸电线产品发展前景展望

1. 高强度铝合金产品

（1）产品简介　现在国际上流行的高强度铝合金产品，主要是铝镁硅合金产品。在国际上，铝镁硅型的高强度铝合金导线已有七十余年的使用历史，由于它具有的优点和对其生产工艺的不断改进，使得其更具有实际使用价值。在欧洲，以法国为代表，在输电线路上大量采用该种导线，占线路总长的绝大部分，日本采用高强度铝合金导线的输电线路在 50%以上；美国和加拿大也有很大的使用比例。即使像印度、印度尼西亚、菲律宾等也都将高强度铝合金导线用于输电线路。

如果把全铝合金绞线与钢芯铝绞线作比较，在相同的单位重量下，全铝合金绞线有直流电阻小、载流量大、拉力大、拉力单重比大等优点；在相同载流量条件下比较，铝合金导线有重量轻、拉力大、拉力单重比更大等优点。铝合金导线为单一材料的导线，易安装施工。全铝合金绞线所具有的优点表现在线路建设中可加大档距，减少杆塔数目，或降低杆塔高度，降低工程造价，因此受到电力部门的欢迎。

当前世界电力工业的发展，一方面是发达国家多数已把国内甚至跨国电网进行互联，这需通过大容量远距离输电来完成，这些线路采用新型材料，能减少电能损耗，延长线路使用寿命。另一方面，像东南亚和南美地区的发展中国家，大规模的电网建设方兴未艾，大规模的大容量远距离送电需要是这些国家的现状。

（2）产品标准　GB/T 1179《圆线同心绞架空导线》；IEC 61089《圆线同心绞架空导线》；ASTM B 399/B 399M《同心绞 6201-T81 铝合金绞线》；BS EN 50182《架空线——圆线同心绞导体》。

（3）产品名称、型号和 IEC 代号　见表 10-1。

表 10-1　高强度铝合金产品名称、型号和 IEC 代号

名称	国家标准型号	IEC 代号
铝合金绞线	JLHA2、JLHA1	A2、A3

2. 耐热铝合金产品

（1）产品简介　耐热铝合金产品共有两种型号，其电导率分别为 58% IACS 和 60%

IACS，抗拉强度为 160MPa，长期工作温度为 150℃。耐热铝合金导线用于电站、变电站，特别是城市改造时可用作增容导线，便于对老线路进行改造。铝合金的另一个发展方向是高强度耐热铝合金，高强度高导电铝合金。现在研制的耐热铝合金产品仍在不断地发展，其长期工作温度又有了新的提高，有 180℃、230℃、315℃。

常见的耐热铝合金导线有钢芯耐热铝合金绞线（TACSR）和间隙型钢芯耐热铝合金绞线（GTACSR）。根据使用的耐热铝合金的型号，把 58%IACS 耐热铝合金制成的钢芯耐热铝合金导线称为 58TACSR，把 60% IACS 耐热铝合金制成的钢芯耐热铝合金导线称为 60TACSR。据计算，TACSR 的连续允许载流量大约为 ACSR 的 1.6 倍，短时允许载流量达 1.36 倍。

（2）产品名称、型号　钢芯耐热铝合金绞线：JNRLH58/G1A、JNRLH58/G1B、JNR-LH58/G2A、JNRLH58/G2B、JNRLH58/G3A、JNRLH60/G1A、JNRLH60/G1B、JNRLH60/G2A、JNRLH60/G2B、JNRLH60/G3A。

铝包钢芯耐热铝合金绞线：JNRLH58/LB1A、JNRLH58/LB1B、JNRLH58/LB2、JNRLH60/LB1A、JNRLH60/LB1B、JNRLH60/LB2。

3. 铝合金导体线芯

（1）产品简介　在 20 世纪 60 年代以前，国际上（包括国内）都是使用铜电缆，到了 20 世纪 60 年代初，国际上出现铜资源短缺的现象，于是从发达国家到国内，都开始大力推广使用铝电缆。从铝电缆的开始应用到 20 世纪 70 年代中期，铝电缆陆续出现接头不稳定和长期运行电阻不稳定等问题，甚至由此而发生严重的安全事故，在 20 世纪 60 年中期，发达国家就开始研发替代铜电缆的新材料，软铝合金导体应运而生。

到 1976 年，软铝合金电缆已经在北美地区大量使用且通过实际验证，性能安全、稳定。在 1984 年，美国电工材料协会确定了 8000 系列的铝合金电缆的标准，现在在北美地区及欧洲部分市场，80% 以上的输电线路使用铝合金电缆，到现在铝合金电缆已经在以上地区安全运行了 40 多年。

软铝合金导体的合金成分大大改善了其连接性能，这是该材料被推广使用的根本原因。尤其是当软铝合金导体退火时添加的铁产生了高强度抗蠕变性能，在电流过载时，铁发挥作用，保证持续的连接，而不会使铝合金导体发生蠕变。为什么蠕变这个问题这么重要，原因是：蠕变发生后，原来的压紧力不够，接触点的压力减小，使得接触电阻迅速增大，电流流过后造成接头处过热，如果不定期维修，那么出现事故的风险大大增加（金属在温度、外力和自重的作用下，随着时间的推移，将缓慢地产生不能复原的永久变形，这种现象为蠕变）。

（2）产品标准

1）GB/T 29920—2013《电工用稀土高铁铝合金杆》。

2）GB/T 30552—2014《电缆导体用铝合金线》。

3）GB/T 3954—2014《电工圆铝杆》。

4）GB/T 3956—2008《电缆的导体》。

5）ASTM B800：05（R2011）《8000 系列电工用退火态或中间态铝合金导线标准》。

（3）产品牌号　美国标准 ASTM B800：05（R2011）将 8000 系列铝合金分成了 6 种，分别是：8017、8030、8076、8130、8176 和 8117。我国的 GB/T 30552—2014《电缆导体用

铝合金线》也将电缆导体用的软铝合金线的成分代号分成了 6 种，分别是：DLH1、DLH2、DLH3、DLH4、DLH5、DLH6。在我国铝杆的标准中，属于 8000 系列软铝合金的共有四种：在 GB/T 29920—2013《电工用稀土高铁铝合金杆》中有 8E76 和 8R76 两种，在 GB/T 3954—2014《电工圆铝杆》中有 8A07 和 8030 两种。

4. 碳纤维复合芯软铝绞线（高导电软铝合金产品）

随着我国电力需求的不断增长，许多电力线路面临增容的压力。线路增容最经济的办法之一是利用原有杆塔，只更换导线。而利用原有杆塔的前提条件是，更换的导线荷载不能超过原有杆塔的设计条件。为此，新更换的导线一般不能采用普通的钢芯铝绞线 ACSR（Aluminum Conductor Steel Reinforced），而是采用新型的增容导线。这种新型导线一般应具备这样三个特点：一是导线弧垂随温度的变化小；二是质量轻、外径小；三是具有输送大电流的能力。而碳纤维复合芯软铝绞线（以下简称碳纤维导线）是典型的品质优良的增容导线品种之一。

碳纤维复合芯软铝绞线是高导电软铝合金产品，其型号为 JRLX/T（我国企标：J——绞合，RL——软铝，X——型线，T——碳系列高性能材料，美国 CTC 名称为 ACCC/TW：Aluminum Conductor Composite Core/Trapezoidal Wire），是一种新型复合材料合成芯导线——碳

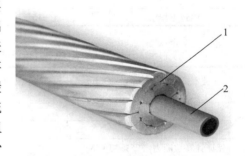

纤维导线。碳纤维导线的芯线是由碳纤维为中心层和玻璃纤维包覆制成的单根芯棒，外层与邻外层铝线股截面为梯形截面（图 10-1）。由于芯棒的外表面为绝缘体的玻璃纤维层，芯棒与铝线股之间不存在接触电位差，保护铝导线免受电腐蚀。另外，碳纤维导线的外层由梯形截面形成的外表面远比传统的 ACSR 钢芯铝绞线表面光滑，提高了导线表面粗糙度，有利于提高导线的电晕起始电压，能够减少电晕损失。这种碳纤维导线已完成了各种型式试验，包括机械全性能、应力-应变曲线、蠕变、线胀系数、载流量、自阻尼和高温特性等型式试验，表明

图 10-1　碳纤维导线结构
1—外层软铝；2—碳纤维复合芯

具有良好的机械和电气特性。特别是验证了高温条件下的低弛度特性。

（1）碳纤维导线的结构　碳纤维导线 ACCC/TW 的结构独特，内部是一根由碳纤维为中心层和玻璃纤维包覆制成的复合芯，外层由一系列呈梯形截面的软铝线绞合而成。碳纤维复合芯承担导线总的力学性能，具有强度高、密度小、线胀系数小、耐腐蚀等特点。外层软铝线具有电导率高、电阻小、自阻尼性能强的特点。碳纤维复合芯与软铝线绞制而成的导线，因此具有了优良的性能：导线重量轻，电阻小，表面光滑，拉力质量比大，弧垂随温度的变化小等。因此，可作为电力部门老旧线路改造、电力增容导线使用。

（2）电力输配电用碳纤维复合芯软铝绞线的优点

1）抗拉强度高。目前各条输电线路广泛采用的钢芯铝绞线基本上通过的是 GB/T 1197—1983 标准中的型式试验的标准导线，该标准导线中使用的钢芯绞合后强度为 1244MPa，而碳纤维导线 ACCC/TW 的复合芯抗拉强度最小值可以达到 2150MPa，为前者的 1.73 倍。例如，直径为 9.53mm 的复合芯抗拉强度可达到 2414MPa，是钢芯铝绞线中钢芯强度的 1.94 倍。

裸电线制造工艺学

2）拐点以后弧垂随温度的变化量小。根据试验，当温度达到80℃附近时，碳纤维导线的线胀系数 α 和弹性模量 E 出现拐点，80℃及以下， $\alpha = (12.5 \sim 14) \times 10^{-6}/K$ ， $E = 64000 \sim 68000MPa$ ；在80℃以上， $\alpha = 1.6 \times 10^{-6}/K$ ， $E = 117000MPa$ 。由于碳纤维导线具有这样的特点，因此在同样档距下弧垂随温度的变化比钢芯铝绞线要小。例如，220kV 尊平线路改造工程中，比较了碳纤维导线 JRLX/T—310/40 和钢芯铝绞线 2XLGJ—300/40 两种方案，并把碳纤维导线与钢芯铝绞线档距400m下的弧垂进行了比较，计算条件及结果分别见表10-2～表10-4。

表 10-2　计算条件

计算条件	气温/℃	风速/(m/s)	覆冰厚度/mm
最高气温	+40	0	0
最低气温	−20	0	0
最大风速	−5	30	0
最大覆冰厚度	−5	10	10
安装情况	−10	10	0
年平均气温	+15	0	0
外过电压	+15	10	0
内过电压	+15	15	0

表 10-3　碳纤维导线和普通钢芯铝绞线参数

导线型号	碳纤维导线 JRLX/T—310/40	钢芯铝绞线 LGJ—300/40
总截面积/mm²	349.5	338.99
铝截面积/mm²	309.5	300.09
直径/mm	21.78	23.94
保证计算拉断力（95%AT）/N	97850	87600
弹性模量/MPa	拐点前65000，拐点后117000	73000
线胀系数/(10⁻⁶/K)	拐点前13.0，拐点后1.6	19.6
单位重量/(kg/m)	0.927	1.133
安全系数	2.5	2.5

表 10-4　400m 档距时碳纤维导线和普通钢芯铝绞线弧垂　　（单位：m）

温度/℃　导线型号	20	40	60	80	100	120	140	160
LGJ—300/40	11.486	12.337	13.153	13.937	—	—	—	—
JRLX/T—310/40	7.928	8.590	9.243	9.883	9.968	10.053	10.137	10.220

由表10-4可知，400m 档距时温度由20℃升高到80℃，钢芯铝绞线 LGJ-300/40，弧垂增大2.451m；碳纤维导线 JRLX/T—310/40，弧垂增大1.955m，碳纤维导线弧垂变化量小于钢芯铝绞线。但是当温度由80℃升高到160℃，碳纤维导线 JRLX/T—310/40，弧垂仅再增大0.337m。

另外，通过对常用的钢芯铝绞线，如 LGJ—240/30、LGJ—300/25、LGJ—300/40、LGJ—400/35、LGJ—500/45 与碳纤维导线 JRLX/T—218/28、JRLX/T—310/40、JRLX/T—

413/52、JRLX/T—517/71、JRLX/T—600/71，在安全系数 2.5、3.0，覆冰厚度 10mm、15mm、20mm 等条件下的应力弧垂特性进行了计算和分析，形成了上万个数据，并对数据进行了归纳总结，发现碳纤维导线在弧垂特性方面存在以下特点：

①在外径、截面面积基本相同，安全系数和气象条件一样的条件下，温度 80℃ 及以下时，碳纤维导线的弧垂随温度升高而产生的变化量小于钢芯铝绞线。产生这一结果的原因是，碳纤维导线设计水平张力比钢芯铝绞线大，而质量又相对轻，拉力质量比大。由弧垂公式知道，对于同一档距内两根导线弧垂之比 $\dfrac{f_1}{f_2}=\dfrac{m_{01}}{T_{01}}\bigg/\dfrac{m_{02}}{T_{02}}$（$m_{01}$、$m_{02}$——导线质量，$T_{01}$、$T_{02}$——导线水平拉力），由该公式不难理解这样的结果。

②拐点前（80℃ 及以下）碳纤维导线弧垂随温度的变化比较大，拐点后（80℃ 以上）碳纤维导线弧垂随温度的变化比较小。产生这一结果的原因是，在拐点处碳纤维导线弹性模量增大，线胀系数减小（实际上根据物体热胀冷缩的性质，导线弧垂不可能在拐点处发生突变，而是一个渐变的过程，本书理论计算时不考虑渐变）。

③重量轻。碳纤维复合芯材料的密度小（$1.9\mathrm{g/cm^3}$），约为普通钢芯密度（$7.8\mathrm{g/cm^3}$）的 1/4。在铝截面面积基本相同的情况下，碳纤维导线单位长度重量约为常规 ACSR 导线的 80% 左右。将两种导线铝截面面积基本相同的情况进行比较，结果见表 10-5。

表 10-5　铝截面面积基本相同时碳纤维导线与钢芯铝绞线重量比较

导线型号	铝截面积/mm²	总截面积/mm²	单位重量/(kg/km)	重量比（%）[（ACCC/TW）/ACSR]
LGJ—150/25	148.86	173.11	601.0	77.54
JRLX/T—150/28	150.00	178.00	466.0	
LGJ—185/25	187.04	211.29	706.1	79.73
JRLX/T—185/28	185.00	213.00	563.0	
LGJ—240/30	244.29	275.96	922.2	75.92
JRLX/T—240/28	240.00	268.00	700.0	
LGJ—800/55	814.3	870.60	2690.0	85.87
JRLX/T—800/60	796.40	856.70	2310.0	

但是两种导线外径完全相同时，ACCC/TW 碳纤维导线并不一定比钢芯铝绞线轻，这是因为 ACCC/TW 碳纤维导线铝和碳纤维复合芯截面比例变化引起的。两种导线外径完全相同时的重量比较结果见表 10-6。

表 10-6　铝截面基本相同时碳纤维导线与钢芯铝绞线重量比较

导线型号	导线外径/mm	单位重量/(kg/km)	重量比（%）[（ACCC/TW）/ACSR]
LGJ—150/25	17.10	601.0	93.68
JRLX/T—185/28		563	
LGJ—210/10	19.00	650.70	107.58
JRLX/T—240/28		700.00	
LGJ—300/15	23.00	939.8	108.32
JRLX/T—350/40		1018	

④允许工作温度高、载流量大。电力线路上使用的碳纤维导线设计运行温度为165℃，钢芯铝绞线设计运行温度为80℃。在相同的载流量时，碳纤维导线 ACCC/TW 比钢芯铝绞线 ACSR 温度低、弧垂小，因此可以承载更大的电流；在相同的运行温度时，其载流量比 ACSR 大。例如，在 220kV 尊平线路改造中，比较了碳纤维导线 JRLX/T—310/40 和钢芯铝绞线 LGJ—300/40 两种导线的载流量，结果见表 10-7。

表 10-7　碳纤维导线与钢芯铝绞线载流量的比较

温度/℃ 导线型号	60	80	100	120	140	160
JRLX/T—310/40	507	731	892	1022	1134	1235
LGJ—300/40	550	730	—	—	—	—

注：计算条件为环境温度 30℃、风速 0.5m/s、辐射系数 0.9、日照强度 1000W/m²。

从表 10-7 可知，碳纤维导线 JRLX/T—310/40 和钢芯铝绞线 LGJ—300/40 截面面积基本相同，碳纤维导线运行温度 160℃下的载流量，是钢绞线允许温度 80℃时的 1.69 倍。

综上所述，碳纤维复合芯铝绞线的优点是：

a）载流量是常规钢芯铝绞线的两倍，在不进行改造杆、塔情况下可以重新架设新线。碳纤维复合芯铝绞线中的铝导线截面积比钢芯铝绞线多 29%，在 200℃高温下能有效运行，而常规钢芯铝绞线的使用温度为 100℃。

b）实际上消除了弧垂，不受铝的长期蠕变影响。

c）可以使用常规安装方法、工具和金具，不需要特殊工具或特殊培训。

d）通过使用较少的杆、塔，降低建造成本。由于抗拉强度高，可以加大杆、塔之间的跨度，减少 20% 以上的杆、塔。

e）耐环境恶化性能好。不生锈，不腐蚀，不与铝导线或其他部件产生电解反应，可以循环利用。

f）较高的运行效率有助于降低运行成本，可以满足输电标准。

在相同传输容量下，线损减少 29%，能减少发电量，节约能源成本。

（3）工程应用　对于现有老旧线路增容改造，只需把原线路上的钢芯铝绞线更换成铝截面基本相同的碳纤维导线，即可达到增容 60%~100% 的目的。使用碳纤维导线的一般老旧线路改造换线施工期为 15~20 天，建设周期比新建线路大大缩短。原设计的 220kV 尊平输电线路，线路处于市区，线路重建难度很大，原导线为 LGJ—300/40，安全系数为 2.5，增容设计推荐将原导线更换为碳纤维导线 JRLX/T—310/40，安全系数为 2.72，经校验原线路杆塔强度、导线弧垂均满足要求，输送电容量提高 61%，比导线更换为钢芯铝绞线 2XLGJ—300/40，杆塔拆除重建方案，节约造价 45%。所以碳纤维导线用于老旧线路增容改造的优势是十分明显的。

从 2006 年第一条碳纤维复合芯导线挂网运行以来，我国已经有近 50 条 110~220kV 碳纤维复合芯导线线路投入运行，积累了一定施工、运行经验。目前制约其推广的一个重要原因是碳纤维复合芯依赖进口、价格比较高。总之，碳纤维导线在老旧线路改造工程中的应用前景还是很好的。

（4）JRLX/T（ACCC/TW）碳纤维导线参数　见表 10-8、表 10-9。

表 10-8　JRLX/T (ACCC/TW) 碳纤维导线参数

规格代号	面积		绞合结构		标称外径				截面积				标称重量					
			铝线层绞	铝线根数	成品导线外径		复合芯直径		总面积		铝部分		总重量		铝重量		芯重量	
	MCM	mm²			in	mm	in	mm	in²	mm²	in²	mm²	lb/1000ft	kg/km	lb/1000ft	kg/km	lb/1000ft	kg/km
Linnet	431	218	2	16	0.720	18.29	0.235	5.97	0.3819	246	0.3385	218	440	655	405	603	35	52
Hawk	611	310	2	16	0.858	21.78	0.280	7.11	0.5415	349	0.4799	310	623	927	574	854	49	73
Dove	713	361	2	18	0.927	23.55	0.305	7.75	0.6328	408	0.5597	361	727	1082	669	996	58	86
Grosbeak	816	413	2	19	0.990	25.14	0.320	8.13	0.7215	465	0.6411	414	830	1235	766	1140	64	95
Drake	1020	517	2	22	1.108	28.14	0.374	9.5	0.9112	588	0.8014	517	1045	1554	957	1424	88	131
Cardinal	1222	619	3	36	1.196	30.40	0.345	8.76	1.0536	679	0.9601	619	1225	1823	1152	1714	73	109
Bittern	1572	796	3	39	1.345	34.16	0.345	8.76	1.3283	857	1.2348	797	1551	2309	1478	2200	73	109
Lapwing	1966	996	4	56	1.504	38.20	0.385	9.78	1.6608	1071	1.5444	996	1955	2909	1864	2774	91	135
Chukar	2242	1136	4	56	1.602	40.69	0.395	10.03	1.8836	1215	1.7611	1136	2222	3307	2126	3164	96	143
Bluebird	2727	1382	4	64	1.762	44.75	0.415	10.54	2.2777	1469	2.1424	1382	2692	4006	2586	3848	106	158

表 10-9　JRLX/T（ACCC/TW）碳纤维导线参数

规格代码	面积		额定强度		电阻值			载流量/A		
	MCM	mm²			20℃时 直流电阻	75℃、50Hz 时交流电阻	180℃、50Hz 时交流电阻	75℃	100℃	180℃
			lb	kN	Ω/km	Ω/km	Ω/km			
Linnet	431	218	16300	70	0.1279	0.1576	0.2134	599	732	1007
Hawk	611	310	23200	100	0.0902	0.1115	0.1508	745	914	1264
Dove	713	361	27500	119	0.0773	0.0958	0.1288	820	1008	1397
Grosbeak	816	413	30400	131	0.0676	0.0839	0.1132	892	1098	1527
Drake	1020	517	41000	177	0.0541	0.0674	0.0908	1025	1265	1766
Cardinal	1222	619	38800	167	0.0453	0.0571	0.0765	1137	1407	1971
Bittern	1572	796	41000	177	0.0351	0.0451	0.0600	1320	1639	2311
Lapwing	1966	996	51200	221	0.0283	0.0371	0.0489	1498	1867	2652
Chukar	2242	1136	55000	237	0.0248	0.0332	0.0434	1611	2014	2874
Bluebird	2727	1382	62300	269	0.0204	0.0283	0.0365	1788	2247	3233

注：1. 直流电阻是以退火铝线的最小电导率 63.0%IACS 为基础的。

2. 载流量是以铝的电导率为 63.0%IACS（平均），导线在环境温度为 25℃，温升为 50℃、75℃ 和 175℃，侧风为 0.61m/s，辐照系数为 0.5，吸收系数为 0.5，阳光充足，天气晴朗，阳光+天气辐照能量为 1033.3W/m²，东西线路方向，日照 180℃ 方向，阳光照射角为 83℃ 的水平区，50Hz 为基础。

3. 上表中数据为参考值。

5. 铜合金接触线

在我国，以 300km/h 运行的高速铁路和以 160~200km/h 运行的快速铁路以及最高速度为 250km/h 的客货混线铁路，都是以电力机车为牵引动力的电气化铁路。接触线是悬挂在铁路线路上方，通过与电力机车受电弓滑板滑动接触，向其输送电能的关键设备。提高列车运行速度的必要条件是加大接触线的悬挂张力。加大接触线悬挂张力可以显著改善接触线弹性，减少火花，提高机车高速运行时的受流质量。研究表明，机车运行速度的提高取决于接触线波动传播速度的提高，因此要使接触线波动传播速度大，就必须加大接触线悬挂张力，采用线密度小的接触线。因此高速电气化铁路在要求接触线具有较高导电性能的同时，还要有尽可能高的抗拉强度。除此之外，由于高速铁路机车功率大、车流密度大、多是双弓运行，接触线的磨耗也大，使用寿命受到影响。国内外的接触线研究试验目的，大多还在于提高其耐磨耗性能。

钝铜的导电性能很好，但机械强度较低，日本最初在时速 210km 的新干线上采用纯铜接触线，由于耐磨耗性能差，运行 2 年左右就要换线，经过研究试验决定采用耐磨耗性能较好的铜锡合金接触线。法国在时速 350km 及以上的高速铁路（地中海线）上采用铜锡合金和铜镁合金接触线。德国、西班牙在时速 250~300km 的线路上采用铜银合金接触线，在时速 300km 以上的线路上采用铜镁合金接触线。我国时速 350km 的京津城际、武广高铁、郑西高铁采用铜镁合金接触线。

我国电气化铁路实际采用的铜合金接触线有以下几种。

（1）铜银合金接触线　国外和我国少数工厂采用连铸连轧法制造铜银合金接触线供应

高速铁路市场。我国研制的"上引连续挤压冷加工成型技术"应用于生产的铜银合金接触线，已在电气化铁路推广应用了 15000km 以上，生产的铜银合金接触线适用于时速 250～300km 的高速电气化铁路。

（2）铜锡合金接触线　国外和我国少数工厂采用连铸连轧法制造铜锡合金接触线供应时速 250km 以下的高速电气化铁路市场。我国一些工厂采用"上引连挤法"生产的铜锡合金，适用于时速 250～300km 的高速电气化铁路。

（3）铜镁合金接触线　铜镁合金接触线的机械强度更高，并且保有较高的电导率，我国时速 350km 的高速电气化铁路已经采用铜镁合金接触线。目前我国京津城际、武广高铁、郑西高铁采用的铜镁合金接触线都是国外企业生产的。采用铸杆直接经冷加工成型的工艺制造，没有再结晶改造过程，粗大的铸态晶粒组织，虽经冷加工有所变形，但没有得到本质上的改变，仍保留在成品接触线中，平均横向晶粒尺寸大约为 2mm。我国采用"上引连挤法"生产的铜镁合金接触线，产品性能大大高于现行的铁道行业标准和欧盟标准，优于国外同类产品水平。

6. 其他产品

1）光纤复合架空地线（Optical Fiber Composite Overhead Ground Wire）在国际上发展迅速。把光纤放置在架空高压输电线的地线中，用以构成输电线路上的光纤通信网，这种结构形式兼具地线与通信双重功能，一般称作 OPGW 光缆。由于光纤具有抗电磁干扰、自重轻等特点，可以安装在输电线路杆塔顶部而不必考虑最佳架挂位置和电磁辐射等问题。因而，OPGW 光缆具有较高的可靠性、优越的力学性能、成本也较低等显著特点。这种技术在新敷设或更换现有地线时尤其方便和经济。光纤光缆重量轻、体积小，已被电力系统采用，在变电站与中心调度所之间传送调度电话、远动信号、继电保护、电视图像等信息。为了提高光纤光缆的稳定性和可靠性，国外开发了光缆与送电线的相导线、架空地线及电力电缆复合为一体的结构。OPGW 光缆由于有金属导线包裹，使光缆更为可靠、稳定、牢固。由于架空地线和光缆复合为一体，与使用其他方式生产的光缆相比，既缩短施工工期，又节省施工费用。另外，如果是采用铝包钢线或铝合金线绞制的 OPGW 光缆，相当于架设了一根良导体架空地线，可以有减少输电线潜供电流、降低工频过电压、改善电力线对通信线的干扰及危险影响等多方面的益处。常见的 OPGW 光缆结构主要有三大类：分别是铝管型、铝骨架型和（不锈）钢管型。OPGW 光缆主要在 500kV、220kV、110kV 电压等级线路上使用，受线路停电、安全等因素影响，多在新建线路上应用。

OPGW 光缆的适用特点是：①高压超过 110kV 的线路，档距较大（一般都在 250m 以上）；②易于维护，对于线路跨越问题易解决，其机械特性可满足线路大跨越；③OPGW 光缆外层为金属铠装，对高压电蚀及降解无影响；④OPGW 光缆在施工时必须停电，停电损失较大，所以在新建 110kV 以上高压线路中应该使用 OPGW 光缆；⑤OPGW 光缆的性能指标中，短路电流越大，越需要用良导体做铠装，因此相应降低了抗拉强度，而在抗拉强度一定的情况下，要提高短路电流容量，只有增大金属截面积，从而导致缆径和缆重增加，这样就对线路杆塔强度提出了安全问题。

2）铝包钢芯铝绞线。铝包钢芯铝绞线是由铝包钢线做加强芯和硬铝线绞合而成的架空导线。铝包钢芯铝绞线和普通钢芯铝绞线相比，绞线重量轻 5%，载流量提高 2%～3%，弧垂减小 1%～2%，电力损耗减少 4%～6%，且防腐性能好、使用寿命长、结构简单、架设和维护方便、传输容量大。铝包钢芯铝绞线广泛应用于各种电压等级的输电线路和要求增大铝钢截面比的输电线路上，还可用于沿海地区、盐碱滩和三、四级工业污染区的输电线路。

3）5%（质量分数）及以上锌铝稀土合金镀层钢芯铝绞线。因5%（质量分数）及以上锌铝稀土合金镀层钢芯耐蚀性是普通镀锌钢芯的2~3倍，能使我国钢芯铝绞线产品使用寿命大大提高，经济效益显著。